洱海治理纪略

段诚忠 施立卓 编著

上海交通大学出版社
SHANGHAI JIAO TONG UNIVERSITY PRESS

内容提要

本书是一本介绍高原湖泊洱海的治理与自然文化等方面的科普读物。洱海作为云南省内九大淡水湖泊之中的第二大高原湖泊,在中国湖泊中占有一定的历史地位,在目前国内湖泊治理中颇受瞩目。除绪论篇外,全书分为资源篇、治理篇、感悟篇三大部分。资源篇详细论述了洱海的人文资源、气候资源、水文资源、生物资源和资源的开发;治理篇从历史经验、治理研究、管理与决策、立法与措施几方面论述了科学治湖;感悟篇对洱海的保护与治理进行了探索与反思。本书可供湖泊治理相关管理者及技术人员参考,也可供对洱海感兴趣的大众阅读。

图书在版编目(CIP)数据

洱海治理纪略/段诚忠,施立卓编著. —上海:
上海交通大学出版社,2022.8
ISBN 978 - 7 - 313 - 26851 - 8

Ⅰ.①洱⋯　Ⅱ.①段⋯②施⋯　Ⅲ.①洱海—环境综合整治—研究　Ⅳ.①X321.274

中国版本图书馆 CIP 数据核字(2022)第 091043 号

洱海治理纪略
ERHAI ZHILI JILÜE

编　　著：段诚忠　施立卓
出版发行：上海交通大学出版社　　　　　地　　址：上海市番禺路 951 号
邮政编码：200030　　　　　　　　　　　电　　话：021 - 64071208
印　　制：苏州市越洋印刷有限公司　　　经　　销：全国新华书店
开　　本：710mm×1000mm　1/16　　　印　　张：14
字　　数：240 千字
版　　次：2022 年 8 月第 1 版　　　　　　印　　次：2022 年 8 月第 1 次印刷
书　　号：ISBN 978 - 7 - 313 - 26851 - 8
定　　价：98.00 元

序

去年底，耄耋之年的段诚忠、施立卓二位前辈几费周折乘坐公交车从居住地下关老城北区辗转近二十里造访上海交通大学云南(大理)研究院，带来《洱海治理纪略》的书稿。作为从事洱海保护治理工作多年的科研工作者，我首先被跃入眼帘的书名所吸引，再翻阅目录，一个多方位解读洱海及其流域的综合体系跃然纸上，我对二老肃然起敬。其后，这本书以其独特的魅力牵引我忙里偷闲读完，令我这个惯于用科学研究的角度去考量洱海的人看到了另一个多姿多彩的洱海。

观赏洱海，会有多种角度；解读洱海，会有多个层面。《洱海治理纪略》集史料文献、文学描写于一体，翔实生动地呈现了大理洱海及其流域的自然风貌、资源开发、环境治理、历史人文及风土人情等方面的内容，集史料性、科普性、文学性、趣味性于一炉，通俗易懂，可读性强，实属可贵。

"九层之台，起于累土。"如果说大理的生态文明建设是一座高台，那么，广大人民群众就是这座高台的根基。生态文明建设需要懂管理、讲科学的决策者，也需要科研团队作为科学治理的践行者，更需要筑牢自觉热爱和守护这片热土的广大群众。《洱海治理纪略》就是引领广大人民群众认识洱海、热爱洱海、保护洱海的综合性大众读物。

施立卓先生说：写作是一服药。"老当益壮，宁移白首之心，穷且益坚，不坠青云之志。"段诚忠先生曾任大理州科学技术委员会主任，施立卓先生曾任大理州文学艺术联合会副主席，二老身体退休但精神不退休，以一生为党工作数十年的沉淀和积累编写成此书，用写作编书这副"药"在服务大理生态文明建设的征程上，焕发着不老的青春，鞭策后来者砥砺前行。

在二位老先生的感召下，我和我供职的上海交通大学云南（大理）研究院为该书的出版做了一点协助工作，为宣传洱海、动员全社会参与洱海保护治理尽了应尽之责，甚为欣慰。该书有关章节还介绍了上海交通大学云南（大理）研究院，在此一并致谢！

2022 年 1 月

目　录

治 理 篇

感　悟　篇

绪 论 篇

洱海是云贵高原上的第二大湖泊,属于淡水湖。地理区域特殊,历史地位重要,是西南丝绸之路上的枢纽。昆明大观楼长联上的"汉习楼船"所指的昆明湖就是洱海。历史上显赫一时的南诏大理国的中心就在洱海四周,近代大理是全国第一批 24 个全国历史文化名城之一,苍山洱海又是第一批国家名胜区。近年来,洱海治理取得了举世瞩目的成就,被认为是湖泊治理的典范。

一、名称概说

在人与自然这一复杂的巨大系统中,湖泊是地球表层系统各圈层相互作用的联结点,是陆地水圈的重要组成部分,与生物圈、大气圈、岩石圈等关系密切,具有调节区域气候、记录区域环境变化、维持区域生态系统平衡和繁衍生物多样性的特殊功能。它具有调节河川径流、发展灌溉、提供工业和饮用的水源、繁衍水生生物、沟通航运、改善区域生态环境以及开发矿产等多种功能。湖泊及其流域是人类赖以生存的重要场所,它在国民经济的发展中也发挥着极其重要的作用。然而,"成也萧何,败也萧何",正如美国作家奥尔多·利奥波德所说:"我们普遍认为土地就是属于我们可随意支配的商品,以至于滥用土地,从而自食苦果。"如今,湖泊给人类生存的严重影响也是如此。

中国湖泊众多,共有 24 800 多个,其中面积在 1 平方公里以上的天然湖泊就有 2 800 多个。就面积而言,在这众多的湖泊中,云南省内九大湖泊没有一个排得上这淡水湖泊中的前十名。洱海也只不过排在滇池之后的第十六名。在九大湖泊中,从面积看,洱海无疑位居全省第二,但与名列第一的滇池相比较,洱海的水深和蓄水量都更大。另外从历史文化的深厚看,洱海有其不可替代的地位。

洱海在中国历史上是很耀眼的。在汉文典籍中洱海最早称为昆明池或叶榆泽,是"南方丝路"枢纽之一。公元前 104 年至公元前 91 年,司马迁开国史之先的《史记》中《西南夷列传》《大宛列传》《平准书》,多处涉及远离中原隅居西南的昆明池和昆明族的情况。公元前 141 年,中原统一后十六岁登基的汉朝第七位皇帝武帝刘彻,少年得志运筹帷幄。此前为了解除雄踞北方匈奴族的威胁,中原王朝曾经集中兵力常年作战,大量耗费了国内的人力和物力。这使精明的汉武帝寝食难安。为此,经精心选择他派遣张骞出使联络西域的大夏国(今阿富汗),结成同盟夹击匈奴,以消除心头的忧患。张骞历尽艰难险阻,几乎付出了生命,历经周折,最终回到长安,向汉武帝禀告他在外域的集市上意外地发现了蜀布和筇杖等商品。睿智的张骞推测,从地理方位上看,大夏离汉朝一万二千里,在中国西南部。现在身毒又在大夏东南几千里而有蜀地的物品,这说明身毒大概离蜀地不远。确实如此,被后人称为"蜀身毒"(蜀,四川;身毒,印度)的大道,在很早以前就已经悄然从成都经大理达印度和阿富汗,最终到达远离中原千里的罗马。这一鲜为人知的信息极大地震撼了汉武帝。然而这条全新发现的通道,山高水阻,并且被众多部落族群所占领。元封二年(公元前 109 年),汉武帝派将军郭昌入滇,先征服滇池东北方面的劳浸、靡莫等部落,然后举大兵临滇。汉武帝一方面在滇中心区域设立益州郡,一方面又封当地头人为"滇王",这标志着从此云南被划入了中央王朝的势力范围。不过,从滇国往西行,却被一群靠一片浩渺的昆明水域生活的强悍族群"昆明族"所盘踞。现在让一群"旱鸭子"似的帝国士卒去征服一个拥水之兵实在力不从心。于是铁了心的汉武帝就命人在长安仿造了一泓叫"昆明"的湖水,以精制的楼船操练水兵。这就是昆明大观楼长联中"汉习楼船"的典故。从此,一代颇具雄才大略的王者使昆明池扬名于世。

历史上,为了探索这个湖泊的情况,典籍中出现了罕见的多名现象。细心考查,在汉文古籍中,洱海的名称纷繁复杂,昆明池只是其中较早的一个。抗日战争时期随华中大学迁往大理喜洲的著名教授游国恩在《说洱海》中根据众多古籍考证:"洱海之异名有八。"即叶榆泽、西二河、西洱河、昆瀰川、洱水、西洱海、珥水、瀰海等,加上今名洱海,一共有九个名称。为什么有这么多呢?中国古代百家中的管子曾经说过:"物固有形,形固有名。以形务名,督言正名,故曰:'圣人'。"意思是"事物的自身本来有它一定的形体,形体自身本来有它一定的名称,从形体的实际出发确定名称。据此来考察理论又规正名称,所以才叫作'圣人'"。

从史籍记载看,"昆明"一词既是地名又是族名。然而作为湖泊"昆明"的意思是什么呢?在云南一些属于藏缅语族的少数民族,对洱海乃至其他湖泊均称之为"杲""赫""沽"等。至于说到洱海与昆明,以及"洱"字的来历,则是复杂的民族语言的转换。洱海边的居民在民族语中称为"杲米苴",意思是"湖边的人"。在彝语中,"昆明"一词同样是"湖边之地"的意思。考索少数民族语音("杲""赫""沽")和汉语古音("昆"),上古时,晓匣母与见溪群母属同一发音部位。另外,用汉字记录少数民族语言不可能很准确,古人就将湖泊记为"昆""河"等字,以近似于少数民族的语音。唐以前的典籍中经常出现诸如"昆""昆川""昆泽""昆明"

"昆弥""河洲"等名称,故《通典唐纪》说:"昆瀰,即汉之昆明也。""洱"为非常用字,一般为水名。"明"字则演变为"弥"("弭"),作"瀰""洱",又省作"洱"。明杨升庵的《云南山川志》记:"西洱海,在府城东,古叶榆河也。一名洱海。"即"洱"字从"弥"字演变而来。这也就是著名的历史学家方国瑜先生所说的:"古昆明族聚居地区有泽,称昆明池,亦作昆瀰池;又作瀰河,字变作洱河。"

白族语称洱海为"杲",与"裂缝"和大海同音。如果从大理坝子看洱海,仿佛是一条带子;但从下关市区内突兀而起的团山上往北远眺洱海,则与海南岛天涯海角看大洋一样,浩渺无涯;从空中鸟瞰,洱海确实像一弯新月。很多文人墨客就曾有种种描述,比如明代杨升庵的《点苍山游记》中就有"山则苍龙叠翠,海则半月拖蓝",李元阳的《苍洱图说》就有"波涛万顷,横练蓄黛,如月生五日(端午日),潴于前者,叶榆水也",近代文人郭沫若的《洱海月》有"拾来洱海月,上有乌云玷。黑白两分明,月云不相染"等。至于有人无聊生事牵强附会提及洱海因它像一只耳朵而得名,或是白语有时称洱海为"下面的海"而得名等,则纯粹是望形生义,实在是"误识武陵源"。

二、地质史话

徐霞客在《大理游记》中对苍山洱海的印象是,到"山垂海错之处"的龙首关"高眺西峰,多坠坑而下,盖后如列屏,前如联袂,所谓十九峰者,皆如五老比肩""遥望洱海东湾,苍山西列,十九峰比肩联袂"。也就是说,苍山洱海如影随形地偎依一体。这与大理地质工程师彭国涛的研究相符合,他认为:"在距今6700万年前的地质年代新生代,光滑如珠的地球表面发生了褶皱、变质和断裂。西起地中海西岸,经高加索、喜马拉雅山系和缅甸西部,直到印度尼西亚,又自堪察加半岛、日本经中国台湾,以迄菲律宾一带,都受到这次运动的强烈影响,使地层发生褶皱和上升。这次运动的褶皱带,称为喜马拉雅褶皱带,它是由印度洋的海岭迅速扩张,推动印度板块向亚洲板块俯冲过来,在一股强大的挤压力触发下形成了运动。在这次造山运动中,青藏高原和滇西一带高高隆起,产生了褶皱和断裂。以山河相间为特点的横断山地,就是在这一系列的褶皱和断裂的地壳运动中诞生的。洱海就是此时诞生的断层陷落湖泊,又称构造湖。而作为湖泊的洱海,形成稍后。从洱海'执底'沉积物(冰碛层)的地质层年代算起,其'出世'大约距今350万年。"

一般说来,地壳具有均衡的可塑性。当初,由于洱海湖盆与漾濞江河谷的地质急剧陷落,产生了两股强大的挤压力量,促使中间隆起,迅速成山;反之,由于苍山的急剧隆起,从而产生一股强大的吸引力量,造成两侧地壳迅速陷落,现出洱海。漾濞江谷地下陷落和与之相邻的苍山西坡隆起比较和缓,但东面洱海湖盆陷落得极为深峻,与它相邻的苍山东侧,则隆起得很陡峻。苍山的隆起与邻近地带沉降有着密不可分的内在联系,这就是地质学家李四光的地质补偿理论。苍山形成之后,现在的洱海地区塌陷形成大型盆地。但形成盆地并不等于就有了湖泊。要形成这样一个巨大的湖泊洱海,还需要大量的水体源源不断地注入盆地当中。苍山不仅是洱海地质形成的原因,更是洱海的水源地,苍山和洱海真可以用山水相依来形容。难怪,当地人世世代代都说苍山和洱海是骨肉相连的"孪生姊妹"。正因为苍山和洱海有着山水相依、难以分割的紧密关系,经国务院批准,云南省建立了以苍山洱海为中心的国家级自然保护区,把苍山和洱海作为一个完整的实体加以保护。

不过,从地质意义上看,洱海实际上已经包括洱海周边地面和洱海湖面两部分。这是因为四周的来水长年累月地冲积造成洱海岸边的坝子分隔了苍山和洱海这对"孪生姊妹"。大理(洱海)坝子的面积为601平方公里,其中洱海面积约251.32平方公里。洱海位于澜沧江、金沙江和元江三大水系的分水岭地带,地处东经99°32′~100°27′、北纬25°25′~26°10′,长约42.58千米,东西最大宽度约9千米,属澜沧江水系,海拔1 974米。正常水位(海防高程)1 974米,水面积249.8平方千米,汇水面积2 565平方千米,平均水深10.5米,最大水深22米。天然状况下湖水位变幅在2米左右,汇水面积2 565平方千米,多年平均来水量为8.15亿立方米。1986年平水期有关部门对洱海布点采样分析结果,透明度平均4.0米,色度6.06度,总硬度58.9 mg/L,属软水,pH值平均为8.53,溶解氧平均为7.07 mg/L,化学需氧量COD平均为2.64 mg/L,生化需氧量BOD5平均为1.10 mg/L,氨氮、亚硝酸盐氮、硝酸盐氮含量较低,均未超标。有害物质氮平均为0.001 mg/L,磷平均为0.004 mg/L,铜平均为0.0016 mg/L,铅平均为0.0039 mg/L,其他杀虫剂DOT、六六六、氟化物等均未检出。

三、水质概貌

然而残酷的事实是,随着岁月沧桑,到了近代不堪忍受岁月蹂躏的苍洱美景逐渐面临危机。俗话说"将美撕毁就是悲剧",20世纪70年代以来,如银似玉的洱海际遇变成了人们的心痛。

中央电视台"地理中国"栏目《"苍洱"印迹》中南京大学中科院地理与湖泊研究员吴庆龙说:"洱海属于云南大理市的城市湖泊,面积近 250 平方公里,相当于 49 万个篮球场的大小,是一般城市湖泊的上百倍。由于洱海的存在,苍山东侧与洱海周围形成了这样一派宛若江南的景致,成为农耕文明高度发达的地区。这一片水网纵横、阡陌交错的风光全都得益于常年保持在 27 亿立方的洱海淡水资源。苍山和洱海四周高山提供的充足水源,是这个地区农业和社会发展的重要因素。"

他还说:"科学研究表明,像洱海这样的湖泊每年至少需要补充 14 亿吨淡水,才能维持水量避免干涸。而 14 亿吨淡水,相当于 400 个北京颐和园昆明湖的全部水量。现在一般认为苍山有十八条溪和周边河流贯入供水,其实不止,除此之外还有不少地下径流汇入洱海。这些水是经山体过滤的纯净水,水质都达到国家一类水的标准。苍山溪水有一个特点,那就是雨季略多而不涝,旱季稍少而不枯,一年四季都有稳定的水量。洱海四周都有大山,但只有苍山能够源源不断地流出如此稳定的优质泉水。"

就成因而言,洱海是典型的断层湖,由于地质构造运动形成断层陷后积水汇集而成,其东部属于扬子准地台,西部为滇藏褶皱带。主要构造线呈北北西至南南东走向,南北长,东西窄。北起洱源,长约 42.58 公里。洱海唯一出水口在下关镇附近,经西洱河流入澜沧江。

地质工作者彭国海根据钻孔考证,在 350 万年漫长的岁月中,洱海经历了由小到大的演化。据地质勘察,洱海湖泊及其边缘,并没有第三纪(新生代即地质年代的第五个代,也是最新的一代,距今 6700 万年前)湖泊相沉积物的发现。而湖泊底部则是冰水沉积物和部分冰川堆积物,这说明当时湖周围是大面积山岳冰川穹形冰冠(一种规模比大陆冰盖小,外形与其相似,而穹形更为突出的覆盖型冰川)。当时的雪线高度大约为 2200 米,因水源严重不足,洱海并不很丰满。后来,随着气候变暖,四周水系得到发育,距今大约 68 万年之后,湖水才有所增多。距今 2 万—1 万年前,是洱海水域最大的扩张期,水位高达 2100 米,从现在的斜阳峰下的宝林村退到小关邑湖滨带。直到唐代,洱海水位比现在的 1974 米还约高出 10 米,其时现在的团山还是一个孤岛。

从地质资源卫星图片和航空图片上观察,洱海北北西向的线性构造十分明显(线性构造是霍布斯 1944 年提出的概念,泛指航空照片和卫星照片上呈现的线形影像,是地貌、植物分布或地下水位变化在图像上的直观表现)。

据 2004 年《大理市年鉴》统计,洱海流域总人口约 85.48 万人,其中非农业人口 22.56 万人,人口密度 333 人/平方公里,占总人口数的 26.4%。耕地面积 41.88 万亩。国内生产总值 93.7637 亿元,人均国内生产总值 10 969 元。

四、人文纪录

洱海何时被开拓? 据民间故事讲述,在"混沌初开,乾坤始定"的洪荒时代,观音特意留下兄妹俩藏在金鼓里,直到洪水消退才被燕子用翅膀割开金鼓后出来。后来观音叫兄妹俩配成夫妻。他们在不情愿的情况下生下十个孩子,从此才有了"百姓"。白族民间传说"鹤拓平土"讲"洱水既泄,其地林薮蔽翳,人莫敢入。有二鹤日往来河岸,人迹之而入。划刈鞠莽,乃得平土而居"(选自《大理县志稿》)。这虽然"无稽之言勿听",但总还是有一定的道理。

1938 年,国立中央博物院的吴金鼎、曾昭燏和王介忱 3 位考古学家在大理苍洱区域进行了 8 个月的田野考古工作,先后在苍山缓坡洱海西岸发现了马龙、白云等 16 处新石器文化遗址和大量文物遗物,完成了《云南苍洱境考古报告》,开创了云南近代考古学的先河。他们发掘的大量出土文物,第一次揭示了新石器时代晚期洱海边人类的文明遗存。50 年后的 1986 年 3 月—2006 年 5 月,考古工作者又分 4 期发掘了洱海银梭岛遗址。银梭岛位于大理洱海东南,面积 23 300 平方米,遗址分布于岛的北部,现存面积约 3 000 平方米。这次考古发掘面积 300 平方米,发现中心区文化堆积保存较好,最厚处达 6.8 米。遗址的中、上层堆积中含有大量的螺壳和遗物,现场对螺壳的采样和统计发现,大部分的螺壳尾部因当时居民食用螺肉而被人敲打过。除此而外,还出土大量的遗物,其中以陶片最多,约有 30 吨,根据颜色和质地,陶器可分为夹砂橙红陶、黄陶、夹砂灰陶等。通过细致筛选,考古工作者获取了大量小动物骨骼和小件器物等,编号小件器物多达 14 000 余件,可分为陶、石、骨、牙、蚌、玉、铜器 7 大类,以陶器、青铜器、石器等最引人注目。青铜器中,锻打的青铜鱼钩制作精美。另外,还清理出石墙、柱洞、灰坑、火堆、水沟、墓葬等遗迹。海门口遗址的第三次发掘和银梭岛贝丘遗址的首次发现,说明 5 000 年前洱海周围已经有人类居住,而且从事谷物栽种,并且在滨湖以捕捞水生动物为生。考古证明洱海文明至少距今 5 000 年。

洱海风物令人神往。1981 年出版的《大理风情录》"迷人的风光"一节记载:"在风平浪静的日子里泛舟洱海,那干净透明的海面宛如一碧澄澄的蓝天,给人以宁静而悠远的感受。巡着洱海漫游,只见岛屿、岩穴、湖沼、沙洲、林木、村舍,令人赏心悦目。古代曾有人把这些风光胜景概括为'三岛、四洲、五湖、九曲'。

东部的金梭岛是洱海中最大的岛屿,高出海面 250 米,长约两公里。中部略低而窄,是个良好的避风港湾。置身于此,整个苍山洱海的壮丽风光尽收眼底。岛上有南诏避暑宫舍利水城。由此往北约 10 公里,是一座秀丽的小岛,似一枚印章,故名海印的小岛,孤零零地伫立水中。岛上建有观音阁,岛因此而名为'小普陀'。再往北不远处又有'赤文岛',风光更为引人入胜。这里群鸟栖息,林蒙蔽翳,衣着浓艳的白族妇女出没在波光树影之间。还有一座奇异的半岛,以一条窄长的通路伸进海里,顶端矗起一座圆岛屿,似一把巨勺。岛上有白族渔村,名'天生营'。半岛以庞大的石灰岩构成,洞穴纵横,洞内石钟石乳,为一神秘的去处。洱海风姿万千。由北望变幻莫测。由北望,浩荡汪洋,烟波无际;从西看,纤细秀美,形如新月。真是'万貌不可为喻'。更有夕照里的三塔倒影、霞光中的点点白帆,浪欢鱼跃,鸥鸟争鸣,湖光山色,美不胜收。"

古往今来,苍山洱海使很多外来者流连忘返。20 世纪 50 年代,从北京来大理的作家毛星写道:"到了大理白族地区,所有的人首先被美丽的自然景色吸引住了。著名的点苍山,永远成为到过这里的古今诗人感兴的源泉。这座像锦屏一样的高山,从北头的云弄峰到南头的斜阳峰,一共有十九个山峰。十九个山峰间有十八道溪流,每座山峰和每条溪流都有自己独特的令人忘返的景物。如果到了大理和上关中间的喜洲,站在喜洲东边洱海的边沿,可以望见苍山的全貌,数清每一座山峰。清晨的苍山常常为云雾所缭绕,有时一条白雾把山腰切为了两段。苍山的顶上是一个神奇的世界,那里有参天的密林,有经年不化的积雪。洱海也同样引人瞩目。云南地方的人,习惯把大的湖泊称为海子,洱海不是海,但湖水的碧蓝,却确实和大海很是相像。洱海东边傍着奇峭的东山,山影倒在湖里,西边沿岸则散布了许多村落,有的地方村落和着绿树带着稻田入湖中,每当晨曦升起或夕阳降落的时间,湖面出现了变幻莫测的奇异的光彩……在这湖光山色中,到处是被溪流灌注长着好庄稼的稻田,春天一片碧绿,夏天金黄一片。"

著名作家冯牧在《清碧溪速写》里写道:"花木在这个地区是繁多的。这里号称'四季皆春',因此四季都不缺乏花朵,引起不少人注意。到处都有的大青树,当地人把它叫作'风水树',这是在北方见不到的一种乔木,树叶极为茂盛,葱茏耸立,浓荫蔽地,经年都不凋落,树根像龙爪,牢固地盘结在地上。这是青春和生命的象征,谁见了都会礼赞的。大理城里许多街巷都有溪水流过,几乎每一家人都喜欢种花,街上还有好几家花木成荫花香馥郁的花园茶社。"

以地域性为基础的旅游资源是发展旅游业的吸引因素。到了 20 世纪 80 年代,特色明显、内容丰富、影响广泛的旅游资源,一直使大理成了重要的旅游目的地,为旅游者所向往。"洱海一日游",是大理旅游经久不衰的观光线路。

山逐水而居,因水而兴,但正如凡事物都有两面,水也能成惠,亦能成患,洱海概莫能外。洱海之患最早以神话流传,即龙的传说。白族学者赵橹在《论白族龙文化》一书中说:"在白族地区凡是与水有关的,就必然有'龙'的观念出现。洱海白族渔民,每年八月初八,在洱海边海边材村龙王庙要举行'耍海会'祭龙王。有泉、井、池沼处,人们必认为是龙之所居,都要奉祀。天旱巫师祷祝求雨,村民要以柳树枝扎成龙的形象,赤身裸体耍'龙舞'求雨。"

与中原不同的是,洱海的龙不一定是"威严"的象征,白族的龙有善恶之分,以黑龙黄龙区分。洱海地区《小黄龙和大黑龙》的故事,就是人们与水患斗争的折射。故事说的是:大黑龙盘踞着洱海。用尾巴堵住海尾不让水流出去,以至海水骤涨,淹没庄稼房屋。由绿桃女子生下的孩子长大后变成的小黄龙依靠众乡亲,英勇、机智地打败了恶大黑龙,平息了水患。小黄龙成了人们战胜洪水的理想的化身,备受赞扬。《南诏野史》中英雄段赤诚除"妖蛇"的故事也与此类似。

资　源　篇

　　资源是在一定历史条件下，能被人类开发利用以提高自己福利水平或生存能力、具有某种稀缺性、受社会约束的各种环境要素或事物的总称。或者说，资源是指自然界和人类社会中一种可以用以创造物质和精神财富、具有一定量积累的客观存在形态，是一国或一定地区拥有的物力、财力、人力等各种物质要素的总称，可以划分为自然资源和社会资源两大类。前者如阳光、空气、水、土地、森林、草原、动物、矿藏等；后者包括人力资源、信息资源以及经过劳动创造的各种物质财富等。地球上的自然资源大致有六大类，分别是土地资源、水资源、矿产资源、气候资源、海洋资源和生物资源等。下面仅就洱海资源作一概括性的介绍。它的价值和功用不仅表现在已经消逝的历史之中。更重要的是还表现在正在发展着的人类文明的现实活动之中。

一、人文资源

　　人文资源是指那些在社会经济运行过程中形成，以人的知识、精神和行为为内容，能为社会经济的发展提供对象、能源的要素组合。它也是以人的智慧和行为为核心的资源，会随着社会经济以及科学技术的发展而不断扩充。人文资源是由历史上的人们所创造和积累的遗产，是以物质和精神两种形态表现出来的一种特殊的资源。

（一）得天独厚的天工造化

　　巧夺天工的自然条件是洱海历史文化积淀的基础。汉文典籍中最早涉及洱海的是汉代。汉武帝为"求身毒国"派遣使节经西南夷地区被"昆明"（即洱海）所阻。这是军事行动，《史记》对当地风物无暇顾及，故语焉不详。直至唐贞观二十二年（648 年），右武将军梁建方出使洱海地区，回朝后所禀报的《西洱河风土记》，披露了一些较为详细的信息，如这里居民自称"先本汉人"，这个族群以洱海风土为载体创造了"与中夏同"的农业经济水平。随后元朝西台御史郭松年的《大理行记》更为详实地描述了洱海风光，他写道："洱水则源于浪穹，涉历三郡，潆滀紫城之东；北自河首，南尽河尾，波涛二关之间，周围百有余里；内则四洲、三岛、九皋之奇。浩荡汪洋，烟波无际。于以见江山之美，有足称者。"类似描述的还有随元军进入云南的契丹族将领述朵儿乞律杰，他以诗《西洱河》咏道："洱水何雄壮，源流自邓川。两关龙首尾，九曲势蜿蜒。大理城池固，金汤铁石坚。四洲从古号，三岛至今传。罗阁凭巇险，蒙人恃极边。"另一位同时代的使者李京对洱海有"洱水北来如明镜，神州东望远如天"（《元日大理》）"水绕青山山绕城，万家烟树一川明；鸟从云母屏中过，鱼在鲛人镜里行"（《点苍临眺》）"银山殿阁天中见，黑水帆樯镜里过"（《大理天镜阁》）等诗赞。

到了明代，往来大理的外地士人更多，他们大都留下了对洱海的评说。话说得最绝的是杨升庵的《游点苍山记》，其中有："自余为僇人（遭罪的人），所历道途万有余里。齐、鲁、楚、越之间，号称名山水者，无不游已。已乃泛洞庭，逾衡、庐，出夜郎，道碧鸡而西也。其余山水，盖饫闻而厌见矣。及至叶榆（大理）之境，一望点苍，不觉神爽飞越。比入龙尾关，且行且玩。山则苍龙叠翠，海则半月拖蓝。城郭奠山海之间，楼阁出烟云之上。香风满道，芳气袭人。余时如醉而醒，如梦而觉，如久卧而起作，然后知吾曩之未尝见山水，而见自今始。"

明万历年间中国人文地理学的鼻祖王士性，在《广志绎》中写道："乐土以居，佳山川以游，二者尝不能兼，惟大理得之。大理，点苍山西峙，高千丈，抱百二十里如弛弓，危岫入云，段氏表以为中岳。山有一十九峰，峰峰积雪，至五月不消，而山麓茶花与桃李烂漫而开。东汇洱河于山下，亦名叶榆，绝流千里，沿山麓而长，中有三岛、四洲、九曲之胜。春风挂帆，西视点苍如蓬莱、阆苑。雪与花争妍，山与水竞奇，天下山川之佳莫逾是者……谓之乐土，谁曰不然？余游行海内遍矣，唯醉心于是，欲作菟裘，弃人间而居之。"

类似的推崇不胜枚举。明代本土作者也有精到的表述。如李元阳的《苍洱图说》认为大理是"奥区秘境""四时之气，常如初春，寒止于凉，暑止于温，曾无襫襬冻栗之苦，此则诸方皆不能及也。且花卉蔬果，迥异凡常；岛屿湖陂，偏宜临泛。一泉一石，无不可坐；风帆沙鸟，晴雨咸宜；浮图钜丽，玉柱标穹；杰阁飞楼，连幢翠影；翠微烟景，荫蔚葳蕤；千态万姿，不可为喻"。他在《浩然阁记》是这样评价苍洱胜景的："天下郡国，以山水为胜。然山必有异状，与群山不侔，水有洪涛，与众水迥异，乃可得名山水焉。"

近现代外来大理的作家皆有诸多诗文留下。如前面提到的李星华、冯牧等。1962年，作家曹靖华，在洱海边写道："这时，日丽风和，海平如镜。渔船来来往往，渔歌悠扬，此起彼落。渔鹰兀立船头，凝视海面。碧空万里。阳光扑到身上，热烘烘地，宛如北国的夏初时节。"

1990 年,作家马识途到大理后咏诗:"大理风光果不同,云天万里满山松。苍山壮在斜阳里,洱海美在冷月中。"

(二) 底蕴深厚的自然人化

文化学者认为,所谓自然的人化,究其实质意义而言,就是自然的文明化。1956 年,李星华写道:"大理是神话的海洋,我们所到之处,确实有这样一种印象。在这里,几乎一山一水都有传说。"传说通常是人们对周围密切世界的解释,李星华的这段话是对自然人化的诠释。确实,大理或者说洱海的人化现象是很显明而富有历史感的,现略举如下。

1. 文雅动听的地名

就地名而言,以苍山十九峰和十八溪的名字为例,就像《红楼梦》中"大观园试才题对额"似地贴切而典雅,如云弄峰、鹤云峰、应乐峰、玉局峰、佛顶峰和霞移溪、万花溪、双鸳溪、清碧溪、葶蓂溪,以及洱海三岛(玉几、金梭、赤文)四洲(青莎鼻、马濂、大鹳洲、鸳鸯)九曲(莲花、凤翼、罗莳等),当然这些景点的风光也确如绘画般奇异。俗称"小五湖"的"五湖"(星湖、神湖、太平湖、莲花湖、潴湖)星罗棋布,小湖点缀在大湖之中,"湖中鱼味颇佳,星湖之鱼尤为肥美。秋日水天一色,游人云集,八月尤盛"(以上景点资料选自《大理县志稿》)。

2. 帝王霸业的美梦

凡是在位的帝王,总是千方百计地想开疆拓土,扩大版图。心怀洱海梦的首推汉武帝的"汉习楼船"。这个梦一直延续到中国末代王朝盛世的康熙和乾隆。在汉武帝之后的 1600 多年,清康熙皇帝及其继位者乾隆又有了新的梦。康熙帝是多民族国家中华统一的捍卫者,他奠定了清朝兴盛的根基,开创出康乾盛世的局面,被后世学者尊为"千古一帝"。这位颇具雄才大略的君主,也诗情洋溢地学习汉武帝关注起洱海了。原来清朝初年,为了"以汉治汉"设置了"三藩"(即云南"平西王"吴三桂、广东"平南王"尚可喜、福建"靖南王"耿精忠三个割据一方的汉族藩王)。全国统一后,三藩却已成为打不掉的潜在势力,他们拥有过大的兵权、财权和地方政治影响力。甚至,一定程度上可以与清廷分庭抗礼,成为清王朝内部最大的不稳定因素。除此之外,前朝留给康熙一颗硬钉子,这就是一直虎视眈眈,其欲逐逐的前朝遗臣鳌拜。14 岁那年,康熙继承了父亲顺治的王位,稚童主政的年轻王朝面临着重重危机。他力排众议,智除鳌拜后,决心平定三藩。然而,除鳌拜容易,平三藩艰难。康熙二十年十一月,当接到清军终于历尽艰险攻克昆明平定吴三桂残余势力的捷报时,他情不自禁地说了一句:"朕心深为嘉悦!"即刻前往父皇顺治的孝陵"躬行昭告",并对随行诸臣说:"若以为摧枯拉朽,容易成功,则辞过其实。"同时感叹万端地吟了首《滇平》诗:"洱海昆池道路难,捷书夜半到长安。未矜干羽三苗格,乍喜征输六诏宽。天末远收金马隘,军中新解铁衣寒。回思几载焦劳意,此日方同万国欢。"

清乾隆十五年(1750 年),乾隆皇帝决定在北京瓮山一带兴建清漪园,将湖泊开拓为现在的规模,并取汉武帝在长安开凿昆明池操演水战的故事,命名为昆明湖。昆明湖一般指北京颐和园半天然、半人工的一泓湖水,约为整个园区总面积的四分之三。这里曾经是北京西北郊众多泉水汇聚而成的天然湖泊,曾有七里泺、大泊湖等名称。其中有个湖地处瓮山(即万寿山)下而得名瓮山泊。瓮山泊因地处北京西郊,又被人们称为西湖。

中国封王朝中负有盛名的皇帝,竟如此屡屡关注洱海,这不能不说是洱海在帝王霸业者心中举足轻重的地位。

3. "道器"相融的景观

"道"和"器"是中国古代的一对哲学范畴。前者无形象,含有规律和准则的意义;后者是形象的,指具体事物或名物制度。道器关系实指抽象道理与具体事物的关系,或相当于精神与物质的关系。"麻雀虽小,五脏俱全。"洱海风光明媚,景色秀丽,除有前面提到的有三岛、四洲、九曲和湖泊自然景色外,过去为了给自然景观添色,人们在东南西北四岸曾分别建有四阁,即天镜阁、珠海阁、浩然阁、水月阁,似人工雕凿的大盆景,而且还有丰富诗文佳作,增添了洱海的文化底蕴,令人目不暇接。古人亦有楹联称:"风花雪月洱海缀景,四洲三岛东岸九景称奇。"这充分体现了古人的道器观。

然而随着时光的推移,古人精心布置的妙趣横生的景观多数已遭摧毁。这里固然有自然的原因,但更多的是人为所致。如对海水资源的过度开发,造成水位急骤下降。三岛中赤文岛已沦为半岛,远离湖岸;面积在 6 500 亩左右的五湖已不复存在。如今人们只能在古人的诗文中,望"湖"兴叹了。

南诏风情岛是近年来开发的一个洱海新景点。这里原是洱海东北岸云南省历史文化名镇双廊村对面的一座荒岛,海拔 1988 米,东西长约 350 米,南北宽约 200 米,面积约 7 万平方米,位置几乎与洱海东岸线垂直,北面与勺形半岛天生营(原为玉几岛)仅一水之隔,距自治州首府下关 36 千米水路,与著名风景区蝴蝶泉隔海 6 千米。岛上千年古榕枝繁叶茂,幽穴古洞盘曲交错。1988 年,大理州经济开发总公司投资 8 000 万元在岛上兴建"南诏风情岛"。全岛由沙壹母群雕码头、海景别墅、云南福星——阿嵯耶观音广场、南诏避暑行宫、白族本主文化艺术广场、海滩综合游乐园、太湖石景群落及渔家傲别景等 8 大景观组成。云南福星广场是岛上主要景观之一,福星广场因竖有一尊汉白玉观音雕像而得名。该像共由 269 块汉白玉构成,观音像的两台基座分别高 2 米和 1.2 米,人像高 14.36 米,是目前世界上最高的一尊汉白玉观音雕像。"阿嵯耶观音"是梵语"阿遮利耶"的译音,美国学者海伦·B·查平的《云南观音像》一书称之为"云南福星"。本主文化艺术广场,雕塑有代表性的白族本主像,如元世祖忽必烈、南诏国军将段宗榜、清平官郑回等。沙壹母群雕反映的是西南民族的始祖"九隆神话",也是云南古代著名的感生神话。岛上雕塑,大多为叶毓山教授所创作。2001 年,南诏风情岛被国家旅游局评为 4A 级景区。

4. 独具特色的节俗

因为有了丰盈的洱海水滋养,湖边水稻种植自古优良。据清代江南僧人文果所著《洱海丛谈》的记载:"(大理)土脉肥饶,稻穗长至二百八十粒,此江浙所罕见也。"

20 世纪 80 年代初,日本人曾拍了一部《秘境云南》影视剧,其中有一集在大理拍摄,片名叫《洱海之子》。片中说:"白族称洱海为母亲湖。他们世世代代把对母亲湖的抽象敬畏化作具象的民俗。"故有人类学家将洱海滨的白族称作"水稻农耕民族"。

水稻农耕风俗异彩纷呈。首先是"龙文化"。洱海西岸龙凤村的洱水神祠是白族地区最大的龙王庙,它所祭祀的神灵就是段赤城,人称"龙王"。传说他为民除害,奋力斩蟒,葬身蟒腹;死后,化身小黄龙,纵入洱海,追杀危害生灵的大黑龙,平息了动乱的洱海。在祭祀时,人们赞颂他"神威感地"。人们普遍认为,只有祭祀段赤城,洱海母亲才会平安无事。每年农历五月初五,村民们都要以虔诚敬畏的心祭祀这位为民而死的英雄,祈求他消灾赐福。另一座是在洱海西岸河涘城村的洱水神祠,这里奉祀的龙王也是段赤城。每年农历四月"绕三灵"节活动,长蛇阵般的祈祷队伍鱼贯而"绕"到洱水神祠("仙都")娱神一天,祈求风调雨顺。农历七月二十三日的"耍海会",则是另一个祭祀洱神的盛大节日。据清代大理文人师荔菲的《滇系》描述:"西洱河滨有赛龙神之会。至日,则百里之中,大小游艇咸集,祷于洱海神祠。灯烛星列,椒兰雾横。尸祝既别,容与波间。郡人无贵贱、贫富、老幼、男女,倾都出游,载酒肴笙歌。扬帆竞渡,不得舟者,列坐水次,藉草酣歌。而酒脯瓜果之肆,沿堤布列,亘十余里。禁鼓发后,跟跄争驱而归,遗簪堕舄,香尘如雾,有类京师高粱桥风景。"

白族作家赵橹在《论白族龙文化》一书中写道:"龙"的观念成了生活在洱海

边白族的普遍观念。每年八月八,洱海上的白族渔民,要在海边才村的"龙王庙"举行"耍海会",祭祀"龙王"。

船是渔生产生活中须臾不能离的器具。洱海东岸渔民造新船的仪式很隆重,船下水时要祭"龙",船上要供奉书写有"赤岭龙王"字样的神位。过去在洱海岸边白族聚居的村寨都设有象征"龙"居所的泉、井、池沼,并四时八节经常奉祀。

在农事活动中还有一些敬水的节日活动,最热闹、至今延续下来的是"栽秧会"。栽秧会既是一种与劳动生产结合在一起的娱乐活动,又是别具一格的临时性劳动互助组织。每到栽秧季节,几十户人家或整个村庄的人自愿结合起来,以换工方式进行集体栽插。大家通过协商,民主推选出一位平时深孚众望的劳动能手作为"秧官",权力至高无上。他负责安排劳动、掌握进度和检查质量等全部工作。

栽插开始的第一天,叫"开秧门"。这一天,要举行庄严而愉快的仪式。早上,劳动队伍吹吹打打来到田间。田头摆着祝愿丰收的果酒,大家一起先吟唱祈祷丰收的调子,然后分食糖果,每人都喝一口酒。这种饶有风趣的"开幕仪式"在欢乐的唢呐声和锵锣声中,把大家引入水田开始栽插。

每个"栽秧会"都会准备具有民族色彩的"秧旗"。旗杆一般三丈多高,顶端饰有彩绸扎就的升、斗,用以象征"五谷丰登"。旗杆中部斜插着用犬牙形白布镶边的红色或蓝色大旗,旗上书有象征吉祥的字样。旗杆上还系有彩带、雉尾、铜铃等五彩缤纷的饰物。这些秧旗美观、大方、威武,酷似古城堡上的大王旗。从开秧门那天起,这杆旗竖在哪里,人们就在哪里摆开栽插的阵势。威严的彩旗迎风飘荡,与碧绿的秧苗、如镜的水田交相辉映,把田野点缀得别具丰姿。

在秧旗下面往往还有一支由三四个人组成的乐队。乐器以高亢、音域开阔为特色的白族唢呐为主,配以锵锣。吹奏的曲目有白族特有的唢呐调《栽秧调》《大摆队伍》《蜜蜂过江》《闹山红》《龙上天》等。音乐声高亢,节奏时快时慢、时紧时松,有指挥、调节劳动速度的功能。在乐曲声的鼓动下,劳动者之间会展开争先恐后的竞赛。在这种热烈的情绪中,栽秧会的整个劳动过程显得既紧张又活泼。

5. 色味俱全的美食

饮食首先是人类的天然本能,完全是生理需求,故古人称饮食为"大欲"。但从文化学的角度看,与其他动物不同,人类用智慧和技能创造了文明的饮食,而食材十分重要。清代大理知名文人马恩溥在《大理形势说》一文中写道:"(此地)五金皆出,五谷皆熟,鱼盐蔬果足于供,牛羊鸡犬易于畜。"明朝的李元阳在《西洱海志》中也曾说:"诸禽、鲤、鳞、介、莼、荚、蠡、蛤之产,民生之资,榆水之于西服,为利溥哉。"物产之富、食材之多、文明之早,美食多样自不待言。下面介绍几种与鱼有关的洱海美食,以见洱海美食之一斑。

(1)海水煮海鱼。这是洱海渔家的一道拿手海鲜菜,倘若不到洱海不置身于渔船,是很难品尝到的。渔民捕鱼之暇,泊船于风平浪静的海港,在船上支起栗炭火炉,置上锣锅,舀入海水,放少许精盐,将捕到的鲜鱼去鳞和内脏,放入锅内煮熟。另用大碗一只,将用子母火烤焦的辣椒干揉成细面放入碗内,放入葱、姜末,倒进鱼汤,再烧炙锅底盐一块,趁盐烧红时放入汤碗内炼制为辣椒盐调料汁,用以蘸鱼吃。海水煮海鱼,烹制方法独特,采用天然的海水煮鲜鱼,保持了鱼的原汁原味,鱼肉鲜嫩细腻,咸辣香醇,其味特别鲜美。

(2)牛奶煮弓鱼。洱海奶牛的奶多而香,是洱海边农家的特产;弓鱼即洱海特有鱼种大理裂腹鱼,因其体态狭长似射箭的弯弓,且衔尾跃水,形如弓,色如银,故名。鳞细肉厚,肉嫩软而细腻,子多、刺少、苦胆小,营养丰富,为鱼中珍品。过去洱海弓鱼曾作为贡品远送皇宫作为御膳,故又有"贡鱼"之称。明代学者杨升庵赞之为"鱼魁"。清代学者师范曾为它吟下"内腹含琼膏,圆脊媚春酒"的诗句。鲜牛奶煮弓鱼有滋补身体的功效,其制作方法是将弓鱼洗净,每条鱼切为3段,放入鲜牛奶中煮15分钟,再放入大枣、桂圆肉、白糖、冰糖,煮至糖熔化,即可食用。其特点为白黑缀红,味鲜滋补,是白族菜肴中独特的佳肴。

(3)大理砂锅鱼。砂锅鱼是宴请宾客的一道传统海鲜菜,汤鲜肉嫩,色香味美,刺激食欲。烹饪前先将鲤鱼、黄壳鱼养在水池中。然后将刮鳞洗净的鱼放入油锅中煎至两面发黄。或者事先在砂锅中放入排骨、肉丸、高汤、酱油、食盐等,再把鱼放在上面,烧至鱼汤将沸时,加上料酒、胡椒粉、豆腐,用文火炖30～40分钟,再加上蛋饺、猪肝片、海参片、大虾片、鸡肉片、冬菇片等,略煮10多分钟即可上桌。砂锅内鱼汤翻滚,香气扑鼻,汤鲜肉嫩,五味俱全。

二、气候资源

大理距北回归线较近,由于受到不同季节太阳的辐射,以及大气环流和地形地貌的影响,从而形成特有的亚热带高原西南季风气候。这种气候的特点:①年温差小,日温差大,四季不分明。大理州大部分地区性的最热月与最冷月平均气温差为11～15℃。最冷月的平均气温达到8～10℃,最热月平均气温仅在35℃以下。从而形成了"冬无严寒,夏无酷暑,春早春暖,秋长秋凉"的特征,古人谓之"四时之气,常如初春,寒止于凉,暑止于温"。这里的太阳辐射强、日照时间长、光质佳,三者均居云南全省之冠。这给生产、生活和旅游都带来便利。同时,由于受太阳光热的影响和昼夜吸散热的差别,这里的气温因云雨晴和早午晚的不同而有较大的波动。冬季日温差可达 13℃。因此民谚有"四季如春,一天分四季,一雨变成冬"的描述。②雨量适中,干湿季分明。这里多数地区的雨量适中,年平均降雨量为 570～1100 毫米,主要集中在 5—10 月。由于高温期与多雨期几乎一致,这给植物的生长带来极为有利的条件。③海拔高低悬殊,气候垂直变化。大理州的地势高低悬殊,从北部剑川雪斑山的海拔 420 多米到西部云龙怒江岸红旗坝的海拔 745 米,高低差竟然达到 300 多米。再以洱海边的大理坝子来看,苍山十九峰顶海拔近 4 000 米,而山麓的坝子却陡落至于 1 900 米。这种地形的垂直分布,造成了气候的垂直变化。按气候类型划分标准,这里的气候可分为南亚热带、中亚热带、北亚热带、暖温带、中温带和寒温带等 6 个气候带。对这种现象,民间谚语和文人诗文作了形象生动的描写。如"山高一丈,大不一样""一山分四季,上下不同天""绿叶红英斗雪开,黄蜂粉蝶不曾来",等等。总之,优越和特殊的气候(表 2 - 1)给大理的风景名胜提供了极好的条件,造就出多样性、丰富性,乃至于截然对立的自然景观。

表 2 - 1　下关和庐山气候对比表

	最佳疗养温度 (18.7～20.6℃)		春秋日 (10～22℃)		夏日 (>22℃)		冬日 (<10℃)	
	天数	百分比	天数	百分比	天数	百分比	天数	百分比
庐山	30	8.2	170	46.6	75	20.5	120	32.9
下关	126	34.5	309	84.7	4	1.1	52	14.2

说明:按国际最佳疗养温度计,大理、下关全年之内就有四个月零六天,比昆明、日内瓦和全国其他著名疗养区还多。

对于洱海的气候资源,民国初修纂的《大理县志稿·地理部·气候之平和》曾记载:"'夏不甚暑,冬不甚寒;日则单夹,夜则枭絮(麻布被子)'略等。良由其地负山面水,纯系海洋性。当暑季常受水面之凉风,寒季则受水面之暖风。陆地收热散热速,水面收热散热迟,故陆地热时水面当冷,陆地寒时水面犹暖。两相调和,故寒暑适中,与其他大陆之严寒酷热有异也。"

1998 年编修的《大理州志》记载:"洱海是多功能调节湖泊,主要有水力发电、农田灌溉、水产养殖、城市供水、航运、旅游、调节气候等 7 大功能。"

　　调节气候是洱海的功能之一。气候的形成,是太阳辐射、大气环流、地理环境等因素相互作用的结果。由于洱海区域地处的纬度较低,太阳高度角终年较大,吸收的太阳辐射最多;地势高,空气干燥,地面长波辐射散热也强;北靠东亚大陆,南近海洋,大气环流随季节的转换而有明显的变化,形成季风环流。冬半年受来自阿拉伯、伊朗、巴基斯坦、印度北部等沙漠或大陆的干暖气团所控制,天气晴朗,气候干暖;夏半年转受来自南部洋面的暖湿西南气流(即西南季风)的影响,形成雨季,气候湿凉。所以形成了兼有大陆性和海洋性某些特点的低纬高原北亚热带季风气候。洱海流域降雨丰富,在径流面积内平均降雨量为 979.7 毫米(洱源县为 747 毫米,大理市为 1080 毫米)。但地区分布不均匀,西部大于东部,西北大于东南。降雨随高程而变化,高程越高雨量越多,高程越低雨量越少。一般高程每增高 100 米,降雨相应增加 70 毫米。苍山在流域区高程最高,降雨量最大值也在苍山,达 1200 毫米,每平方公里产水 120 万立方米;其次是连接鹤庆县的南无山,最大值达 700 毫米,每平方公里产水 70 万立方米;最低值分布在邓川坝和海东一带,多属山丘低地,仅 100 毫米,每平方公里产水 10 万立方米。湖面最低,为负值 242 毫米。干湿分明,旱洪交错。每年 5—10 月受来自太平洋和孟加拉湾西南暖气流影响,潮湿多雨,集中了全年降雨量的 85% 左右。11月—次年 4 月受来自伊朗高干冷空气入侵,气候干冷少雨,降雨量仅占全年的15% 左右。雨季最早于 5 月初,最晚 6 月下旬开始,有 80% 保证率的时间为 6 月初;雨季结束最早于 9 月中旬,最晚为 11 月中旬,有 80% 保证率的时间为 11 月初。由于地区降雨时空分布不均,流域常在同或不同年份发生旱洪交错灾害,洪涝多集中在 6—9 月,个别年份在 10—11 月也有干旱,大多集中在 12 月至次年 5 月的冬春季节,个别年份在 7—8 月也有插花性夏旱发生。

　　根据云南省下关水文分局 50 年实测结果,洱海水温年均为 15.9℃。年太阳总辐射量为 139.4 卡/平方厘米,年总日照时数是 2281.5 小时,年平均气温为15.0℃,湖内平均水温为 16.4℃,年湖蒸发量为 1211.3 毫米,年平均风速为 4.1米/秒,空气相对湿度全年平均为 66%。

　　据大理州气象局多年来的观测和分析,洱海区域的气候特征是四季温和、温度年较差小、日较差大、光照充足、干湿季分明,雨量季节分配不均,这些因素均与滇中高原相同。但由于独特的地形以及苍山、洱海自身的影响和调节,洱海区域气候又有自己的特点。与省内纬度、海拔相近的地区比较,洱海的增温效应表现在年平均气温高、冬春增温显著、霜日少强度轻等方面。以大理气象站的气象资料分析,大理年平均气温比纬度、海拔相近的南华、祥云、沾益等地区高 0.4～

0.7℃；冬春季节增温明显，特别是冬季大理比上述地区月平均气温高0.6～1.8℃。洱海的增温效应在提高冬季极端最低气温方面表现最为明显。如祥云海拔与大理相近，大理站记录的多年极端最低气温为零下4.2℃，祥云则为零下6.5℃，年日最低气温低于0℃的日数大理为98天，祥云为16天，因此大理霜冻日数比其他地方少、强度轻。这说明受到洱海的调节作用，洱海区域温度变化平稳。与苍山东南部邻近县份比较，大理的年降雨量偏多226.8～500.7毫米；冬春季节多大风，气候垂直变化显著，水平区域亦存在较大的差异，气候类型复杂多样。又据大理州气象局王祖兴和黄慧君的《近百年洱海流域气候变化分析》记载："一、近百年洱海湖区年平均气温为15.4℃，最高1966年达16.5℃，最低1992年为14.2℃，最大变幅为2.3℃；洱海上游年平均气温为14.1℃，最高1999年达15.1℃，最低1957年为13.4℃，最大变幅为1.7℃。二、近百年洱海流域冷暖阶段变化：湖区（大理）1901—1913年为冷期，1914—1955年为暖期，1956—2010年为冷期；上游（洱源）1901—1920年为冷期，1921—1955年为暖期，1956—1985年为冷期，1986—2010年为暖期。三、近百年洱海湖区平均降雨量为1170.8毫米，最多的1938年达1857.5毫米，最少的1960年为650.2毫米，最大变差为1207.3毫米。1901—2010年洱海上游年平均降雨量为804.6毫米，最多的1938年达1187.9毫米，最少的1982年为474.2毫米，最大变差为713.7毫米。四、近百年洱海流域年降雨量阶段性变化，1901—1909年为正常时期，1910—1950年为多雨时期，1951—2010年为少雨时期。其中上游（洱源）1957—1968年为多雨时期。五、近百年洱海流域旱涝变化，湖区（大理）涝和偏涝平均2.8年一遇，旱和偏旱平均3年一遇；上游（洱源）涝和偏涝平均2.8年一遇，旱和偏旱平均2.6年一遇。"

如表2-2、表2-3所示，在与其他湖泊的比较中，我们可以更好地了解洱海的基本情况。

表2-2 大理州三大湖泊

名称	面积/km²	水容量/×10⁴m³	最大水深/m	平均水深/m	南北湖长/km	东西湖宽/km	海拔/m
洱海	251	270 000	22	10	42	9	1 974
茈碧湖	8.0	8 865	32	3	6	2.5	2 055
剑湖	6.2	6 000	79	4.5	3.5	3.3	2 186

表 2-3　云南省四类型湖泊

名称	面积 /km²	长度 /km	最宽 /km	平均宽 /km	湖岸长 /km	水最深 /m	平均深 /m	容量 /×10⁸m³	湖面高程 /m
滇池	984	39	12.9	6.6	151.3	5.7	4.1	12	1886
洱海	251	42	9	6.3	115	22	10	27	1966
抚仙湖	212	31.5	11.5	6.7	90.6	155	87	185	1755
杞麓湖	36.8	10.4		3.5	32	6.8	4	1.5	1796
异龙湖	22.4	11.2	3.2	2.2	30.8	3.7	1.97	0.4	1412

说明：抚仙湖是我国的第二深水湖泊,其容水量约相当于 12 个滇池或 6 个洱海。

三、水文资源

谈到水文资源首先要了解水与自然生态的紧密关系,中国古代奇书《周易》,就有多处特别提到这一问题。书中的"井(卦四十八)"说:"巽乎水而上水,井。养而不穷也。"意思是凿开地下而取水于上,这就是井的象征。井水养人,取之不尽。"乾(卦一)"则说:"大哉乾元。万物资始,乃统天。云行雨施,品物流形。"意思是宽广无边的天啊,万物萌生都靠您,行云施雨万物方得生长。这两句卦都包含着一种朴素的思维:水是生命之源。

古语说:"海纳百川,有容乃大。"洱海的补给水主要为降水和融雪,入湖河流大小共 117 条。北有茈碧湖、西湖和海西海,经洱源盆地和邓川盆地分别由弥苴河、罗时江、永安江等进入洱海,西部有苍山十八溪水,南纳波罗江,东有海潮河、凤尾箐、玉龙河等小溪水注入。天然出湖河流为西洱河,即从出口处大关邑至漾濞县平坡村,全长 235 公里。水位高程 1974 米时,湖泊面积为 251.32 平方公里,最大水深为 22 米,容积为 27.429 亿立方米。总落差 610 米,至平坡入黑潓江,流向澜沧江。

(一) 水源沧桑

提起与洱海有关的大江大河,人们就不得不想到"通天河"的故事。通天河是《西游记》中唐僧师徒取经所过的一条大河,这里有唐僧师徒经历的"八十一难"故事之一,事见《西游记》第四十七、四十八回,说这条河"茫茫浑似海,一望更无边"。然而,这里说的"通天河",地点在唐僧取经过的西域(今新疆境内),然而亦有通天河原称长江曾是洱海源头的说法。

自古以来，人们对长江有许多称呼。起初叫"江"，后来称"大江""扬子江"。如今规范的称呼是从源头到楚玛尔河口叫"沱沱河"；从楚玛尔河到青海省玉树的巴塘河口，叫"通天河"；从巴塘河口到四川的宜宾，叫"金沙江"；从宜宾直到入海口，叫"长江"。据科学工作者实地测量，一般称作的长江，其长度实际上有6 387公里，仅次于南美洲的亚马孙河和非洲的尼罗河，为世界第三大河。长江的水能蕴藏量多达2亿6 000万千瓦，占全国水能蕴藏量的40%。然而，现在的长江与洱海相邻而不相通，似乎不会有什么瓜葛，但明代有关大理的笔记小说《叶榆稗史》中有一段"古通天河道"的文章写道："大理，古泽国，源出通天河。巨灵开山，山海成形。江河之巨，通天河矣。源自西昆仑，行三千里，南抵玉龙，出石门而经点苍，直入南海。释迦南出，经点苍而讲《华严》。见通天河阻隔东西，命巨灵改通天河道。巨灵以法移西域玉龙，化雪山阻通天河改道，遥泻三千尺，虎啸汇泸川，入扬子江，转东海。从此，剑湖水落，浪穿成草泽。海水落，地现……佛令开拓叶榆。叶榆泽自通天河改道，为鳌鱼精所占，常扰民而民苦之。"由此可见，这则神话折射出一定的地质科学现象。

据近代地质学者实地考察，千百年来，万里长江第一弯曾使许多到过这里的旅行者迷惑不解，就是世世代代居住在江边的居民也弄不清这段大转弯到底是怎样形成的，他们说金沙江是长江的上游，它和怒江、澜沧江等大河一起发源于青藏高原的东北部。但以今天来看，怒江和澜沧江都向南一泻千里奔向印度洋的怀抱，独有长江向东折转奔向太平洋。为什么会这样呢？民间故事说，怒江、澜沧江、金沙江原来是一母同生的三姊妹，父母向往西方极乐世界要把女儿都嫁到那里。但金沙江姑娘很淘气，暗中与意中人东海王子到了丽江就偷偷地离群冲开虎跳峡向东奔走了。

其实，世界上所有的河流总是在大地上切成几列深邃的平行河谷，无一不是弯弯曲曲地往前奔腾，这又往往是因为河水对两岸的侵蚀不同所造成的。河流总是划出一条条十分平滑和缓的曲线，而在河谷与河谷之间，就是一条条大致平行的高山。在中国西部青藏高原东侧的横断山脉和三江并流的地貌，全都如此。在这三江中金沙江最靠东边，它曾经由东西走向喜马拉雅山脉和南北走向横断山脉交会的拐角处藏东南的察隅进入澜沧江峡谷南流入海。这条河的大致路线是从察隅南下为金沙江，到如今长江第一湾的石鼓镇。石鼓一带的海拔在1 800多米，和南边的大理洱海的海拔高度差不多。在第四纪新构造时期，这一线急剧上升了1 000～3 000米，在这个过程中，河流强烈下切，山地峡谷系统形成，并发生了溯源侵蚀和袭夺（袭夺，又称河流抢水。相邻流域的河流向源侵蚀速度不同,速度较快的,源头向分水岭伸展的速度也快,最终首先切穿分水岭,导致分水岭另一侧河流的上游注入这条河,成为它的支流,这就是所谓的河流袭夺。河流袭夺是河系发展的一种现象)。地质学者试图以"袭夺"来解释"长江第一湾"的形成原因,即西长江在更新时完成了与来自青藏高原的金沙江的连接。也就是说来水是从长江第一湾往下的哈巴雪山向南的另一弯向北岸的支流过来的。这条西长江走向,是在石鼓汇合同样南下的金沙江,再沿今天仍然流淌着的由束河古镇流下的小支流(两旁是峡谷地貌)到了束河和洪文村,转道分两条:一条向东南进入剑川漾濞江;还有一条经剑川坝子南下进入现在的大理坝子,再向西进入漾濞江后流进澜沧江。后来经过多次地质变迁,沧海桑田,青藏高原和云南高原抬升越来越高,众多大河只剩下了澜沧江和怒江沿惯性流入印度洋,而金沙江在石鼓大拐弯,向南切开虎跳峡汇入西长江。改道之后,长江和洱海就"永别"了。

河流"袭夺"这个词非常生动。一条本来流得好好的河流,竟然被另一条毫不相干的河拦腰斩断,把它掠夺到自己的怀抱里了。

近年来,由地质学家郑洪波领衔的团队多次踏访青藏高原、云贵高原,提出进一步的成果。他们认为,现今的剑川谷地,其实是一个构造断陷盆地。这个盆地形成于 3500 万年(始新世晚期)前。郑洪波说,可以想象一下,在始新世中期,也就是"古金沙江"流经剑川盆地的时候,这里水草丰美、生物繁盛、河水清澈、黄沙灿灿。在始新世晚期,地壳运动、火山喷发、山崩地裂、时空折叠,滇西北(青藏高原东南缘)的构造地貌格局发生了重大的调整,剑川盆地随之隆升(代表了云南高原开始隆升),从此南流的"古金沙江"沿断裂带改道东流,"长江第一湾"由此形成。因此否定了金沙江南流后曾经在距今 250 万年至 1.1 万年新生代第四纪更新世中期才转向东流,"袭夺"成湾的观点。

不论如何,倘若长江真的是洱海的源头,那么洱海水源就少有封闭性,那么治理起来也许要容易得多,这当然是闲话。

(二)主要水源

洱海的水源除了地表水外,还有地下水。水文资料显示,洱海周围的地下水储存量约为 4.6 亿立方米,其中 1.5 亿立方米储存在各类表层的第四纪沉积物(以冲积、湖积层为主)中。至于地表水,据《云南通志馆征集各县山脉水系资料》记载:"洱海即古叶榆水,亦曰西洱河,又名昆明池(汉武帝凿以习战者即此,或称昆弥),在大理县城东。源出鹤庆西南黑泥哨中,南流至洱源县东北罢谷山下汇洱源湖水,又南流接诸水,经邓川至大理北之上关(即龙首关),左纳罗时江水,右纳碧玉池水,汇入洱海。计洱海北至邓川东南,南至凤仪西北,腹广二十余里,两端渐狭长约百里,涵虚澄碧,波涛万顷,首尾抱点苍山云弄、斜阳二峰之麓,中虚其腹,西纳十八溪水,东纳老太箐水,东南纳凤仪波罗江水,西南流经下关(即龙尾关)折西出黑龙桥,七五村河之水南来。回绕苍山之阳五十里至合江铺,西北纳漾濞江,南行会澜沧江入南海。"这是洱海源流较早的详细记载。

2017 年,《云南省大理州洱海流域湿地保护修复总体规划(2017—2025)》将洱海流域划分为五个子流域,包含从洱海东西南北入湖的主要水源。

1. 北三江流域,即北部诸源

北三江流域包括大理市喜洲镇和双廊镇以北流域内的乡镇,包括上关镇、牛街乡、三营镇、茈碧湖镇、凤羽镇、右所镇和邓川镇。这一区域为洱海的主要水源地,区域内罗时江、弥苴河和永安江年入湖水量占总湖水量的 70%。此外,区域内湖泊众多,包括海西海、茈碧湖和西湖等。

俗话说"有容乃大""上善若水"。洱源原名浪穹,据《元史》载"浪穹乃(唐时六诏之一)所居之地"。白语为"老号西",即"澜沧江之地",这里是洱海的主要源头,其中以凤羽境内的清源洞最著称。明崇祯年间徐霞客两次进清源洞考察,饶有兴致地写道"水从乱穴中汩汩而出,遂成大溪北去"。古代凤羽坝子原来是一片湖泊,叫"凤羽湖"。徐霞客从清源顺凤羽至洱海,一路记下了茈碧湖、绿玉池、邓川西湖的情景。这一带确实很美:"鱼舫泛泛,茸草新蒲,点琼飞翠,有不尽苍茫、无边潋滟之意"。

清代洱源诗人何蔚文的《浪穹怀古》诗中有:"浪穹名号问何时? 洱水寻源几个知。"溯源可知,名副其实的洱海水源是洱源海子,即茈碧湖,属于弥苴河水系。

洱源海子。即茈碧湖,在洱源县城东北四公里的罢谷山下,属于喀斯特湖。所谓喀斯特湖,又称"岩溶湖",由喀斯特(岩溶)作用所形成的洼地积水而成的湖泊,是侵蚀湖的一种类型。喀斯特湖主要靠地下水供水,水量一般较稳定。故明代大理学者李元阳在《西洱河志》中说:"叶榆水,一名西洱河,出浪穹县罢谷山下,数处涌起如珠树,世传黑水(澜沧江)伏流别派也。"因为罢谷山是东罗坪山脉,其西就是澜沧江支流漾濞江,故古人普遍认为洱海的源头是澜沧江。

茈碧湖三面环山,水从湖底涌出,南为茈碧湖、北为宁湖。明崇祯十二年(1639 年)二月十九日,徐霞客在日记中有茈碧湖游记:"由湖而入海子,南湖北海,形如葫芦,而中束如葫芦之颈焉。湖大而浅,海小而深。湖名茈碧,海名洱源……海子中央,底深数丈,水色澄莹,有琉璃光,穴从水底喷起,如贯珠联璧。"此即浪穹胜景中的"茈碧跃珠"。

　　湖泊面积 7.86 平方公里,南北长 6 公里,东西宽最大 2.5 公里,湖岸线总长17 公里,平均水深 18 米,最大水深 32 米,湖水碧绿透明,湖中盛产茈碧花,属睡莲科,叶呈心脏形,浮于水面,茎长七八尺,根扎在水底泥中,夏季开花,类似莲蓬,多为黄白色,每天中午 12 时至下午 4 时开放,其余时间均闭合为花蕾状,清香扑鼻,湖因此花而得名。清代浪穹知县陈橙《游宁湖》诗吟道:"中流泛泛木兰轻,十里无风一镜明。云树漾心青又白,珠玑跃面落还生。莲花采采留新叶,鸥鸟亭亭乐晓晴。谁道洱河千胜景,源头此处更澄清。"

　　茈碧湖水源充沛,除湖底地下水往上喷外,北有弥茨河,南有凤羽河,还有来凤河(发源于罗坪山北段东麓的马鹿塘附近)和潜流源源汇入。清嘉庆十三年(1808 年)水淹洱源坝子时,湖面曾扩大到 28.36 平方公里。地层北部是下泥盆系的砂质页岩含泥灰岩,东部是下泥盆系的石灰岩和二叠系峨眉山玄武岩,西部、南部与农田相连,属第四系湖积、冲积层。湖水无色无味,透明,色度平均8.5 度,硬度 69.7 毫克/升,属天然地面软水,pH 值平均 8.15,溶解氧平均 7.65毫克/升,各种金属含量很低。有机污染评价为二级(尚清洁级,下同),毒物污染指数评价为一级(清洁)。南为茈碧湖,即宁湖(纳新登渠水,源出罗坪山左白马涧,至大石洞,出新登村,入宁湖)。又南会罗凤溪水(源出凝云山下,东南流入宁湖),又西汇凤羽河。

　　其实,在古代凤羽河并非流入茈碧湖。当时,这条河到了山关(凤羽与茈碧交界处上龙门村),地势平衍,沙石渐积,南北冲决,伤毁民田,比岁皆然。自乾隆二十五年,堤埂溃于南山村(在县城南部山麓),河遂下趋,由马家营、赵家营入三江口。沙泥淤塞海口,频年为患。后地方建议,从马家营上首,改河北流,环县城东北至鹅墩村入茈碧湖。三江口,在县城东南大唐神庙下回龙山脚,因茈碧湖、弥茨河、凤羽河三水会流于此,故名。

　　凤羽河。凤羽河发源于点苍山西北坡的盐井岭东坡。由南向北,沿途汇集清源洞泉、三爷水、大涧河、马沿沟、青石江、白石江、铁甲河、溪登涧等山地河流和泉水,经凤羽坝,穿龙门峡谷,入洱源坝,全长 35 公里,宽 5～10 米,径流面积212 平方公里。据清光绪《浪穹县志略》记载:"凤羽河,亦曰闷江。源出治西南四十里纳铁甲场水曰闷江(源出铁甲场山中闷江哨合凤羽河),北流出通江门,有猢狲涧水(源自罗坪山右杨柳箐出石冈山,下入凤羽河)来会。东北流经马家营,纳金龟涧水(源出天马山,即传说樵青神以斧柯触山引水处)。又北环县城东北(此系乾隆二十五年新改水道),纳沂水河(源自城内学宫左侧,石窝中出),至鹅墩村入宁湖。"

据《徐霞客游记》记载，明代以前除县治北八里源出罗坪山凝云山的罗凤溪和大树关溪水合流入茈碧湖外，并无其他河水入流，凤羽河只是在"三江口"与茈碧湖水汇流。在此汇流的还有来自茈碧湖北面的弥茨河水。

弥茨河。原名梅茈河，在县城东北部，发源地有两处：一是剑川的甸南镇的上关甸；一是发源于牛街乡（过去属鹤庆地）东北长木箐北山西坡的瓜拉坡（海拔3180米）黑泥哨山中，因南经观音山，又名"观音河"（流域原属鹤庆县，后划归洱源县牛街镇）。山涧一段由东北向西南（当地称东大河）进入坝子与西大河汇合（海拔2150米），后名弥茨河，由北向南穿越牛街、三营坝子中西部，沿途汇集海西海、三营河、黑石涧、白沙河、南河涧等山地河流，西南流合诸山水，南经三营西，纳永济河水（源出凤岑老龙洞，会白草罗、大松坪两溪水）。又南，右纳九池水（出佛光寨山西麓，西流入大营河）。又南为大营河，出赤铜壁右，合洱源海子水。

以上三处之水在县城东南的回龙山下的三江口汇合，即："三源既会，南出经巡检司入蒲陀崆，又南出为弥苴佉江经邓川，南至上关，左纳罗时江水，右会碧玉池水，汇入洱河。"

前面说过，凤羽河和弥茨河之水原来并非直接汇入碧茈湖，后来因防水患曾有变迁。

据清光绪二十九年重修《浪穹县志略》记载："（三江口）昔时江口极深，河流陡峻，舟行至此，稍不经意，旋即驶下。今则淤积平衍，摄衣可渡矣。缘凤羽河沙泥甚盛，最易阻塞，水不顺流，浸溢为害。《旧志》载：水患频仍，率由于此。今则凤羽河已徙而北，所有沙泥，尽积于鹅墩、汉登之间，淤成田亩。此处不复为患。惟宜深开下游之水，河流即顺轨矣。其用牛踩河之旧规，每岁于拆坝后，约四月尾，五月初间举行。因江口藻荇交横，有碍水道，而锄挺又不能施，故用牛翻踏，以利水行。第乡村小民，全资牛力，以课春耕。一经入公，不能营私，且往来于淤泥之中，穷一日之力，而牛力惫矣，甚或倒毙。现令出牛之家，自顾小船，以人力用钓耙顺流打捞。"三江口的治理是洱源河道流畅的典范。清道光十九年任浪穹县令的樊肇新在《三江渠纪治》中总结："三江渠，即三江口也。宁河及凤羽河三江之水，汇流于此。横流阻塞，沙石淤涌，致宁河之水不能顺行，淹没军民田地。"从明万历以来，所任县官持续治理，"道光四年，知县林大树率同绅士，随时修筑，旱坝柳堤一例增高数尺，河无壅塞，始庆安澜"。

而茈碧湖也有改观。20世纪70年代，为了灌溉人们将湖泊缩小，建成中型水库。在出口处建了14孔圬工（混凝土）闸，主坝高5.7米，长620米，坝顶高程2056.5米。1971年11月至1976年12月完成改（扩）建任务，围堤8941米（干堤6121米、子堤2820米），修排涝渠7058米，将原有14孔坞工木叠梁闸，改建成双层四孔机械闸。修输水干渠海尾河（长8.5公里海尾河应是茈碧湖的泄水河道），注入洱海。

弥苴河。水系由弥茨河、凤羽河、茈碧湖海尾河、弥苴河、罗时江、永安江6条河流以及与之连通的海西海、茈碧湖、西湖、东湖4个湖泊所组成。从水库节制闸（海拔2055.1米）起，至下山口（海拔1987.35米）止，全长10.4公里（新桥以下峡谷长2.4公里），沿途汇集弥茨河、县城周围积水、温泉及白汉涧、黑汉涧后，下泻龙马洞峡谷，进入邓川坝子。从下山口（海拔1987.36米）起始称弥苴河，至洱海（海拔1964.47米），全长22.28公里。弥苴河段从邓川坝子起分为两支（罗时江、永安江），分别在沙坪九孔桥、双廊、江尾三处汇入洱海。区域径流面积1256.1平方公里，整个水系的干流从弥茨河发源地瓜拉坡起，到入洱海止，全长21公里，多年平均径流量4.82亿立方米，占洱海多年平均径流量8.13亿立方米的59%。据炼城水文站记载：最大洪水量达118立方米/秒（1955年8月6日），年径流量最多的是1966年，达6.816亿立方米。枯水流量1983年3—4月实测：右所桥下为2.075立方米/秒，青索桥上为1.539立方米/秒。

与弥苴河段相关的重要水源有西湖以及罗时江和永安江。

西湖。在右所镇西部。为断陷而成的淡水湖泊，总面积3.3平方公里，南北长3公里，平均水深1.8米。湖容水量：洪水期可达1000万立方米，平时为593万立方米。原无独立出水口，水尾入弥苴河；唐朝中叶修罗时江后直通洱海。

罗时江。位于邓川坝西部，北起大楼桥，经绿玉池（海拔1969.3米）进西湖，过新州、兆邑，南至沙坪九孔桥注入洱海（海拔1964.44米），全长15.23公里。沿途汇合鸡鸣后山涧、起始河涧、凤藏涧、圣母涧、龙王涧、南门涧、落溪涧等。《邓川州志》记载："泄西湖水尾。"

永安江。位于邓川坝子东部，古称漫地江，北起下山口（海拔1971.83米），贯通东湖区，南至江尾白马登入洱海，汇集草海子、水磨箐、鲤泉水、老马涧、青石涧等水，全长18.35公里。

1998年《大理市志》记载：大理市地表年产水量为6.41亿立方米，市域水量来源除自产部分外，由洱源县境内流入的年均为5.59亿立方米，全市年均拥有地表水资源总量接近12亿立方米。全市地下水总贮量为2.77亿立方米。

2. 十八溪流域，即苍山十八溪

十八溪流域包含流域范围内大理市喜洲镇以南，洱海西侧1966米高程线以西，以及下关镇龙泉、大关邑以北的所有区域。这一区域包含从苍山流下的十八条溪流注入洱海,水质清澈,同时也是旅游业集中发展的区域,年入湖流量占年总入湖流量的 20% 以上。

对于苍山的水,尤其是水与洱海的关系,中央电视台"地理中国"栏目中的《"苍洱"印迹》生动地说:"水是我们赖以赏心悦目的环境不可或缺的资源。如果没有苍山积雪形成的庞大蓄水塔,哪来碧波荡漾的茫茫洱海,没有洱海哪来积淀深厚的洱海文明。"

科学研究表明,洱海的最宽处接近 9 公里,苍山的厚度大约 20 公里,而两者之间的距离平均 4 公里,这基本上符合黄金分割律。像洱海这样的湖泊每年至少需要补充 14 亿吨淡水,才能维持水量避免干涸。而 14 亿吨淡水,相当于 400 个北京颐和园昆明湖的全部水量。

这么多的淡水究竟大多来自哪里呢?

吴庆龙在中央电视台"地理中国"栏目《"苍洱"印迹》中说:"由于地壳运动将洱海底下的岩石挤到地表形成苍山。这些岩石比较破碎,孔隙和裂缝很多,天然降雨能够一点点不断地渗透进去,一层层岩石都饱含水分,降雨时储存起来,等到降雨减少,再通过十八溪流沛然流下补给洱海。因此,可以说苍山是一个天然的大水塔,洱海是这个水塔下的天然蓄水池。苍山这个水塔有多少容量呢?苍山有 4 000 多米高,48 公里长,接近 20 公里宽,其蓄水量之多可想而知。确实,如果没有这么大的水塔一年四季供水,哪里会有洱海的美丽和浩瀚?"

在四季如春的云南,即便是寒冬腊月也难得见到积雪,但在春意盎然的 3 月,苍山上竟然还有比较深厚的雪,真让人难以置信。

因为苍山的雪挤压时间很长,内结构部分压实结成冰晶。北方的积雪松软,一脚就能踩下去;而这里的雪在重力的作用下形成冰,内部压得非常紧,脚踩不下去。尽管这里的积雪只有 10 多厘米厚,但比 10 厘米的积雪含水量还要多。如果再往上,气温更低,这种含有冰晶的积雪则更多、更结实。

在这茫茫的大山上,到底有多少积雪,这些积雪与苍山洱海这片独特的区域有什么关系呢?

苍山利用冬春两个季节储存了大量的积雪。这些积雪到了夏天又逐渐融化形成大量雪水进入山体之中,储存在岩石的孔隙里。这样,哪怕是最干旱的季节,也都有稳定的水从岩石中渗透出来,补给洱海。也就是说,当地表水充足时,水保留在山体里;地表水稍有枯竭时,它就渗出来。

民国初大理学者周宗麟为了便于记忆十八溪编的一首歌谣:

首数霞移次万花,阳溪茫涌锦交加。

灵泉白石鸳鸯渚,自是隐仙近水家。

梅里桃源今在否?宝中绿玉产龙沙。

一泓清溪莫残了,荨溪南阳处处佳。

(1)霞移溪。据《大理县志稿》记载:"霞移溪位于万花溪北,是水有利无害。北则灌溉中下兴庄,南则灌溉美坝、峨崀下及永宁、上下新邑、南北星登之田亩。附白石洞:每岁夏秋,山水暴发,常坏田亩。顺流而下,灌溉仁里邑、周城、上中下兴庄、角盈村等甸之田。大涧左龙潭源出旗鼓山右麓,村人作塘潴之,可供坡头田百余亩之用。旗鼓山龙潭源出旗鼓山左麓,村人亦作塘潴之,可供坡头百亩之用。神摩山涧,北则灌溉羊角村坡头、山坝石,南则灌溉周城、坡头之柳树沟、水碓门军沟各坝石、蝴蝶泉、仁和村。上神摩山左麓水从石腹中涌出,塘方约三丈,可灌田四百余亩。玉龙池源出波罗旁西南广约亩许,亦可灌溉四百余亩。"《大理市地名志》记载:"霞移溪在喜洲镇北部。发源于云弄峰与沧浪峰之间,因云弄峰的云霞经常北移,故名。系常年性河。全长8公里(从山脚至海口长39公里),宽约5米,径流面积约11平方公里。二月流量为0.096米/秒。流经周城和仁里邑,注入洱海。灌溉面积2000余亩。"

(2)万花溪。据李元阳《游花甸记》记载:"入万花溪,异卉秀葩,名不可辨",溪由此得名。《大理县志稿》记载:"万花溪位于阳溪北,源于花甸哨,大而且远。七八月间,洪涛汹涌,行人病涉。其支流所经,上则辰登、新登、上下院旁,下及南北新登、小沟尾,左则阁洞榜,右则江渡、城南。下及喜洲、寺上、寺下、中和邑,以至河涘城、河涘江、江上村诸田亩,皆得灌溉焉。附沙平涧:源出沧浪峰下,平时其流甚细,夏秋之交,大雨时,行则横流四溢。小院旁、三舍邑二村之田资其灌溉。"《大理市地名志》记载:"万花溪发源于花甸坝。全长17公里(从山脚至海口长4.623公里),宽约8米,流域面积51平方公里。二月流量为0.367立方米/秒。灌溉面积4000余亩。"此溪滋润的村落众所周知者为喜洲村。

(3)阳溪。据《僰古通纪浅述·十八溪名义》记载:"阳溪,有小洞,日出照之,树不能阴蔽。"意即太阳普照之河。据《大理县志稿》记载:"阳溪,位于茫涌溪北,溪源大者有二,山深路远,水势汹涌,为十八溪之冠。每至秋令,四出旁流,颇害田亩。其支流大略有五:一由溪口北流,横五台峰麓直达庆洞庄;一由朝阳村后北流,寻分数小支,接济上支所分之小支,灌溉朝阳、沙平、蒙恩、庆洞四村田亩,其诸支水尾直流而下,而柯黎庄、赤土江、河涘城、上作邑、下作邑、下阳溪六村田亩,均得灌溉焉;一由溪口南流横莲花峰麓,直达下丛村;一由上阳溪村后南流寻分数小支接济上支所分之小支,灌溉上阳溪、北阳溪、内官、下丛四村田亩;一由北阳溪村下东南流,寻分三小支,与上二支所分之小支,灌溉北庄、中庄、南庄三村田亩。其诸支水尾东流而下,而古生、新溪、石岭三村,及上下湾桥二村,北甸田亩亦得灌溉焉。附清洞江:源出五台峰南支,下朝阳、沙平两村之间,东流而下灌溉上下作邑、下阳溪三村北甸田亩。凤鸣涧,源出凤鸣邑左涧,为凤鸣、上下作邑、下阳溪诸村之水利。”《大理市地名志》记载:“阳溪发源于莲花峰和五台峰之间。溪源有二,水量为十八溪之冠。原名‘鸡鸣江’。据传明朝年间,洪水泛滥,鸡鸣江改道。系常年性河,全长 13 公里,宽约 10 米,流域面积 41 平方公里,二月流量为 1.563 立方米/秒。流经北阳溪、庆洞、北庄、作邑、古生等村,注入洱海。其支流从溪口横五台峰麓流达庆洞后,逐分数支。灌溉面积 10 000 余亩。”就常年水量而言,苍山十八溪中阳溪是水量最为丰沛的溪流。如果把溪流比作文化乳汁,那么阳溪孕育的文化就非同小可。水量稍次于阳溪的两条溪流在阳溪南北,一条是北面的万花溪,灌溉面积 4 000 余亩(与中和溪相当);另一条是茫涌溪,灌溉面积为 8 000 余亩;除了这四条溪,其余的 14 条溪只不过灌溉几百亩,最多也只是 2 000 亩而已。

(4) 茫涌溪。《大理县志稿》记载:“茫涌溪位于锦溪北,溪源有二,水势次于阳溪。其支流略分为四:一由溪口下北流,寻分数小支,灌溉上下湾桥二村、南甸田亩,其水尾直流而下,则新溪、石岭之田亦得灌溉焉;一由溪口南流,横白云峰麓,直达小庆洞;一东南流通佛堂下村;又一支亦东南流,绕钏邑村北,即灌溉此三村之田亩。诸支水尾东下,而北甸、东甸、小楼庄、林邑、北磻溪六村田亩亦得灌溉焉。附沙平江:源出莲花峰北支下,下丛村南,水势甚涌,东流而下灌溉下丛南甸、上下湾桥、北甸以及新溪、石岭二村田亩。”《大理市地名志》记载:“茫涌溪发源于莲花峰和五台峰之间。因溪水充足,从上涌流而下,故名。系常年性河,全长 10 公里,宽约 8 米,流域面积 22 平方公里,二月流量为 0.804 立方米/秒。灌溉面积 8 000 余亩。上游兴建茫涌溪电站。”在十八溪中,茫涌溪灌溉面积仅次于阳溪。

(5) 锦溪。《大理县志稿》记载:“锦溪位于灵泉溪北。水势平稳,自古无患。支流大者有二:一由溪口北流灌溉小庆洞、南甸田亩;一由溪口南流穿鹤阳上下二村,即灌溉此二村田亩,其大干至大路上下南北,分支旁流。北流者接济上支所分之小支,灌溉北江心庄之田亩;南流者亦接济上支所分之小支,灌溉下末用村、城外庄二村之田亩。其诸支水尾直下,所灌溉者即南北磻溪田亩,而南磻溪需要尤多。"《大理市地名志》记载："锦溪在银桥乡北部。发源于白云峰与鹤云峰之间，因溪旁山花似锦，故名。系常年性河。全长 12 公里（从山脚至海口长4.915公里），宽约 8 米，流域面积 23 平方公里。二月流量为 0.515 立方米/秒。流经鹤阳村、江心庄、南北磻溪等村，注入洱海。灌溉面积 2000 余亩。"

（6）灵泉溪。《大理县志稿》记载："灵泉溪位于白石溪北，溪源有二水，势较大，然未尝为害。支流有四：一支由溪口下北，通河阳下村，即灌溉此村南甸及新城里田亩；一支由溪口南流，横三阳峰北支麓，直达上银桥；一支东南流，环绕培德里，寻分数小支，与上支所分之小支灌溉培德里、上银桥二村之田；一支分大干为二，北干则灌溉新城里、西城村田亩，南干则灌溉培德里东甸田亩，其水尾所灌溉即为古主、大邑、上下波溯四村田亩。"《大理市地名志》记载："灵泉溪在银桥乡北部，发源于三阳峰与鹤云峰之间。因该溪源头系从岩石孔中穿出，有其特殊灵异，故名。系常年性河，全长 11 公里（从山脚至海口长 4.526 公里），宽 10 米，流域面积 22 平方公里。二月流量为 0.69 立方米/秒。流经鹤阳、磻曲、头铺、古生庄、大邑、下波溯等村，注入洱海。灌溉面积 2000 亩。"

（7）白石溪。《大理县志稿》记载："白石溪位于鸳鸯溪北。溪源有二，水之利害与鸳鸯同。其支流略分为三：一支由溪口北流，寻分数小支环绕三阳村、下银桥，左右有一小支直达上银桥，则三阳村、下银桥及上银桥南甸之田亩赖以灌溉焉；一支由溪口南流，亦分数小支环绕北阳乡，则此乡之田亩赖以灌溉焉；一支由大路东北流，与北支所分之小支灌溉上下阳波院之田亩，又与大干下游分支之水，灌溉三家村、五官庄之田亩。附马头江：发源于培德里之北，分二支：一支南流灌溉培德里东甸之田，一支东流灌溉新城里南甸及古生、大邑二村庄之田。"《大理市地名志》记载："白石溪在银桥乡中部，发源于三阳峰与兰峰之间。该溪由于峰间白石被溪水冲击而下，布满河底，故名。系季节性河，但雨季常有洪水发生。全长 8 公里（从山脚至海口长 4.264 公里），宽约 10 米，流域面积约 16 平方公里。二月流量为 0.144 立方米/秒。流经双阳、保和、富美邑等村，注入洱海。"

（8）鸳鸯溪。又称双鸳溪。《大理县志稿》记载："鸳鸯溪位于隐仙溪北。旱则干涸见底，雨则山洪骤至，利害互见。其支流：一由溪口北行，寻分数小支，中有一小支穿南阳乡达白石溪，则阳乡南北二村之田亩均灌溉焉，其分支水尾则灌溉南江心、沙栗木二庄田亩；一由溪口南流则灌溉双鸳村田亩，其下流之水，至大路会南来之水东流而归大干，大干之旁出者，则灌溉南江心庄、南甸、育才里北甸之田亩。"《大理市地名志》记载："双鸳溪（即鸳鸯溪）在银桥乡中部，发源于兰峰和雪人峰之间。因该溪上游有两股水源流到箐口后，合二为一出平坝，当地村民将箐内两股水比作一对鸳鸯,故名。全长9公里(从山脚至海口长4.264公里),宽约8米,流域面积18平方公里。二月流量为0.17立方米/秒。灌溉面积2000余亩,注入洱海。"

(9)隐仙溪。《大理县志稿》记载:"隐仙溪位于梅溪北。无水时多。其支流有二:一由溪口东北流,寻分数小支,灌溉双鸳村之田亩;一由溪口之下东北流,亦分数小支灌溉五里桥北甸,及际登江、凤仪邑三村之田亩。至于大干分出数小支则灌溉五里桥南甸,及凤仪邑之田亩。附大井沟:发源于双鸳村东,灌溉双鸳东甸田亩。东至大路则分为二支:一支北流入双鸳溪,一支东流灌溉育才里南甸、凤仪邑北甸之田亩。"《大理市地名志》记载:"隐仙溪,在银桥乡南部,发源于雪人峰与应乐峰之间。据传因该溪上游山漳岩洞中,有一块形状像人的巨石,人称'隐居仙人',故名。系季节性河流,全长9公里(从山脚至海口长4.85公里),宽约8米,流域面积17平方公里。二月流量为0.21立方米/秒,注入洱海,灌溉面积1000余亩。"

(10)梅溪。《大理县志稿》记载:"梅溪位桃溪北。水势甚弱,其支流由溪口东北行,寻分数小支,灌溉绿桃村之田。其诸支水尾直下,则分溉五里桥、凤仪邑南甸田亩。若大干旁出支流,则德和、小岑之田亩亦均灌溉焉。"《大理市地名志》记载:"梅溪发源于应乐峰与小岑峰之间。古代,该溪旁梅树较多,故名。系季节性河,全长10公里(从山脚至海口长5.518公里),宽8米,流域面积15平方公里。二月流量为0.465立方米/秒。灌溉面积600亩。"过去,"叶榆十观"中有一景"瀑泉丸石",据嘉靖《大理府志》记载:"在帝释山之南,涧曰'梅溪',夏秋瀑布下有盆涡。盆中有一激石,其大如马,水激石跳,铿訇如雷。千仞壁上有诗,不留姓氏:'翠壁千寻挂玉泉,盆涡激石几千年。当时跃浪如龙马,砥砺磨砻变却园。匹练卷将高五尺,须臾坠落潭花白。如今任运自推移,等闲占断蛟龙宅。'"

(11)桃溪。《大理县志稿》记载:"桃溪位于中溪北,平日水涸露底,大雨发时水势甚汹涌。支流大者有二:一由溪口北流,直达寺南村,其水尾则至德和村、小岑村一带田亩皆灌溉焉;一由溪口东南流,灌溉上下水碓、小纸房、葱园等村之田。复东行至城西与中溪水暨绿玉溪支水合分为二支:一入城即大马江,一北流经凤凰桥东行,灌溉篾匠村至柴村诸村田外,并北流与大干所分之支流,灌溉新桥、上下鸡邑、龙王庙诸村田亩。"《大理市地名志》记载:"桃溪发源于小岑峰与中和峰之间。古时,该溪旁桃树较多,故名。系季节性河。全长8公里(从山脚至海口长5.44公里),宽约7米,流域面积15公里,二月流量为0.108立方米/秒。"

(12)中溪。又称中和溪。《大理县志稿》记载:"中溪居点苍中和峰南,溪涧不深,水流亦细。始出溪口即南纳绿玉溪支水,东行分二支:南支灌溉石门、大纸房等村田。又东行分二支,一支入城名卫前江,灌溉城中中部园地,出城东流灌溉大院子及小邑庄南北等村;一支北流至西门口,分一小支入西门,其余经狮子桥北流。北支东流经观音市北,会马蝗箐桃溪水灌溉路南一带田亩,复东流至狮子桥与南支合,顺西城濠北流,又会桃溪支水,后分两支:东一支名大马江,灌溉城中北半田园,出东城灌溉吉祥村、果子园及瓦村、小邑庄北甸;西一支仍北流会银箔泉经凤凰桥折东流,灌溉篾匠、洪家、古榆等村田,复东流至甘家村后分五分之一水灌溉甘家、车邑诸村,余四分流至东北城角下有三板闸者,分水两半,一半北流灌溉柴村正甸,一半南流吉祥村及柴村、南瓦村北诸甸,并接济大马江不足之水。附银箔泉:其源出小纸房村西,除灌溉左右田亩外,东流会于西城濠水。又石马井泉:源出大纸房村南,即灌溉此村南甸田亩,余入城灌溉城中南半园地,且此水以之漂布,其色甚白,故人争用之。按一塔寺西尚有绿玉溪,分支水渠:一道入城西出城东,灌溉大院子南甸及小邑庄西甸等田。杜文秀时代因建内城,将西城水洞阻塞,汉人不敢争论,乃于绿玉溪下流南城河中引一水,由东城濠而北以灌溉此一带田亩云。”《大理市地名志》记载:“中和溪发源于中和峰而得名,系常年性河,全长11公里(从山脚至海口长6.682公里),宽6米,流域面积17平方公里。二月流量为0.054立方米/秒,灌溉面积4000亩。”

(13)绿玉溪。又名白鹤溪。《大理县志稿》记载:“绿玉溪位于中溪之南。一支由溪口北流,横龙泉峰麓,灌溉柳叶坝田,与中溪水合。一支由溪口南流横玉局峰麓,至中干东下,中分二支灌溉南关铺北甸,并玉溪、月溪二乡之田。其诸支水尾则灌溉生龙铺及小邑庄南甸之田。又双鹤桥下,分一支经东南城隅,由城濠北流复折东流,灌溉大院子南甸、小邑庄西甸之田。附玉局峰下烧香路之东有泉三:一玉蕴泉,一金箔泉,一红龙泉,出水无多,每泉仅灌溉数十亩之量焉。”《大理市地名志》记载:“白鹤溪,又名绿玉溪。发源于玉局峰与龙泉峰之间。相传曾有一对白鹤在溪口栖息,故名。系季节性河,全长11公里(从山脚至海口长5.69公里),宽约8米,流域面积21平方公里,二月流量为0.079立方米/秒。灌溉面积2000余亩。”明弘治间,秋雨绿玉溪暴发洪水,南涧溪流冲断了间隔的山梁,溪水全部汇入了北涧,致使大理城沿途的房屋冲毁,造成了“城中人庐皆没”的灾害。之后,每隔数年,水患常有发生。明正德间,民众将北涧流向堵塞改道经双鹤桥下注洱海。从此,将大理城内的河道全部开辟为街道、民居,并将南门往南移至今位置,故民间有“改河接城”的说法。

(14)龙溪。又名黑龙溪。《大理县志稿》记载:“龙溪位于绿玉溪南,水势汹涌。其分流北岸者二支：一支自溪口东北行，寻分数支灌溉南关铺南甸之田，并玉溪、月溪两乡及生龙铺各田亩；一支北流五里桥之田，寻分数支灌溉胡嘴庄、河底村、上下兑、三家村之田。其分流南岸者，向东南行会小龙溪水，又会绿玉溪及马龙峰北支山麓小水，合而为二，名曰三沟水。而上下阳和、官庄及呈庄之村北甸，与唐家村、星庄、罗久邑南之田亩，均资灌溉。又河之下流，寻分南北二小支：南支灌溉上下丰呈庄田亩，北支灌溉龙龛田亩，俟栽插稍毕，转流而北至南生久南甸，以济南关铺而下不足之水。"《大理市地名志》记载："黑龙溪发源于玉局峰与马龙峰之间，系常年性河，全长 11 公里（从山脚至海口长 6.002 公里），宽 8 米，流域面积 15 平方公里，二月流量为 0.207 立方米/秒，水势汹涌，灌溉面积 1000 余亩。"

（15）清碧溪。据李元阳《游清碧溪三潭记》记载："此溪四时不竭，灌润千亩，人称为'德溪'。"《大理县志稿》记载："清碧溪位于龙溪南，此溪之水不及龙溪之大。其分支由南溪口东流者，如上摩北甸、辘角庄、阳和庄、神通庄、龙竹村、大庄等处之田均资灌溉。其循河北岸而下者，则灌溉呈庄之村南甸、罗久邑南登之田亩。附木莲花井：又名涌珠泉，源出上末南村下大路西。泉极清冽，四时不涸。泉东一带田亩得资灌溉。小龙井：源出大石庵东半里许，每岁小满节后则灌溉上末南近井田亩。芒种后如阳和、神通、大庄等村之南甸及大湾庄河北之邻近田亩亦资灌溉云。"《大理市地名志》记载："清碧溪发源于马龙峰与圣应峰之间。系常年性河，全长 11 公里（从山脚至海口长 5.29 公里），宽约 8 米，流域面积 13 平方公里。二月流量为 0.221 立方米/秒，灌溉面积 1500 余亩。"

（16）莫残溪。《大理县志稿》记载："莫残溪位于清碧溪南，水势甲于清碧而次于龙溪。其分南北二支：一支北流灌溉上末村南之田亩；一支南流则灌溉打铁村、刘官厂、大湾庄、南北经庄、大村、三舍邑、下摩、葭蓬村之田，即大井旁西北青龟山下之田均资灌溉焉。附品水：发源于佛顶峰麓，其水资以灌溉田亩者如大井旁、砖瓦、重邑村暨太和村之太二村。每逢小满节起，四村按日分水，周而复始，习为常例。井心坪：源出大井旁村东北甸阡陌间，其流虽细而四时不竭，由经庄直抵葭蓬村，或由经庄转南横达重邑之南甸一带田亩得资灌溉。附茨蓬水：发源于古城园下，距葶溟北约二百步之遥，灌溉太和村太一北甸田亩。"《大理市地名志》记载："莫残溪发源于圣应峰与佛顶峰之间，全长 10 公里（从山脚至海口长 5.16 公里），宽约 8 米，流域面积 14 平方公里，二月流量为 0.389 立方米/秒。"莫残溪水为一类水质，1999 年，在感通寺附近建厂的大理苍山感通山泉有限责任公司，生产的"感通山泉"饮用水为大理一带畅销产品。

（17）葶溟溪。《大理县志稿》记载："葶溟溪位于莫残溪南。其水不甚汹涌，田亩之资其灌溉者不少。距溪口三里许有分水口,由溪南分为左右二大支:左支直流而下又分左右二小支,左小支则灌溉太和村太二之田,右小支则灌溉太三之田。每届小满节,二村轮用,先太三、次太二,周而复始,此左大支之情形也。若右大支则灌溉太和村太四及洱滨村之田,先太四、次洱滨,亦周而复始,此右大支之情形也。若溪之北岸有太一村虽得分有水利,然必俟南岸各村栽插毕事,方许水过北岸。附溪尾井:发源于葶溟溪南岸秧田甸北,灌溉太和村太二、太三,并及太一田亩;深坡箐:发源于马耳峰麓,其水则灌溉太和村太四附近田亩。"《大理市地名志》记载:"葶溟溪发源于佛顶峰与马耳峰之间,系季节性河,全长9.5公里(从山脚至海口长3.697公里),宽约8米,流域面积12平方公里,二月流量为0.192立方米/秒。"

　　(18)南阳溪。又称阳南溪。《大理县志稿》记载:"南阳溪位于葶冥溪南。有左右二源,各自为流,至山麓始合为一,直抵宝林村之中心,有分水处,别为四支:一支自斜阳峰麓南行,复向东下。凡下关之五军三甲,以及赵李二姓、推登村、大关邑等处田亩,各依成规,分别灌溉;其余三支:一由荷花寺村中而下,一由荷花寺村南而下,一由羊皮村北佛头寺南而下。此三支水,凡大路西之荷花寺寺脚村、羊皮村、宝林村,路东之大长屯、清平村、小关邑等处田亩,亦照成规分水灌溉。此就溪南岸而言也,若由宝林寺分水处顺河而下,然后北流过阳南村南北两登灌溉田亩,又顺河而下直抵苏武庄,亦照分水旧规以资灌溉。附阳南小箐:源出马耳南支之麓阳南寺东,合数细流而成,东南流会于阳南溪清溪。源有二:一出于李将军庙,左一出经载庄北山。响水箐:此水系清朝乾隆间,县令王孝治由此箐沿途接以石槽,此水方通。二流相合,直至磨房分为左右二支:左支自立夏日始用全溪之水,凡下关之军上、军内、末甲、水碓、营中、刘家营、上村、小井等处田亩,均按旧规分灌;右支自夏至后,用全溪水分为南北中三支,南支灌溉打渔村田,中支灌溉下村之田,北支灌溉军上、军内、末甲、水碓、营中、上村、小井之田。"《大理市地名志》记载:"阳南溪发源于马耳峰与斜阳峰水间,系季节性河,全长8公里(从山脚至海口长3.252公里),宽约7米,流域面积12平方公里,二月流量为0.145立方米/秒。"

　　另外,十八溪流域,值得一提的水源还有泉以及鸡舌箐水沟。

　　泉。据新纂《苍山志·水资源》记载:"(苍山)东坡海拔2 800～3 000米南北向的大理岩夹层中,岩溶发育,于东西向河川横切部位常有泉水露出,如出流量达15升/秒的蝴蝶泉。苍山东麓的'银箔泉'则是著名的饮用矿泉水,天然露头。"

　　鸡舌箐水沟。在下关镇西部。引鸡舌箐之水为源,绕点苍山斜阳峰麓,从西南向北至洱滨村,全长15公里,宽约1米,流水量为0.5~1.5立方米/秒。因取源于鸡舌箐,故名。灌溉龙泉、荷花、大关邑、洱滨村农田,灌溉面积3000余亩。《大理市地名志》记载:"鸡舌箐,在市郊乡温泉村公所北部,发源于点苍山佛顶峰老虎山南坡。因箐似鸡舌形状,故名。系常年性河,全长5公里,宽约2米,流域面积6平方公里。箐水从北向南流入西洱河,箐水清澈,两岸植补较好。"

3. 西洱河流域

严格地说,这一区域为洱海流域的出口断面,湖水由此流出,包括流域范围内洱海南部1966米高程线以南,大理市下关镇龙泉和大关邑以东,凤仪镇以西的区域。

4. 南部波罗江流域东南部诸源

位于洱海东南侧1966米高程线以南流域范围内的所有区域,即大理市凤仪镇地。这一流域主要包括波罗江和三哨水库,年入湖水量占入湖总水量的7%左右。

在洱海东南部分布着不少大小不等的溪流。据《大理市地名志》记载:其中较大的有波罗江、白塔河、凤鸣箐、金星河、向阳箐、福星箐。

(1)波罗江。波罗江发源于定西岭(昆弥岭)之北(三子龙、赤佛山及黑龙潭),入三哨水库,由南到北流经凤仪坝子,是洱海的主要入湖河流之一。因早年赤佛山崖半有"毕钵罗窟",又叫波罗窟,以窟名江。《大理府志》记载:"水曰大江,又名波罗江,出九龙顶下,北流入西洱河,为州之带水也。"波罗江由南向北穿过凤仪坝子,于满江村村公所下庄村注入洱海,全长18.5公里(其中凤仪段河道长14.045公里),宽约15米,流域面积(地下流径)24.984平方公里,径流面积297.13平方公里。二月流量0.260立方米/秒。1957年在其上游修筑三哨水库,疏通改直河床,并在河道两旁种植桑树林木。"其支流有汤天箐、富成箐、锦声箐、上乐和箐、白冲箐、白塔箐、芝兰箐、干龙王庙箐、赤子庙箐。

(2)白塔河。在凤仪镇北部。发源于龙王庙。因蛇山西麓建有一座"白塔",该河流经其地,故名。系常年性河。全长7公里,宽约10米,流域面积10平方公里。流经上苍甸、下苍甸、红山村、石房子,注入洱海。灌溉面积3500亩。

(3)凤鸣箐。在市郊乡天井村村公所南部。发源于天井山北麓。因该箐水流经凤鸣村,故名。系季节性河。全长6公里,宽约3米,流域面积7平方公里。从南向北流经凤鸣村,注入洱海。现上游已建凤鸣水库,灌溉面积250亩。

(4)金星河。在市郊乡南部。发源于大风坝。经吊草村向北流,于深长村东,汇深长箐水,流经金星村里后山,后注入洱海。后因河沙淤塞,改道穿过市区,经沙河埂于黑龙桥西 1 公里处流入西洱河。因河早年流经金星村,故名。系常年性河,全长 11 公里,宽 4～6 米,流域面积 10 平方公里。上游(吊草村旁)设有径流站,中游(福星村头)修分水道,部分水由二号桥注入西洱河。原河床(福星村西)两岸已由滇西电业局、滇西纺织印染厂、火柴厂等单位筑堤,兴建房舍。

(5)向阳箐。在市郊乡文献村村公所南部。发源于青光山北麓。因该水流经向阳村,故名。系季节性河。全长 7 公里,宽约 3 米,流域面积 8 平方公里。从南向北流经向阳、文献村,注入洱海。现上游已建向阳水库,灌溉面积 350 亩。

(6)福星箐。在市郊乡福星村西南部。发源于者摩山东坡,系常年性河。因该水流经福星村,故名。全长 5 公里,宽约 5 米,流域面积 12 平方公里。于深长村汇金星河,注入西海河。灌溉福星村部分农田。

5. 海东山溪流域东部诸源

位于洱海东侧 1966 米高程线以东流域范围内的所有区域,包括海东镇(含)以北以及双廊镇(含)以南的区域。这一区域地形地貌以高山陡壁为主,另有玉龙沟、凤尾箐等四条主要入湖河流,年入湖水量占年入湖总水量的 10% 以上。

(1)凤尾箐。在挖色乡大成村村公所东北部,发源于牛角山。因箐像凤凰尾巴,故名。系季节性河。全长 16 公里,宽约 5 米,流域面积 44 平方公里。流经大成、凤凰村、光邑、寺涧村等,注入洱海。灌溉面积 300 亩。

(2)大品箐。在挖色乡挖色办事处东部。发源于猫头山南坡(其名待考)。系季节性河。全长 11 公里,宽约 6 米,流域面积 15 平方公里。从东向西经挖色办事处,注入洱海。

(3)中心沟。在挖色乡中部。因该沟坐落于挖色乡中部。故名。系季节性河。全长 9 公里,宽约 5 米,流经高兴、光邑、大成、挖色等村,注入洱海。

(4)石碑箐。在海东乡名庄村村公所北部。发源于打鼓山西麓。因箐中部分石头形状似石碑,故名。系常年性河。全长 10 公里,宽约 5 米,流域面积 4 平方公里。从东向西经玉龙、名庄、江上、向阳等村,注入洱海。灌溉面积 50 亩。

(5)上和箐。在海东乡上和村村公所东部。发源于洪水塘。因源头经上和村,故名。系季节性河。全长 3 公里,宽约 4 米,流域面积 5 平方公里。从东向西经上、下和村,注入洱海。灌溉面积 100 亩。

(6)石头箐。在海东乡上登村村公所东南部。发源于大石山。因箐中石头较多,故名。系季节性河。全长 10 公里,宽约 6 米,流域面积 6 平方公里。从东向西经上登村,注入洱海。灌溉面积 200 亩。

(7)老太箐。在海东乡文武村村公所东南部。发源于马头山下暗河。因山中有本主老太庙,故名。系常年性河。全长6公里,宽约4米,流域面积4平方公里。从东向西经名庄、文武曲、向阳村,注入洱海。灌溉面积3000余亩。

(8)油壶箐。在海东乡文武村村公所东部。发源于马头山北坡。因该箐似油壶状,故名。系季节性河。全长6公里,宽约3米,流域面积2.5平方公里。从东向西经文武曲,注入洱海。灌溉面积20亩。

(9)南七场箐。在海东乡南村村公所北部。发源于猫猫山。因源头经南七场村,故名。系季节性河。全长4公里,宽约2米,流域面积3平方公里。从东向西经南七场村,注入洱海。

(10)村头箐。在海东乡名庄村村公所东部。发源于狮子山。因源头经大箐村头,故名。系季节性河。全长7公里,宽约2米,流域面积1.5平方公里。从东向西经名庄、江上、向阳村,注入洱海。

(11)迎头箐。在海东乡名庄村村公所东北部。发源于狮子山。因该箐在名庄村头,故名。系季节性河。全长7公里,宽约3米,流域面积1.5平方公里。从东向西经名庄并在名庄村下汇大箐,注入洱海。

(12)大箐。在海东乡名庄村村公所东北部。发源于大青山。因源头经大箐村,故名。系季节性河。全长2公里,宽约1米,流域面积2平方公里。从东向西经大箐村,汇迎头箐水,注入洱海。

(三)水文特征

洱海流域径流面积2565平方公里,多年平均水资源量10.3亿立方米。地表水弥苴河汇入洱海的水量为5.12亿立方米;大理市诸河汇入的水量有5.18亿立方米,其中苍山18溪产水2.76亿立方米,波罗江产水1.14亿立方米;洱海流域合计有地下水10.3亿立方米。其中大理县范围内估算地下水有2.08亿立方米,洱源县有地下水1.72亿立方米,分别占各县总水资源的39%和33.6%。汛期6—10月占65.8%和74.3%,枯季11—5月占34.2%和25.7%。

降水量。流域内设过雨量站13处,降水量随高程增加而增加,大理站、挖色站与高山站花甸坝和福和两站比较,高程每增加100米,降水量增加70毫米。多年平均降水量1080毫米,花甸站最大年降水量2145.4毫米(1961年);挖色站最小年降水量358.7毫米(1983年)。

蒸发量。按热量平衡计算的陆面蒸发量变化范围为698~726毫米。大理县年平均陆面蒸发量在726~812毫米范围内。

水能资源。西洱河四级电站装机25.5万千瓦;弥苴河蕴藏量为3.37万千瓦,已开发下山口电站6 400千瓦;苍山十八溪蕴藏量为3.2万千瓦。

湖水水温。西洱河站和挖色站六年平均水温为15.9℃和16.9℃。

洪峰流量。炼城水文站径流面积为969平方公里,最大流量为118立方米/秒(1955年8月6日),下关水文站径流面积为2 565平方公里,最大流量为179立方米/秒(1966年9月7日)。

泥砂。洱海沉积物泥砂主要来源于苍山18溪,其次是弥苴河和波罗江。

1. 水位变迁

湖泊水位(以高程或深度表示)是湖泊的重要特征之一。湖泊一般具有多种功能,而保证其某种功能的正常发挥,相应的水位就要控制在一定的范围内。其中,能够实现湖泊多重功能协调与平衡的水位为综合控制水位。

洱海水位对环境的影响很大。据大关邑水文站1952—1982年和1952—1985年的水位高程变化(特征值)分析,洱海最高水位出现在雨季后的9—11月,最低水位出现在旱季5—7月,多年来出现在雨季开始的6月份。湖水入下游河道的水位涨落年变化平缓。年变幅不大,历年最大变幅为2.22米(1966年),最小为0.92米(1972年)。平均变幅为1.49米。与湖泊补给系数有关,补给系数大,出入湖水量大,湖水位年变幅也大,如洞庭湖为86.8,而洱海仅为0.47。

洱海最高水位超出1 975米的有8年,其中1966年降雨量为1 479.8毫米,最高水位达1 975.64米。水位低于1 971米的有1982、1983两年。

洱海1953—1962年水位较高,年平均水位为1 974.12米,洱海为天然调节湖泊,闸底高程为1 972.5米,较前10年下降了0.13米。1972年后,为了利用西洱河丰富的水力资源(全长23公里,落差610米,历年平均流量26.6立方米/秒),在西洱河出口处开始建设25.5万千瓦的四级水电站,洱海从此变为西洱河水电站的调节水库。在新闸附近深挖河床,闸底高程为1 969.56米,共下挖2.5米,使洱海水位急剧下降。1973—1982年的平均水位为1 972.92米,较十年前的天然水位下降1.2米。从1977年(枯水年)起,大量出流,入不敷出,当年入流量为3.48亿立方米,出流量为6.16亿立方米,亏损2.68亿立方米,年平均水位为1 972.84米。到1983年,最低水位降至1 970.52米。

另据云南省水文局李萍《大理市洱海特征水位调整分析》一文统计,1952—1975年,24年间洱海水位稳定在1 973.85~1 974.5米的范围内。1976年后,水位连续下降,1982年出现历史最低水位,1985年回升至1 973.65米。

按照有无闸控制,洱海水位运行方式可分为自然和人工控制两种状态。

1952—1962年,洱海为自然状态,水位变化平稳,年均水位在1 973.90~

1974.29米的范围内;1963—1972年洱海出口天生桥建起节制闸,年平均水位1973.80~1974.30米的范围内;1973—2003年,西洱河四级水电站相继建成并投入运行,洱海水位在1971.10~1974.09米的范围内,水域处于人工控制状态。由于水域受控于人为因素,改变了洱海的出流方式,造成汛枯期水位变幅加大。为满足生产生活用水,汛期屯蓄了部分劣质水,而枯期放出了部分优质水发电。因枯期用水比重过大,导致洱海水长期处于低水位运行状态。低水位运行和大量污染物排放洱海,造成水质恶化的严重后果。

1977年开始,洱海出流量猛增。当年入水量(枯水年)为3.48亿立方米,出水量为6.16亿立方米,入不敷出2.68亿立方米。生态问题大暴露,湖水污染,滩涂裸露,池塘、水井干涸,沿湖泵站不能抽水,河渠、桥梁坍塌,土著鱼种因失去产卵繁殖场所而濒临灭绝,水运受阻,水草向深水区蔓延。皆因西洱河水电站将洱海作为调节水库,连续放水所致。时任云南省副省长和志强专程来主持论证会。在会上,大理州科委领导段诚忠曾当面询问道:"按目前的情况看,洱海每年接纳的水为7亿方,流出需用水8亿方,不符1亿方。现在上马'引洱入宾'工程又要5000方。如何解决问题?"和志强说:"我们要找到一个让各方面都能接受的合理水位,把它定下来。低于这个水位时先保生态。发电指标省里可以调整,不再把洱海当作调峰电站。"11年之后的1988年《云南省大理白族自治州洱海管理条例》出台,洱海的法定水位如下:正常蓄水位为1974.0米,最低水位为1971.0米,防洪水位为1974.2米。

原条例规定洱海水位的三个标准,是正常蓄水位为1974米、最低运行水位为1971米、防洪水位为1974.2米。在修改过程中,水文局的技术人员查阅了1952年至1971年洱海处于自然状态下净入湖和出水量情况及每月末水位情况,以及1979年至2001年西洱河水电站建成投入使用后洱海水位处于人工控制状态下,净入湖和出水量情况及每月末水位情况。经过大量的数据对比和科学论证,2004年第二次《云南省大理白族自治州洱海管理条例》修改时,大理州人大常委会批准了洱海水位调整方案,法定最低运行水位由原来的1971.00米提高到1972.61米,正常蓄水位1974.0米不变,而最高运水位由原来的1974.20米提高到1974.31米(海防高程)。删除了实际运行意义不大的防洪水位,其主要目的就是为了满足洱海生态保护的需要。经过专家反复论证,洱海水资源调度从原来开发利用向环境保护转变。湖泊自净能力加大,汛期污水出流,加速水体交换,有效地降低了洱海富营养化的进程。

洱海1947—2013年水位特征值如表2-4所示。

表 2 - 4　1947—2013 年洱海水位特征值　　　　　单位：米

| 年度 | 平均水位 | 最高水位 | | 最低水位 | | 变幅 |
		水位	日期	水位	日期	
1947	1 974.28	1 975.04	09.07	1 973.56	06.06	1.84
1948	1 974.43	1 975.37	09.18	1 973.50	06.27	1.62
1949	1 974.27	1 974.87	10.18	1 973.69	03.31	1.18
1950	1 974.12	1 974.85	09.18	1 973.53	06.13	1.32
1951	1 973.92	1 974.34	01.01	1 973.49	06.06	0.85
1952	1 974.16	1 975.40	10.28	1 973.42	05.30	1.98
1953	1 974.27	1 975.28	10.03	1 973.59	06.04	1.69
1954	1 974.14	1 974.93	09.02	1 973.54	06.26	1.39
1955	1 974.14	1 975.03	11.16	1 973.44	05.22	1.59
1956	1 974.03	1 974.60	10.27	1 973.55	07.10	1.05
1957	1 974.15	1 975.14	10.12	1 973.45	05.22	1.69
1958	1 973.90	1 974.39	09.19	1 973.28	06.06	1.11
1959	1 974.04	1 975.10	11.01	1 973.48	07.21	1.62
1960	1 973.98	1 974.41	11.05	1 973.42	05.30	0.99
1961	1 974.29	1 975.35	08.20	1 973.58	05.25	1.77
1962	1 974.26	1 975.28	08.27	1 973.50	05.22	1.78
1963	1 973.88	1 974.28	10.28	1 973.29	06.06	0.99
1964	1 973.92	1 974.47	10.13	1 973.54	06.06	0.93
1965	1 973.72	1 974.53	10.31	1 973.44	06.06	1.09
1966	1 974.30	1 975.64	09.07	1 973.42	06.03	2.22
1967	1 973.94	1 974.67	08.22	1 973.49	07.07	1.18
1968	1 973.80	1 974.60	10.14	1 972.96	06.14	1.64
1969	1 973.80	1 974.60	10.14	1 972.96	06.14	1.64
1970	1 974.09	1 974.88	11.14	1 973.49	05.14	1.39
1971	1 974.16	1 975.00	10.12	1 973.37	06.16	1.63
1972	1 973.88	1 974.31	08.25	1 973.39	06.06	0.92
1973	1 973.81	1 974.75	09.24	1 973.02	06.04	1.73
1974	1 974.09	1 974.73	09.03	1 973.70	05.21	1.03
1975	1 973.53	1 974.20	11.13	1 972.81	06.12	1.39
1976	1 973.54	1 974.05	10.27	1 972.89	06.07	1.16
1977	1 972.84	1 973.80	01.01	1 972.07	07.18	1.73
1978	1 972.79	1 973.88	10.01	1 971.74	05.16	2.14
1979	1 972.52	1 973.88	12.28	1 971.53	07.25	2.07
1980	1 972.56	1 975.00	11.02	1 971.56	06.21	2.13
1981	1 972.56	1 974.31	01.01	1 971.88	06.03	1.56
1982	1 971.10	1 974.75	01.01	1 970.67	06.05	1.25
1983	1 974.27	1 972.39	11.16	1 970.52	07.13	1.87

(续表)

年度	平均水位	最高水位		最低水位		变幅
		水位	日期	水位	日期	
1984	1 972.26	1 973.43	10.30	1 971.23	05.31	2.20
1985	1 972.83	1 974.02	10.13	1 971.59	06.01	2.43
1986	1 972.82	1 974.14	10.17	1 971.38	06.15	2.76
1987	1 972.54	1 973.73	11.13	1 971.21	07.10	2.52
1988	1 971.74	1 972.92	10.01	1 970.89	07.24	2.03
1989	1 971.68	1 973.17	11.10	1 970.73	07.05	2.44
1990	1 973.03	1 973.98	11.08	1 971.82	05.14	2.16
1991	1 973.06	1 974.16	11.02	1 971.53	06.15	2.63
1992	1 972.62	1 973.72	01.03	1 971.23	06.27	2.49
1993	1 972.47	1 973.59	11.01	1 971.20	06.28	2.39
1994	1 972.43	1 973.14	10.14	1 971.26	05.31	1.88
1995	1 972.75	1 974.15	11.14	1 971.37	05.31	2.78
1996	1 972.51	1 973.83	01.01	1 971.34	07.07	2.49
1997	1 972.11	1 973.03	11.19	1 971.01	06.15	2.02
1998	1 972.41	1 973.36	11.03	1 971.41	06.18	1.95
1999	1 972.61	1 974.31	11.08	1 971.24	06.06	3.07
2000	1 973.36	1 974.26	10.30	1 972.20	06.12	2.06
2001	1 973.23	1 974.20	11.19	1 971.83	05.08	2.37
2002	1 973.09	1 974.18	10.20	1 971.66	05.09	2.52
2003	1 972.46	1 973.68	01.10	1 971.70	05.16	1.98
2004	1 972.68	1 974.26	10.24	1 971.97	05.17	2.29
2005	1 973.24	1 974.01	01.10	1 972.28	07.11	1.73
2006	1 972.97	1 973.59	01.10	1 972.49	07.30	1.10
2007	1 973.52	1 974.38	10.22	1 972.87	05.08	1.51
2008	1 973.97	1 974.31	11.02	1 973.27	05.15	1.04
2009	1 973.69	1 974.11	10.05	1 972.83	06.21	1.28
2010	1 973.64	1 974.41	10.17	1 972.79	07.17	1.62
2011	1 973.34	1 973.44	10.21	1 972.81	07.06	0.63
2012	1 973.39	1 974.13	10.17	1 972.67	05.29	1.46
2013	1 973.72	1 974.26	10.08	1 973.08	07.13	1.18

2. 入湖河流水质

河流是入湖径流的主要输送通道,只有河流输送的是清水,才能保证入湖的清澈。洱海主要入湖河流有北部的"北三江"、南部的波罗江以及西部的苍山十八溪。20世纪中期以来,洱海入湖河流生态系统发生了很大的演变。陆地生态系统退化,致使湖泊的最后一道屏障的功能日益脆弱,主要入湖河流清水产流机制恶化。北部的弥苴河、罗时江、永安河一直保留着多样性的自然蜿蜒形态,从而使生物的多样性得到了较好的保护;然而,由于沿途接纳了村镇生活污水和农业面源的污染,水环境质量有所下降,河流生态受到不同程度的影响。西部的十八溪,由于河道治理中过分强调防洪排涝安全,截弯取直,人为改变河流自然形态,改变河流水文状况,缩小水域空间,大规模硬化河堤,河流生态系统异质性破坏严重;加上河流上游优质水资源被截留,下游生态环境用水短缺,水量由村镇生活污水和农田废水补充,因而受城镇、村落生活污水和农业面源污染、水土流失,以及苍山地区旅游业、采沙、采石、石材加工等多重因素影响,水质污染严重。河口湿地几经人为的侵占和破坏,十八溪河道及其湿地生态条件的恶化,致使生物多样性严重受损,生态功能衰退,不能正常发挥生态系统服务的功能。其中,占洱海湖水量51.8%的"北三江"污染最为严重。东部的凤尾箐、海东箐、挖色箐、玉龙箐、南村河等,由于河流源头区岩石裸露,植被覆盖低,蓄水能力差,雨季山洪易暴发,旱季河流易干涸,河流生态用水得不到保障,水生生态系统环境恶化。只有经凤仪片区波罗江的大部分河段变化相对较小,仍保存着自然蜿蜒形态。

根据地面水水域使用目的和保护目标,科学界将水质划分为五类:Ⅰ类主要适用于源头水、国家自然保护区;Ⅱ类主要适用于集中式生活饮用水水源地一级保护区、珍贵鱼类保护区、鱼虾产卵场等;Ⅲ类主要适用于集中式生活饮用水水源地二级保护区、一般鱼类保护区及游泳区;Ⅳ类主要适用于一般工业用水区及人体非直接接触的娱乐用水区;Ⅴ类主要适用于农业用水区及一般景观要求水域。同一水域兼有多类功能的,依最高功能划分类别。洱海主要河流生态现状如表2-5、表2-6所示。

045

表2-5　洱海主要河流生态现状

序号	入湖河溪	测点名称	责任单位	水质类别	主要超标项目	备注
1	弥苴河	入湖口	洱源县	Ⅱ		
2	弥苴河	入湖口	上关镇	—	—	断流
3	罗时江	溪长村交界断面	洱源县	Ⅳ	溶解氧、化学需氧量、总磷	
4	罗时江	入湖口	上关镇	Ⅴ	溶解氧、化学需氧量、氨氮	
5	永安江	文笔湖村桥断面	洱源县	Ⅱ		
6	永安江	新永安江文笔湖村桥交界断面	洱源县	Ⅳ	溶解氧、化学需氧量	
7	永安江	入湖口	上关镇	Ⅳ	溶解氧、化学需氧量	

序号	入湖河溪	测点名称	责任单位	水质类别	主要超标项目	备注
8	南阳溪	入湖口	下关镇	Ⅲ	总磷	
9	葶溟溪	入湖口	下关镇	Ⅱ		
10	莫残溪	入湖口	下关镇	Ⅳ	化学需氧量	
11	清碧溪	入湖口	大理镇	Ⅱ		
12	龙溪	入湖口	大理镇	Ⅱ		
13	绿玉溪	入湖口	大理镇	Ⅲ	总磷	
14	中溪	入湖口	大理镇	Ⅳ	总磷	
15	桃溪	入湖口	大理镇	Ⅱ		
16	梅溪	入湖口	大理镇	Ⅱ		
17	隐仙溪	入湖口	银桥镇	Ⅱ		
18	鸳鸯溪	入湖口	银桥镇	Ⅱ		
19	白石溪	入湖口	银桥镇	Ⅱ		
20	灵泉溪	入湖口	银桥镇	Ⅰ		
21	锦溪	入湖口	银桥镇	Ⅱ		
22	茫涌溪	入湖口	湾桥镇	Ⅱ		
23	阳溪	入湖口	湾桥镇	Ⅱ		
24	万花溪	入湖口	喜洲镇	Ⅱ		
25	霞移溪	入湖口	喜洲镇	—	—	断流
26	棕树河	入湖口	喜洲镇	—	—	断流
27	西闸河	入湖口	上关镇	Ⅲ	溶解氧	
28	玉龙河	入湖口	海东镇	—	—	断流
29	凤尾箐	入湖口	挖色镇	—	—	断流
30	波罗江	入湖口	大理创新工业园区	Ⅲ	氨氮	
31	白塔河	入湖口	大理创新工业园区	—	—	断流
32	白塔河	铁路桥西侧	大理创新工业园区	—	—	断流
33	金星河	入西洱河口	下关镇	Ⅲ	溶解氧、化学需氧量、氨氮、总磷	
34	金星后河	入西洱河口	下关镇	—	—	断流

说明：（1）评价标准：《地表水环境质量标准》(GB 3838—2002)。

（2）评价办法：《地表水环境质量评价方法(试行)》(环办[2011]22号)。

表 2-6 洱海入湖水质状况

分区	水质类别	水质状况	主要超标项目	全湖平均透明度	备注
洱海北部	Ⅲ	良	化学需氧量、总磷、高锰酸盐指数	1.75 米	
洱海中部	Ⅲ	良	化学需氧量		
洱海南部	Ⅲ	良	化学需氧量		
洱海全湖	Ⅲ	良	化学需氧量、总磷、高锰酸盐指数		

说明：（1）洱海水功能类别：Ⅱ类。

（2）评价标准：《地表水环境质量标准》(GB 3838—2002)。

（3）评价办法：《地表水环境质量评价方法(试行)》(环办[2011]22号)。

3. 洱海历年水质

根据大理州环境监测站水质常规监测结果,1992—2005 年水质评价除 1999 年、2000 年和 2002—2005 年水质类别为Ⅲ类外,其余为Ⅰ~Ⅱ类。1996 年前全湖水质为Ⅱ类,1996 年 9 月和 2003 年 7 月洱海暴发水华。1999 年出现有机轻污染,其余均为"较清洁",毒物污染为"清洁"。洱海水质状况基本良好,这与湖泊周边没有大规模新建工业区相吻合。经过"十五""十一五"以及"十二五""十三五"综合治理后,洱海达Ⅱ类水质的比例逐渐增加,水质年度综合评价稳定在Ⅲ类。"十一五"期间,2006 年洱海水质最差,全年仅两个月达Ⅱ类水质,比例仅为 16.7%。2008 年水质最好,全年有 8 个月达Ⅱ类水质,比例为 66.7%,并且水质年度综合评价为Ⅱ类。"十二五",2011—2015 年达Ⅱ类水质的比例稳定在 41.7%~58.3%,全年Ⅱ类水质保持在 5~7 个月。

2016 年,水质实现了 5 个月Ⅱ类、7 个月Ⅲ类;2017 年,水质 6 个月为Ⅱ类,6 个月为Ⅲ类;2018 年以来,大理州持续深入推进洱海保护治理"七大行动",果断采取系列措施,截污治污工程提前闭合运行、农业面源污染综合防治全面启动、"河长制"工作落实见效,各方面管理进一步强化,洱海水质总体保持稳定。2018 年,水质稳定在Ⅲ类,全年 7 个月达Ⅱ类,5 个月为Ⅲ类;2019 年和 2020 年,洱海水质稳定保持Ⅲ类,连续实现 7 个月Ⅱ类;主要水质指标变化趋势总体向好。

洱海 2001—2020 月份水质类别情况如表 2-7 所示。

表 2-7　2001—2020 年洱海月份水质类别情况

五年计划序号	年度	月　份												全年综合评分类别	Ⅱ类月份数	Ⅲ类月份数	五年Ⅱ类水质总月数	五年Ⅲ类水总月数
		1	2	3	4	5	6	7	8	9	10	11	12					
十五	2001	Ⅱ	Ⅱ	Ⅱ	Ⅱ	Ⅲ	Ⅱ	Ⅲ	Ⅱ	Ⅱ	Ⅱ	Ⅱ	Ⅱ	Ⅱ	10	2	23	34
	2002	Ⅱ	Ⅱ	Ⅱ	Ⅱ	Ⅲ	Ⅲ	Ⅲ	Ⅲ	Ⅲ	Ⅲ	Ⅱ	Ⅱ	Ⅲ	6	6		
	2003	Ⅱ	Ⅱ	Ⅱ	Ⅲ	Ⅲ	Ⅳ	Ⅳ	Ⅳ	Ⅲ	Ⅲ	Ⅲ	Ⅲ	Ⅲ	3	6		
	2004	Ⅱ	Ⅲ	Ⅲ	Ⅲ	Ⅲ	Ⅲ	Ⅲ	Ⅲ	Ⅲ	Ⅲ	Ⅲ	Ⅲ	Ⅲ	1	11		
	2005	Ⅱ	Ⅱ	Ⅲ	Ⅲ	Ⅲ	Ⅲ	Ⅲ	Ⅲ	Ⅲ	Ⅲ	Ⅱ	Ⅲ	Ⅲ	3	9		
十一五	2006	Ⅲ	Ⅱ	Ⅲ	Ⅲ	Ⅲ	Ⅲ	Ⅲ	Ⅲ	Ⅲ	Ⅲ	Ⅱ	Ⅲ	Ⅲ	2	10	21	39
	2007	Ⅱ	Ⅱ	Ⅲ	Ⅲ	Ⅲ	Ⅲ	Ⅲ	Ⅲ	Ⅲ	Ⅲ	Ⅱ	Ⅱ	Ⅲ	4	8		
	2008	Ⅱ	Ⅱ	Ⅱ	Ⅱ	Ⅱ	Ⅲ	Ⅲ	Ⅲ	Ⅱ	Ⅱ	Ⅱ	Ⅲ	Ⅱ	8	4		
	2009	Ⅱ	Ⅱ	Ⅲ	Ⅲ	Ⅲ	Ⅲ	Ⅲ	Ⅲ	Ⅲ	Ⅲ	Ⅱ	Ⅲ	Ⅲ	3	9		
	2010	Ⅱ	Ⅱ	Ⅱ	Ⅲ	Ⅲ	Ⅲ	Ⅲ	Ⅲ	Ⅲ	Ⅲ	Ⅱ	Ⅲ	Ⅲ	4	8		

（续表）

五年计划序号	年度	月份													全年综合评分类别	II类月份数	III类月份数	五年II类水质总月数	五年III类水总月数
		1	2	3	4	5	6	7	8	9	10	11	12					
十二五	2011	II	II	II	III	III	III	III	III	III	III	II	II	III	5	7	30	30
	2012	II	III	II	III	II	III	III	III	II	III	II	II	III	7	5		
	2013	II	III	II	II	III	III	II	III	III	III	II	II	III	5	7		
	2014	II	III	II	II	III	III	III	II	III	II	II	II	III	7	5		
	2015	II	III	II	II	III	III	III	III	III	III	II	II	III	6	6		
十三五	2016	II	III	II	III	III	III	III	III	III	III	II	II	III	5	7	截至目前累计有30个月	截至目前累计有27个月
	2017	II	III	II	II	III	III	III	III	III	II	II	II	III	6	6		
	2018	II	III	II	II	III	III	III	II	III	II	II	II	III	7	5		
	2019	II	II	II	II	III	III	II	III	II	II	II	III	III	7	5		
	2020	II	III	II	II	II	III	III	III						5	4		

四、生物资源

生物资源是生物圈内一切动物、植物和微生物组成的生物群落的总和,包括动物资源、植物资源和微生物资源三大类。其中动物资源包括陆栖野生动物资源、内陆渔业资源、海洋动物资源;植物资源包括森林资源、草地资源、野生植物资源和海洋植物资源;微生物资源包括细菌资源、真菌资源等。但对于一个具体的地域,要准确地界定其内涵和外延确实是很困难的事。这里,只结合洱海湖内湖外的动植物分布情况,如湖外湖内的植被、生物(包括动植物、微生物)做一概括性的介绍。

(一)洱海植被

植被是指地球表面某一地区所覆盖的植物群落。依植物群落类型划分,可分为草甸植被、森林植被等。它与气候、土壤、地形、动物界及水状况等自然环境要素密切相关。由于陆地环境差异大,因而形成了多种植被类型,可将其划分为植被型、植物群系和群丛等多级分类系列。还可分为自然植被和人工植被。人工植被包括农田、果园、草场、人造林和城市绿地等。自然植被包括原生植被、次生植被等。

1. 湖滨森林

洱海森林资源是指为了保持水土、防风固沙、涵养水源、调节气候、减少污染所经营的天然林和人工林，是以防御自然灾害、维护基础设施、保护生产、改善环境和维持生态平衡等为主要目的洱海周围森林群落。它包括洱海西部的苍山水源涵养林、东部临海面山水土保持林、洱海护岸林带和北部洱海流域的保护林等。森林是陆地生态系统的主体，而洱海流域的森林环境状况不容乐观：流域内有林地和灌木林地的总覆盖率为 41.4%（北部为 38%，东部为 38.4%，南部为 44.6%，西部为 52.3%）。流域内有林地中幼龄林占 52%，中龄林占 28%，近熟林占 9.6%，成熟林占 7.0%，过熟林占 2.5%。整个流域内有林地面积偏低，覆盖率只有 18.2%，其中以东部和北部（分别仅为 16.5% 和 17.5%）为最低。

洱海湖滨平坝及湖湾冲积小平原是农业生产区，土壤肥沃，盛产水稻、小麦、蚕豆、油菜、玉米等农作物，素有"鱼米之乡"的称誉。张桂彬等在《洱海流域湿地水生被子植物区系研究》一文对洱海流域水生被子植物区系进行了研究，共发现 38 科、76 属、100 种。从科、属、种 3 个层面看，热带类群占显著优势，这与洱海流域所处的气候带相一致。参照 2006 年吴征镒等关于中国种子植物属的分布区类型划分系统，研究者将洱海流域水生被子植物划分为 12 个地理成分。其中，世界分布种有 45 种，占总种数的 45%；各种热带成分共 23 种，占总种数的 23%，以泛热带分布属居多，共 10 种，占总种数的 10%；各种温带成分共 30 种，占总种数的 30%，以北温带分布较为突出，有 16 种，占总种数的 16%；东亚分布仅 1 种即紫苏；中国特有种 1 种即海菜花。对比以前的调查结果，洱海流域水生植物资源显著退化，物种多样性显著下降，特别是特有种和珍稀濒危物种匮乏，外来入侵种呈进一步扩大趋势。专家们预测洱海流域水生被子植物未来从数量和种类上将进一步减少，入侵种危害程度将进一步扩大，洱海流域的河流、湖泊、水田和溪流大多分布于人口稠密区，人为干扰破坏严重，洱海流域水生植物形势相当严峻，已经严重地威胁其水生植物未来发展和整个流域生态系统的结构。一方面，洱海及其流域水生植物正在从沉水植物为主的群落类型逐渐向湿生挺水植物为主的群落转变，植物作为生态系统的生产者，沉水植物群落的减少势必会引起鱼类和鸟类等消费者种类及规模的减少；另一方面，外来入侵植物种类和规模的逐渐扩大将会使得本地植物失去竞争能力而面临灭绝的风险，进而导致生态系统生产者的结构逐渐单一化。以上两方面将直接影响到洱海及其流域生态系统的结构，威胁其生物多样性，加剧洱海的污染。

洱海流域西部的点苍山山体高大，南北绵延，海拔 3 000 米以上的高峰有 19

座,属深切割高山,山地植物中的特异种较多,气候、土壤、植被垂直分布明显。苍山是洱海的主要水源地,因此,提洱海湖滨植被离不开苍山植被。

据段诚忠主编的《苍山植物科学考察》一书记载,苍山植被的特征是:气候带谱十分明显,具有地带交汇的特征;特有种多和垂直分布替代现象突出。植被类型:高山植被带(包括高寒草甸、草绿革叶灌丛等),亚高山植被带(包括寒温性针叶林、山地硬叶栎类林、常绿常革叶混生灌丛、常绿革叶灌丛等),中山植被带(包括温性针阔叶混生林、温性针叶林、灌丛、灌草丛及草地、常绿阔叶林等),山麓山地植被带(包括暖性针叶萌生林、暖性灌丛暖性草地)等。

海东丘陵山地滨临洱海。由于这里长期受到人为因素的干扰和破坏,土壤贫瘠、岩石裸露、生态环境严重干旱化,植被主要是以车桑子为主的灌木林地。

2002年,由大理州老年科协组织、段诚忠主持的"洱海东面山植被考察"中,查清洱海东面山地主要的植物有65科、170种。主要植被类型为暖性石灰岩灌丛、暖性针叶林、宜林荒山草坡、农用时旱地等四种类型。植物群落主要有云南松群落、麻栎群落、黄连木群落、余甘子群落、扫把竹群落、石栎群落等。

洱海湖滨森林可分为三类:

1) 苍山水源涵养林

历史上,因地质原因苍山泥石流经常发生,加上溪流长期切割,大量泥石冲积在山麓,致使坝区形成积扇形地貌,与洱海湖相沉积层(原生沉积特征的沉积物,以黏土岩、粉砂岩及砂岩为主)连接,即通常所谓"海西大理坝子"。这一带的气候属于寒、温、暖适中带,适生林木种类多,分布广。大理坝子林木繁茂,造就了优美的田园景观。早在元代,第一个到过大理的欧洲人马可·波罗在其游记里记载:"(大理的村乡旷野)树木满布山林,人难以通行。"清代,江阴学者陈鼎游无为寺时曾说这里有"茂林数里"。大理坝子"家家流水,户户栽花",一般农户都爱在天井内砌个花坛,种上山茶、金桂、银桂、缅桂、常青树、发财树,宛然一派神仙妙境。近年来,经济繁荣,绿化成风,大理坝子家庭在院内培育苗木达100多万株;各机关学校等企事业单位都因地制宜,开展空地绿化,水源涵养林蔚然而生。

2) 东部临海面山保护林

临海面山指的是洱海东岸凤仪、海东、挖色、双廊、上关等镇,南始凤仪镇石龙村北至上关镇马厂沿湖低山与岛屿的区域。这一带海岸线长约60公里,面积约4万亩,土壤为红色石灰土,红岩分布广;年均降雨为733.1毫米,年均气温为15.6℃,干燥度在1~1.49的范围内,冬春多大风,为旱区。唐代《云南志·山川江源》记载的海东一带"高处不过数十丈""河流俯龆山根,土山无树石"的景况,至今千年变化不大。

1970年、1984年和1987年,林业部门曾进行过三次大规模飞机播种造林;20世纪80年代初,大理驻军出动近两千名官兵在海东文笔村植云南松865亩,海东、挖色两公社分别造林5 637亩和7 230亩,均因地质原因,成效甚微。1992年,大理州人民政府发出《关于认真做好洱海区域山坡绿化和河道治理的通知》,决定从1992年起5年内,拨出150万元资金。经过经验总结,1996年后进行不间断地补造和不松懈地保护,完成人工造林52 619.9亩(其中防护林28 681亩,经济林14 239亩、其他林9 699.9亩),成效初现。

近年来,大理海东新区组建后实行面海项目按照"先绿化、后建设"或"边绿化、边建设"的要求,全面推进生态绿化建设。经过几年的努力,新区90%以上黄土得以覆绿,新区生态绿化取得了重大进展。

2017年,海东开发委按照云南省委、省人民政府海东新区"建筑密度等要下调,绿化指标要提高"的指示要求,及时调整优化海东新区的生态绿化网络体系,将上和主后山、秀北山北面坡(1 190亩)和机场路南北两侧边坡等调整为生态绿地,增加城市中心公园、金湫森林公园、秀北山森林公园、花田公园、叶脉公园、独秀园、掬秀园、览川湿地公园等公共绿地,通过提高自然生态保护,绿地面积达20.87平方公里,将公共绿地建设比重加大至4.35平方公里,使自然生态保护绿地及公共绿地总绿地率达46.8%以上。严格项目建设绿地率管理,确保项目用地绿地达6.3平方公里,将规划绿地面积提高到31.52平方公里,确保整个海东新城综合绿地率达58%以上。同时,发起"告别千年荒凉、建设绿色海东"行动,以"见缝插绿"为原则、边坡生态修复为重点,坚持"点线面块"多措并举,推进绿化和生态修复工作。引入国内外领先技术,采用三维排水联结扣生态袋喷播绿化、高次团粒喷播、柔性轻支护喷播、蜂巢注浆植入、混交造林、挂网喷浆等六种模式,自主创新鱼鳞坑客土定植等方式加快绿化治理,探索出一条适合于海东的生态绿化成功之路。同时,与云南省林业科学院积极开展全面技术合作,组建省林科院海东新区生态绿化专家工作站,以科技项目合作方式,为将海东新区建设成困难林地生态修复试验区提供强大的技术支撑,在建设洱海东岸山清水秀的美丽流域和绿色空港新区上取得了显著成效。

到2018年10月,实施绿化项目168个,实施绿化面积1.53万亩(10.23平方公里),投入生态绿化资金13.9亿元。其中,实施公共绿化面积1.24万亩(8.3平方公里),分年度为2016年底前实施完成3 448亩,2017年实施完成

4 424.2 亩,2018 年 1—10 月实施完成 4 582 亩(其中大理州国家储备林建设洱海流域生态质量提升工程完成 2 358 亩),共种植大小乔木 79 万株、灌木 23 万株、铺设草坪 225 万平方米、边坡绿化生态修复 85 万平方米,多方筹措累计投入生态绿化财政资金 9.8 亿元。社会投资产业项目实施绿化面积 2 897.8 亩,投入绿化资金 4.1 亿元,基本上结束了几千年山头光秃的颓败景象。

3) 洱海护岸林带

洱海护岸林带即洱海湖滨带,包括海拔 1 971～1 974 米范围内的洱海水位变幅带、水向保护带及陆向保护带,其中林带约 1 848.3 亩。20 世纪 50 年代以前,洱海海岸线岸绿柳成荫,景致宜人,后来沿湖大肆围海造田,加上 70 年代建电站深挖西洱河泄水致水位骤降,岸树枯亡,绿色屏障被毁。1983 年 12 月 15 日,中共大理市委、市人民政府发布的《关于落实洱海岸滩、河堤、四旁空地到户,进行植树的决定》,将海岸河流水位线定在海防高程 1 974 米以下,作为绿化区,凡是便于农户经营的一律规定植树。1985 年,贯彻"定地段、定株数、定补助,管理好的奖励、无效损失赔偿"的原则,成效显著,验收成活 25.3 万株。5 年内,大理市完成 15 000 亩,洱源县完成 10 000 亩植树计划。同时,大力扶持沿湖农户发展宅院、四旁种植经济林木,有条件的农户平均每户不少于 10 株;资金上,国家扶持 100 万元,即从洱海水费中安排每年 10 万元,并在州林业局、洱源县支配的育林基金中每年安排 6 万元,大理市和洱源县各从地方财力中每年分别安排 1 万～3 万元。到 1991 年为止,洱海滩涂绿化,总计植树 101.37 万株。在洱海西、南、北三方除村庄、河口、码头等不能植树地段外,形成初具规模的 63.31 公里长(其中大理市湖西线 40.11 公里,东至下和村 6.65 公里,洱源县 16.55 公里)7.30 米宽的绿化带。2003 年,建成洱海绿化走廊 16.4 公里,环湖绿化带 84 公里,种植柳树 107.07 万株,岸柳成荫,蔚然可观,但洱海流域林带建设依然任重道远。

2. 水生植物

水生植被是生长在水域中,由水生植物所组成的植被类型。植被是水域生态系统中的重要组成部分,它不仅造就鱼、虾、贝资源上的优势,而且对维护和保护水域的生态平衡,尤其是在净化水质功能上的免疫生态系统具有独特的作用。水生植物中高等植物种类简单,低等植物种类繁多。在水生环境中还有种类众多的藻类及各种水草,它们是牲畜的饲料、鱼类的食料或鱼类繁殖的场所。

历史上,洱海的水生植被极为丰富,为国内湖泊所罕见。据调查,洱海水生植物资源的分布特点存在着水平、纵深分布上的差异,这是受湖床地质构造影响所造成的。洱海湖盆东系石灰岩、玄武岩地层,湖床较陡,石质含量高,因而水生植物的生存环境差,种类单一,数量少,群落类型少,层次结构简单。湖盆南、西、北三面由层次深厚的第四纪沉积物组成,湖床平缓,泥砂含量较高,入湖溪流和地表径流夹带较多的营养物质;因而在这些区域不仅水生植物的种类丰富,而且群落类型多样、结构复杂、生物量高。

洱海水生植物的覆盖面积为 102.73 平方公里,覆盖率为 41.8%,总生物量为 73.487 万吨(鲜重)。水生植物 99.3% 的资源分布在水深 9 米以内的水域,在水平分布上主要受湖岸类型及湖底底质的影响。特点是西岸大于东岸、南部大于北部。湖心平台是湖区水生植物资源最密集的地区,13.1% 的水生植被覆盖面积占了全湖 59% 的水草资源量。在垂直分布上,植物群落随湖水浓度不同,成有规律的梯度变化,植被演替系列比较完整,由沉水植物群落—浮叶及漂浮植物群落—湖边湿生植物带及人工植被组成。在平直的泥砂岸一般缺乏浮叶和挺水植物群落两个环节,但沉水植物的梯度分布仍很明显,由深至浅依次为苦草群落—黑藻群落—穗状狐尾藻群落。

从洱海植物区系组成来看,属世界分布的有 17 个属,占 40.5%;热带分布的有 16 个属,占 38.1%;温带分布的有 9 个属,占 21.4%。这反映了洱海流域内的水生植被具有鲜明的亚热带高原湖泊水生植被的特性。在洱海未被污染前,据《大理洱海科学研究》一书中戴自福等人的论文里引用的黎尚豪曾这样描述洱海的水生植被:"洱海的水生植被是我们调查已知的最丰富的湖泊,也是云南省内高原湖泊中水生植被最大的湖泊。只见层层水草交织,船只难以通行。"然而,20 世纪末以来历史上曾经形成的湿生、挺水、浮叶、漂浮植物,以及沉水植物完整生态系列已基本受到破坏。

按不同的生态特征水生植物可分为沉水、浮水和挺水等三类。沉水植物是指植物体全部牢固地生长在水层下面的大型水生植物,一般长期沉没于水底,有些仅在开花期将花露出水面,如狐尾藻属等。浮水植物,其植物体部分浮于水面,如睡莲等,在开花时花柄、花朵才露出水面。其根部不发达或退化,植物体的各部分都可吸收水分和养料,通气组织特别发达,有利于在水中缺乏空气的情况下进行气体交换,这类植物的叶子大多为带状或丝状。挺水植物,大部分生长在水面以上,如水葱等。水生植物的自然分布与水的深度、透明度及水底基质状况密切相关。一般透明度大的浅水,水底多腐殖质的淤泥,水生植物群落组成种类丰富;水深或沙质水底的水域内,水生植物群落分布稀少。在较大的深水池塘或湖泊内从沿岸浅水向中心深处呈现有规律的环带状分布,依次为挺水水生植被带、浮水水生植被带及沉水水生植被带。水生植物不但是优质的饲料,而且水生的浮游藻类是鱼类的饵料来源,它们还有净化水体生态环境的重要作用。沉水植物原是云南高原湖泊植物区系中的主要特征,20世纪80年代之前,这类植物在洱海水生植被中占有显著地位,但现已衰败。

谈起植物分类,人们往往感觉太繁杂,单就涉及水生植物的类型,就因标准有异而阐述不同。为此,就有必要对有关概念略做介绍,以避免关注洱海的一般非专业读者产生混淆。前面提到水生维管束植物、沉水植物等就是如此。

这里还有必要介绍一下水生被子植物。被子植物是以种子外观的不同来界定的。被子植物(植物的种子外部是有果实包裹的,例如桃子等水果的种子就是被果肉包裹的)是相对于裸子植物(植物的种子是裸露的,外部没有果皮包裹,例如松树的种子)而划定的。通常从特点来判断,首先看它是草本还是木本植物,如果是草本植物,那毫无疑问,一定是被子植物,因为裸子植物全部是木本植物。如果碰到的是木本植物,那么先看看有没有花,有花的则是被子植物,因为裸子植物是不开花的。被子植物是种子植物的一种,又名绿色开花植物,在分类学上常称为被子植物门。是植物界最高级的一类,是地球上最完善、适应能力最强、出现得最晚的植物,是世界植被的主要组成成分,整整占了植物界的一半左右。现代的水生被子植物就数量而言,在整个植物界所占比例很小,但与人类生活的关系却十分密切。莲、菱、荸荠、茭白(菰)是著名的优良食品;莼菜则是蔬菜中的名肴。许多种类兼作中药材,如芡实因含大量核黄素和抗坏血酸而作为营养强壮剂,鲜荸荠含抗生素可作小儿出痘疹时的清凉解毒剂等。

在这里,我们姑且将洱海水生植物统一分为五大类。

1) 挺水植物群落类型

挺水植物是在水面生长的植物总称。除少部分外,大多数挺水植物都有根系,就是靠这些根吸收水中的营养成分。洱海挺水植物群有以下几种:一是茭草(菰)群落,分布在南村、海印、海潮河、沙坪等湖湾及海西沿湖河口等地。其中除沙坪湾分布面积稍大外,其余各地均呈零星小片分布。菰为水生经济植物,沿湖各地都可种植。二是酸模叶蓼群落,分布在沿湖泥岸河口及湖湾浅水处。其中以西海河两侧分布面积最大,连续成带。该群落为洱海目前面积最大、分布最广的挺水植物群落。三是喜旱莲子草群落,分布在西洱河河口至下河湾以及沙坪、永兴等湖湾浅水处,呈团状或小团状分布,夏季枝叶繁茂,生长密集。

2) 沉水植物群落类型

洱海沉水植物群落主要有以下几种:一是黑藻群落,是湖区分布在水较深处的群落之一。黑藻是草食性鱼类的优良饵料,群落分布区域为产黏性鱼卵鱼类的繁殖场所。二是苦草群落,也是湖区的深水群落,常在水深6米以上水域组成单优势或单重群落。苦草为草食性鱼类的优良饵料。三是穗花狐尾藻群落,广布湖区3米以内浅水带,生境要求不严。四是竹叶眼子菜群落,主要分布于下河、海滨、长育、波罗江口、海潮河等地。五是微齿眼子菜群落,主要分布于湖区内有腐殖质淤泥的湖湾,尤其集中在湖南端的湖心水下平台处。植丛密集,生物量大,是湖区最主要的植物群落类型和水生植物资源。六是穿叶眼子菜群落,分布于洱滨、长育等少数湖湾。七是莲草群落,分布于西洱河口及沙坪湖湾等处。八是金鱼藻群落,为洱海较为主要的水生植物资源之一。分布于西洱河口至下河、海西一线,其中塔村、满江湾比较典型。

另外,眼子菜为多年生沉水浮叶型的单子叶植物,是沉水植物的主要科目,在洱海中有9种,占沉水植物总数的45%,地位突出。其中,颇为人们关注的是海菜花。海菜花,又名莼菜、蓴菜、马蹄菜、湖菜等,是多年生水生宿根草本。性喜温暖,适宜于清水池生长。由地下葡萄茎萌发须根和叶片,并发出4～6个分枝,形成丛生状水中茎,再生分枝。深绿色椭圆形叶子互生,长约6～10厘米,每节1～2片,浮生在水面或潜在水中,嫩茎和叶背有胶状透明物质。夏季抽生花茎,开暗红色小花。嫩叶可供食用,莼菜本身没有味道,但食用时口感圆融、鲜美、滑嫩,为珍贵蔬菜之一。莼菜含有丰富的胶质蛋白、碳水化合物、脂肪、多种维生素和矿物质,常食莼菜具有药食两用的保健作用。其主产于中国浙江、江苏两省太湖流域和湖北省,4月下旬至10月下旬采摘带有卷叶的嫩梢。白居易有诗句:"犹有鲈鱼莼菜兴,来春或拟往江东。"洱海亦为盛产区,据《大理县志稿》记载:"莼菜,土人曰'海菜',产于洱河南北湖中。花白色,由荚中出,飘水面,茎长二三尺,无枝,节细如麻丝。通茎色极嫩。七八月间可采折之,以供餐馔,味甚精美,不亚吴产。"

从严格意义上说,莼菜和海菜花不是同一种植物。莼菜(学名 Brasenia schreberi J. F. Gmel.)又名蓴菜、马蹄菜、湖菜等,是多年生水生宿根草本。性喜温暖,适宜于清水池生长。由地下葡萄茎萌发须根和叶片,并发出4～6个分枝,形成丛生状水中茎,再生分枝。深绿色椭圆形叶子互生,长约6至10厘米,每节1～2片,浮生在水面或潜在水中,嫩茎和叶背有胶状透明物质。夏季抽生花茎,开暗红色小花。而海菜花(学名 Ottelia acuminata var. acuminata)濒危物种。多年生水生草本,茎短缩,花白色,叶基生,沉水。分布于云南、贵州、广西和海南部分地区海拔2700米以下的湖泊、池塘、沟渠和深水田中。沉水植物,可生长在 4 米的深水中,要求水体干净,喜温暖。一般花期 5～10 月,温暖地区全年有花,为国家 3 级重点保护植物。在洱海中通常提到的是海菜花,被称为环保菜,消失多年后,近年已大量复出。

3）浮叶植物群落类型

浮叶植物是生于浅水中根长在水底土中的植物,仅在叶外表面有气孔,叶的蒸腾非常大。这类植物的叶子大多为带状或丝状,在洱海中的分布:一是鸭舌草群落,分布在下河、海潮河及沙坪湾等浅水处。二是荇菜群落,分布在湖区各湖湾浅水处,为洱海最常见的浮叶植物群落。三是野菱群落,分布湖区面大,各湖湾都可见,系水生经济植物,果可食,多半为人工拦养,现分布湖湾已引进乌菱在其中。除沙坪湾分布面积稍大外,其余各处均呈零星小片分布。为水生经济植物,沿湖各地多可种植。

4）漂浮植物群落类型

漂浮植物又称完全漂浮植物,是根不生长在底泥中,整个植物体漂浮在水面上的一类浮水植物;这类植物的根通常不发达,体内具有发达的通气组织,或具有膨大的叶柄（气囊）,以保证与大气进行气体交换。漂浮型水生植物种类较少,常随水流、风浪四处漂泊。这种群落类型的分布:一是满江红群落,分布湖区各静风湖湾,尤以南岸最多。呈单优势建群或与浮萍、紫萍共长,也常作为其他挺水、沉水植物群落的层片。二是凤眼莲群落,原分布沙村人工堤坝的鱼塘中,现已扩散至弥苴河两岸以及沙坪、海潮河及红山湾等地。三是酸模叶蓼群落,分布在沿湖泥岸河口及湖湾浅水处。其中以西洱河两侧分布面积最大,连续成带。此群落为洱海目前面积最大、分布最广的挺水植物群落。

半个世纪以来,洱海水生维管束植物因水域生态环境变迁,人类过度开发活动造成水质污染,在植物群落组成、结构、优势种、分布面积、生物量等方面都发生了深刻变化,经历了一个"稳定扩展—繁盛—退化—恢复"的过程。

20 世纪 50—80 年代,是洱海水生维管束植物稳定扩展期。到 80 年代中期,为洱海水生维管束植物鼎盛时期,植被分布面积达湖泊总面积的 40.39%。而 60 年代以前广泛分布的云南高原特有海菜花,由于人类过度捕捞和水环境的变化,已濒临绝迹。

同滇池一样,由于生态系统功能减退,外来物种入侵,自 20 世纪 80 年代后凤眼莲群落种群扩展,进入 90 年代泛滥成灾。2000—2006 年,大理州人民政府每年拨款 50 万元用于洱海的凤眼莲打捞。凤眼莲又称水葫芦,别称水浮莲、凤眼蓝等,原产于巴西,现广泛分布于中国长江、黄河流域、华南各省以及世界各地。水葫芦被列入世界百大外来入侵物种之一。经过连续7年的打捞,人工优化水生维管束植物种群结构显现成效,多年来泛滥成灾的凤眼莲群落得到了有效控制。

2003年以来,实施了洱海湖滨带西区大关邑至罗久邑、罗久邑至罗时江河口、沙坪湾,洱海湖滨带东区满江至机场段生态恢复工程后,水陆交错带生态用地面积逐步扩大,并以法律形式保护下来。挺水植物类群——茭草群落得到恢复,芦苇群落、水葱群落、香蒲群落也逐步恢复生长,景观效应和水质净化效应初步显现。

5) 藻类植物

在现有洱海的水生植物研究中,对某些分类尚不统一,比如藻类植物,以及"水生维管束植物类型"等。按结构分,与低级植物相对应的高级植物是维管植物(又称维管束植物),其中生长在水体中的维管束植物称为水生维管束植物(俗称水草)。据昆明植物研究所李恒调查,20世纪70年代,洱海的维管束水生植被有13个群落,为云南诸湖泊之冠。其中维管束植物区系由51种组成,包括沉水植物18种,挺水植物11种,浮叶、漂浮植物12种,湖周湿生、沼生植物10种。在高原湖泊具有广泛的代表性,种属结构简单、类型丰富,以海菜花为特色。它是洱海水生维管束植物的主要组成部分,是湖泊原生性植被,在湖中水深9米以内的水域组成巨大封闭的水下植物圈。另据戴自福等《洱海水生维管束植物资源种群动态变化调查研究》一文介绍:"洱海水生维管束植物按其生活类型分为沉水、浮叶、漂浮和挺水植物四大类。1995年8月调查共记录到57种,属于25科42属。其中,沉水植物17种,浮叶植物7种,漂浮植物5种,沉水植物12种,其他16种。到目前为止,在洱海湖区共采集记录到水生维管束植物的种类27科、48属、64种。其中沉水植物20种、浮叶植物8种、漂浮及悬浮6种、挺水植物11种、其他19种。"《云南省大理州洱海流域湿地保护修复总体规划(2017—2025)》载:"到目前为止采集到的(洱海)水生维管束植物有61种,其中沉水植物19种、浮叶植物7种、漂浮及悬浮植物6种、挺水植物11种、其他18种。"

至于藻类的分类,争议就比较大。通常认为,藻类是一类比较原始、古老的低等生物,构造简单,多为单细胞、群体或多细胞的叶状体,没有真正根、茎、叶的分化,也没有维管束。这方面,藻类与苔藓植物相同。它是原生生物界一类真核生物(有的也称为原核生物,如蓝藻门的藻类)。如小球藻是单细胞,团藻属于群体,海带呈叶状体。藻类含叶绿素等光合色素,能进行光合作用,属自养型生物。洱海湖区中以黑藻分布最广,它不但组成了湖中面积最大的植物群落,也是其他水生植物群落的重要组成部分。藻类学大致把藻类划分为 10 个门类,不同的分类系统会有诸多差别。

生物的分类,学术界分法不一,通常归为"五界系统"(即原核生物界、原生生物界、植物界、真菌界和动物界)。前面曾经提到,藻类似乎不属于植物界,而属于原生生物界,是一种比较原始、古老的物种。目前,一般人为划分的复系类群,既包含真核生物,也包含原核生物(如蓝藻)。据董云仙《洱海藻类的时空分布及其与富营养化的关系》研究:"(20 世纪 80 年代)洱海共有藻类 8 门、10 纲、21 目、42 科、89 属、192 种,组成特点以绿藻、硅藻、蓝藻为主。藻类个体数量为 76.5 万～326.3 万个/升,年平均 150.8 万个/升;细胞数量为 37.44 万～5 444.75 万个/升,年均 487.98 万个/升。优势种为水华束丝藻、尖尾蓝隐藻、梅尼小环藻。洱海藻类生物量 1.184 毫克/升,其中,硅藻门占 54.6%,硅藻门生物量的增减决定着藻类总生物量的多寡。藻类生物量与水温呈正相关关系;与上一月平均水位之间存在着负相关关系。洱海优势种表明水质受到轻度有机污染,并有向富营养化发展的趋势。藻类百分比组成分析表明,水体的营养化程度处于中营养水平。但从数量来看,洱海应为富营养湖泊。"

吴庆龙等对《洱海生物群落的历史演变分析》指出:洱海藻类组成变化不大,1957 年以绿藻为主,硅藻次之;1980—1992 年,仍以绿藻、硅藻为主,但蓝藻所占比例明显增到 18%～28.7%;1996—1997 年,绿藻和硅藻分别占 39.6% 和 31.2%,硅藻、蓝藻的数量和生物量所占比例不断扩大,绿藻则逐渐减少;1957 年洱海藻类优势种有单角盘星藻、水华束丝藻和小环藻;到 20 世纪 80 年代中期,清洁水的云南飞燕角甲藻、暗丝藻已不复存在。小环藻、水华束丝藻在这 30 年里一直是优势种,显示洱海水质有一定程度的下降。到 90 年代中期,小环藻、微囊藻、水华束丝藻和螺旋鱼腥藻等成为优势种,高温季节局部湖区的藻类密度达 450 万个/升,并形成水华,1997 年,洱海藻类密度达 560.3 万个/升,生物量达 4.658 2 毫克/升。1957—1997 年,湖水中氮增加近 20 倍,磷增加 4.1 倍,有固氮能力的水华束丝藻及小环藻不断增加,成为优势种。1991 年洱海银鱼形成 520 吨的产量,由于银鱼主食浮游动物,使浮游动物的密度从 1992 年的 890.5 个/升减至 1997 年的 171.2 个/升;生物量由 1992 年的 1.598 毫克/升减至 1997 年的 0.541 2 毫克/升。浮游动物又以浮游藻类为食,银鱼在洱海形成优势种群期间,洱海浮游动物急剧减少,藻类密度和生物量急剧增加。

洱海 1985—2006 年大型维管束植物多样化变化情况,如表 2—8 所示。

表 2-8　洱海大型维管束植物多样性变化情况

年代及变化	湿生植物	挺水植物	浮叶和漂浮杆物	沉水植物
1985 年 （61 种）	共 18 种：散生木贼、茴茴蒜、辣蓼、圆叶节节菜、水马齿、水芹、水苦荬、薄荷、灯芯草、扁穗莎草、夏飘拂草、水莎草、穗牛鞭草、狗牙根、水稗、光头稗、双穗雀梅、棒头草	共 11 种：酸模叶蓼、水花生、水苦荬、野慈姑、荸荠、鸭舌草、针蔺、芦苇、六蕊稻草、莶草、水葱	共 13 种：回字萍、槐叶萍、满江两栖蓼、野菱、细果野菱、莕菜、水鳖、鸭跖草、凤眼红、莲、青萍、紫萍、品萍	共 19 种：水毛茛、金鱼藻、穗状狐尾藻、石龙尾、黄花狸藻、水筛、黑藻、苦草、菹草、扁茎眼子菜、竹叶眼子菜、亮叶眼子菜、微齿眼子菜、篦齿眼子菜、穿叶眼子菜、海菜花、丝草、大茨藻、小茨藻
1994 年 （共 43 种）	共 11 种：散生木贼、茴茴蒜、辣蓼、水芹、薄荷、灯芯草、扁穗牛鞭草、狗牙根、水稗、光头稗、双穗雀稗	共 9 种：酸模叶蓼、水花生、野慈姑、荸荠、针蔺、芦苇、六蕊稻草、莶草、水葱	共 12 种：萍、田字萍、槐叶萍、满江红、两栖蓼、野菱、红菱、细果野菱、莕菜、凤眼莲、青萍、紫萍	共 11 种：金鱼藻、穗状狐尾藻、黑藻、苦草、菹草、扁茎眼子菜、竹叶眼子菜、亮叶眼子菜、微齿眼子菜、篦齿眼子菜、穿叶眼子菜
2006 年 （28 种）	共 5 种：辣蓼、水芹、狗牙根、水辑、双穗雀稗	共 6 种：酸模叶蓼、水花生、芦苇、六怒稻草、菱草、水葱	共 8 种：满江红、两栖蓼、野菱、细果野菱、莕菜、凤眼莲、青萍、紫萍	共 9 种：金鱼藻、穗状狐尾藻、黑藻、苦草、竹叶眼子菜、亮叶眼子菜、微齿眼子菜、篦齿眼子菜、穿叶眼子菜
1985—1994 年增减情况	-7	-2	-1	-8
1994—2006 年增减情况	-6	-3	-4	-2
1985—2006 年增减情况	-13	-5	-5	-10

（二）洱海动物

近 40 年来，随着洱海流域人口急剧增加、经济的不断发展，人类活动对生态环境的影响越来越剧烈，洱海生物资源遭到破坏，生态环境发生了重大变化。浮游藻类密度及生物量显著增加，而种数锐减，湖泊富营养化程度提高；浮游动物的密度、生物量、种类数下降；大型底栖无脊椎动物密度和生物量明显增加；水生植被在 20 世纪 80 年代中期以来则由稳定趋于衰退，物种多样性减少；鱼类群落变动强烈，特有土著鱼类逐渐消失，外来物种成为主要经济鱼类，鱼产量总体呈上升趋势。生物群落的变化,与湖区人类活动增强密切相关。人类活动影响主要包括生产、生活方式改变等导致洱海有机污染和氮、磷等营养盐含量增加;过量利用水资源,尤其是西洱河电站修建引起湖泊水位急剧下降,并长期处于低水位运转;鱼类移殖导致湖泊生态系统结构变化;生物资源的不合理利用等。

1. 洱海鱼类

鱼类是最古老的脊椎动物。鱼类属于脊索动物门中的脊椎动物亚门。1994年,据已故加拿大学者尼克松(Nelson)统计,全球当时已知鱼类共有 24 618 种,占已命名脊椎动物一半以上,且新种鱼类不断被发现。全球已命名的鱼种约在 32 100 种。它们几乎栖居于地球上所有的水生环境——淡水的湖泊、河流到咸水的大海和大洋中。中国计有 2 500 种,其中可供药用的有百种以上,常见的药用动物原料有海马、海龙、黄鳝、鲤鱼、鲫鱼、鲟鱼(鳔为鱼鳔胶)、大黄鱼(耳石为鱼脑石)、鱼肝油(维生素 A 和维生素 D)等。

现存鱼类可分为两个主要的大族群:软骨鱼类(如鲨鱼等)和硬骨鱼类(线状鳍和波状鳍的鱼类)。这两种族群的鱼类都首先出现在泥盆纪早期。线状鳍鱼中较进化的一群称为硬骨鱼,在侏罗纪时开始进化,已变成个体数量最多的鱼类。

从 1957—1997 年的半个世纪以来,洱海鱼类种群的演替大致经历了 4 次较大的变动。20 世纪 50—60 年代,洱海保持着土著鱼类种群为主的结构特点,敞水区以大理裂腹鱼、大理鲤、祀麓鲤、春鲤、大眼鲤等为主,沿岸带以洱海四须鲃、油四须鲃等为主,优势种是大理裂腹鱼。当时,渔业生产水平较低,年均鱼产量为 450.3 吨,而此时的洱海水资源丰富,有较大空闲生态位。60 年代开始移植"四大家鱼"(青鱼、草鱼、鲢鱼和鳙鱼),以充分利用湖泊内的饵料生物资源和空闲生态位,同时引进三层刺网等渔具和先进的捕捞技术,渔获量迅速增长,年平均鱼产量达 1239.45 吨。引种时带入的波氏栉鰕鯱鱼等野杂鱼,因缺乏天敌,在湖中大量繁殖,种群迅速扩大,并占据沿岸浅水区鱼类产卵场,吞食鱼卵,对砾石产卵的土著鱼类如大理裂腹鱼等资源再生产生了重大破坏。波氏栉鰕鯱鱼等野杂鱼产量在 60 年代末至 70 年代初一度占鱼总产量的 80% 左右,成为优势种。70 年代中后期,过量利用水资源特别是西洱河水电站的修建导致洱海水位的急剧下降,大片砾石浅滩露出水面,抑制波氏栉鰕鯱鱼的生长繁殖,更促使濒危土著鱼类如大眼鲤、大理裂腹鱼、洱海四须鲃和油四须鲃等趋于消亡。而水位下降和营养盐增加促进水草的生长,利于草上产卵鱼类如各种鲤鱼、鲫鱼的繁殖。70年代中后期至 80 年代初,洱海大量放水发电,使水位急剧下降,大量湖床出露。

一定程度抑制了沿岸小杂鱼种群数量增长,同时也加速了土著鱼类种群的衰亡。与此同时,因渔政管理缺失,造成捕捞过度,洱海水产品质量逐渐降低,产量逐年减少,天然捕捞量下降到574.2吨,鲫、鲤鱼占鱼总产量的65%～80%。

1983—1988年,洱海移殖太湖银鱼取得成功,并开展了草鱼、鲤鱼等的网箱养殖。由于破坏性扒捞水草,在一定程度上破坏了鲤、鲫鱼的产卵环境。1996年鲤、鲫鱼的产量仅占总产量的20.9%。银鱼则占据大理裂腹鱼的生态位而逐渐成为优势种群,1991年后的产量一直稳定在500～750吨,占总产量的25%～35%,成为洱海最重要的经济鱼类。这一时期的天然捕捞量持续增长,平均年产量达3880.4吨。总的来看,洱海土著鱼类不断减少乃至消亡,外来物种成为渔业主体,由此可见,鱼类引种、过度捕捞和水位急剧变化等是洱海鱼类群落和渔业资源变动的主要原因。洱海银鱼产量由253吨递增至700吨,过度捕捞造成了洱海鱼类资源严重危机,加速了土著鱼类的消亡。1997年,大理白族自治州人民政府实施了"双取消"行动,取消了洱海中的养鱼网箱11 187个、机动渔船2 579艘。2004年起,每年实行全湖半年休渔,增加浮游食性鱼苗投放量,洱海鱼类资源逐步回升。2006年产量达1 950吨,主要经济鱼类是鲢、鲫、团头鲂、鳙、鲤、银鱼、青鱼、草鱼等洱海外来物种。目前,洱海外来鱼种计17种,隶属6科16属,盲目引种也造成了洱海鱼类组成和区系的巨大变化。

1) 土著鱼类

洱海里的鱼类究竟有多少种?

据《嘉靖大理府志·物产》记载:"(大理)鱼之属十七:鲤;江鱼(一名公鱼,俗呼江为公,《一统志》作'弓');鲫(出滇池、榆水者佳,《鱼图赞》曰:'滇池鲫鱼,冬月可荐,中含腴白,号水母线。北客乍餐,以为面缆。樊绰《云南志》:蒙舍有鲫鱼,大者重五斤。');玘瑅鱼、金鱼、细鳞鱼(即桃花鱼,出龙尾城漾水中,味美);油鱼(中秋日始出,至十月而尽。长二寸,味美);竹钉鱼;湖荡鱼(背黑,和海莼菜煮甚美);白鱼;抖叶鱼(细小如鲫,积木枝于鱼叶下,因而取之故名。诗云:"掺有多鱼");鳊(扁头含石);鳝;鳅;石蟹(出漾水石穴中为佳);虾;螺(产河中,有黄、有蛋、有腐,可食。又有田螺一种,乃田产也)。"17种分类,不一定很准确,其中还包括了洱海产的虾、螺等品种,而且名称也与现代说法不相一致。近人谈洱海鱼类,笼统17种,具体名称不确定。洱海原有鲤科土著鱼类12种,含鲤属5种,即春鲤、洱海鲤、大理鲤、大眼鲤、杞麓鲤;鲫属1种;四须鲃属2种;裂腹鱼属4种:大理裂腹鱼、云南裂腹鱼、灰裂腹鱼、光唇裂腹鱼。

多倍体是自然界创造和遗留给人类的宝贵资源。洱海同时分布有5种鲤属鱼类,意味着这些鲤鱼本身就是在洱海内分化形成的,被称为同域物种形成。鱼类学家们评价:洱海有如此多的多倍体名贵鱼类,在全世界都极为稀有;洱海的5种鲤属鱼类被称为同域物种形成的范例;洱海的鲫鱼已经有了形态异型的 XY 型的性染色体分化即凡雌性个体的核型有一对 X 染色体,凡雄性个体的核型,有一个 X 和一个 Y 染色体。至于各种鲤鱼还未得到确证。这就是洱海鱼类的科学价值。

昝瑞光研究过洱海九种鲤鱼的核型,5种鲤属鱼的染色体数都是 100,都有 22 个、30 个、48 个着丝点染色体,它们的核型高度相似,与鲤属染色体很相似。

鲤科鱼类的判定方法和标准:染色体数在 100 左右的是四倍体,在 150 左右的是六倍体,200 左右的是八倍体。洱海五种鲤鱼和鲫鱼都是四倍体;大理裂腹鱼和云南裂腹鱼则是六倍体;洱海四须鲃只是二倍体,不是多倍体。

(1)鲤属。

鲤字从鱼从里,里声。"里"本指里边、内里,引申指"水底"(与"水面"相对)。"鱼"和"里"联合起来表示"生活在水底的鱼",本义为栖息在水底的鱼。味道绝佳,出产地广,是中国人餐桌上的美食之一。

春鲤:俗称春鱼,主食寡毛类、甲壳动物,20 世纪 70 年代后明显减少,亟待保护。

洱海鲤:俗称大头鱼,食浮游动物和水草。1987 年的产量为 774 公斤,占 3.5%,近年产量还在下降。

大理鲤:俗称大嘴巴鱼,为肉食性鱼类,个体较大,可达 8 公斤,1981 年产 249 公斤,占 1.1%,濒危状态。

大眼鲤:俗称老头鱼,主食浮游动物,产量占 3.7%。20 世纪 70 年代后期渐濒危。

杞麓鲤:俗称尖头鱼,食性杂。1981 年产量 1576 公斤,占 7.2%。

过去,洱海鲤和大理鲤以及杞麓鲤曾经被列入大头鲤、云南鲤和鲤的亚种,但后来已分别提升为独立种。洱海的杞麓鲤,实际有黄壳鲤、狗头鱼(厚唇鱼)和"札噶"(当地方言)等不同种群。

1989 年,由云南省科委立项扶持的"洱海特有鲤鱼的保护与增殖研究"课题,经云南大学生物系、大理州洱海管理局和大理州水产工作站花了 3 年时间,通过在池塘进行人工培育,于 1991 年在双廊水域投放进洱海 8～9 个月规格的春鲤和黄壳鲤鱼鱼种 10.4 万尾。8 年累计投放 400 万尾土著鱼苗。洱海土著鲤鱼的人工繁殖成功,对保护洱海鱼类物种资源、恢复土著经济鱼类起到了很好的作用。

(2)鲫属。

除上述 5 种鲤鱼外,洱海土著尚有鲫属 1 种。鲫又叫河鲫、鲫瓜子。属鲤形目,鲤科,鲤亚科,鲫属。鲫古称鳉、鲋、寒鲋。体侧扁而高,腹部圆,头较小,吻钝,口端位呈弧形;眼较大,无须;体呈银灰色,背部较暗,鳍灰。因生存的环境不同,形体与颜色也有所差异。鲫是内陆江河湖塘分布最广的野生鱼种,家养的很少。其个体较小,一般 250 克以上就属大鲫鱼,超过 1 000 克的数量较少。鲫鱼具有分布广泛、适应性强、多样性高、基因组加倍和生殖方式多样(可进行雌核发育生殖和正常的两性生殖)等特点,而逐渐成为研究进化遗传学和发育遗传学的独特研究对象,受到研究人员日益重视。鲫鱼的家族成员广,有银灰鲫鱼、银鲫鱼、百鲫鱼、彩色鲫鱼、金鲫鱼、乌鲫鱼等多个品种。变种为金鱼,经长期选育,形成许多品种,可以供观赏。1945 年占洱海鱼产量的 7.5%,到 20 世纪 70 年代后期引进高背鲫,繁衍迅速,1981 年产量占鱼总产的 80.1%。

(3)鲃属。

四须鲃属:鲃亚科四须鲃。明崇祯年间,旅行家徐霞客途经洱海龙首关,在其游日记中记道:"南崖之下,有油鱼洞,西山腋中,有十里香奇树,皆为此中奇胜……乃从大路东半里,下至海崖。其庙东临大海,有渔户数家居庙中,庙前一坑下坠,架石度其上如桥……从石南坠坑下丈余,其坑南北横二丈,东西阔八尺,其下再嵌而下,则水贯峡底,小鱼千万头,杂咨于内……渔人见客至,取饭一掌撒,则群从而嗛(即鱼儿咬吃)。盖其下亦有细穴潜通洱海,但无大鱼,不过如指者耳。油鱼洞在庙崖曲之间,水石交薄,崖内逊向内凹而抱水,东向如玦,崖下插水中,腔峒透漏。每年八月十五,有小鱼出其中,大亦如指,而周身俱油,为此中第一味,过十月,复乌有矣。"这里所谓"此中第一味者",指的是油鱼洞中的油鱼,学名称油四须鲃。体细长,侧扁,腹部圆,喜生活在湖岸岩洞。体长 48 毫米已达性成熟。体含脂肪较多,俗有"油鱼"之称,当地视为珍品。1945 年产量 500 公斤,20 世纪 70 年代以来数量锐减,已成为稀有品种。分布仅仅限于洱海九孔桥鱼潭坡下的油鱼洞内。

洱海四须鲃:俗称鳔鱼、青脊梁。体侧扁,头长小于体高,鳞中等大,前胸鳞片较小。生活在湖岸小草丛生处,主食水草。五六月间产卵。过去为产地经济鱼,1945 年产量为 30 万公斤,占鱼总产 15%。20 世纪 60 年代以后逐年减产,1981 年为 2.5 公斤,现已消失。

（4）裂腹鱼属。

裂腹鱼亚科的裂腹鱼属,适应于高原水体环境,主要分布在青藏高原及其邻近地区的湖泊和江河中。4—8月间产卵。其发达的臀鳞是助其在流水、砾石、河滩中产卵的独特适应结构。此属鱼在洱海中已发现4种。

灰裂腹鱼:细鳞鱼,见于西洱河出口附近。体长曾达512毫米,1945年产量为2 500公斤,因建西洱河水电站水闸而绝种。

大理裂腹鱼:俗称弓鱼,为地方特产,肉质细嫩鲜美。据历史记载与云南裂腹鱼曾年产50万公斤,1974年下降至4 000公斤、1977年为65公斤,20世纪80年代后处于濒危状态。此时,大理州科委曾组织人工繁殖弓鱼的课题,虽然取得鱼苗,但无法解决饲养难题。2006年,云南省科委从弥苴河下山口电站购得弓鱼亲本在大龙潭放养,但未形成生产规模,直至2020年,漾濞姜雨杰的养殖场成功培育出数十万尾。

云南裂腹鱼:与大理裂腹鱼相近,体长一般在150毫米以下。产于弥苴河口和龙首关附近。

光唇裂腹鱼:主要分布在澜沧江中上游。

2）外来鱼类

如前所述,半个世纪以来,洱海鱼类种群演替大体经历了五个阶段。20世纪60年代以前,洱海保持了土著鱼类种群为主的结构特点。60年代到70年代,洱海大量引进青、草、鲢、鳙四大家鱼进行投放,有着极强生存能力的鳙鱼与弓鱼争食洱海浮游生物。同时,一起进入洱海的其他鱼类还在洱海沿湖的浅水区大量繁殖,不但侵占弓鱼的产卵场所,还大量吞食弓鱼鱼卵。总之,外来鱼的大量引进,对土著鱼类造成严重威胁。

这种变迁,导致洱海水鱼产质量逐渐降低,产量逐年减少。20世纪80年代初,大量放水发电,使洱海水位急剧下降,大量湖床出露。一定程度抑制沿岸小杂鱼种群数量增长,同时也加速了土著鱼类种群的衰亡。

"四大家鱼"和团头鲂是最早引入的外来鱼类。这些鱼种的引入繁殖,在增加鱼产量方面发挥了积极作用。但随着家鱼种的引入,七种野杂鱼类如麦穗鱼、棒花鱼、中华鳑、兴凯鹍、波氏栉鰕鳅、子陵栉鰕鳅等也无意识地随着定居洱海,有的种群很大,但个体太小、肉味不佳,经济效益甚微,利少弊多。

（1）青鱼:又叫黑鲩,全身有较大的鳞片。外形很像草鱼,但全身的鳞片和鱼鳍都带灰黑色,青鱼的名字即由此而来。主要分布于我国长江以南的平原地区,长江以北较稀少,是长江中、下游和沿江湖泊里的重要渔业资源和各湖泊、池塘中的主要养殖对象,生殖季节有溯游习性。

(2) 草鱼:又称鲩、油鲩、草鲩、白鲩、草根(东北)、混子、黑青鱼等。身体长而"秀气",体色为青黄色,腹部略显白色。鳞片大而粗。其背鳍、胸鳍、腹鳍和尾鳍都比青鱼小而短。栖息于平原地区的江河湖泊,一般喜居于水的中下层和近岸多水草区域。性活泼,游泳迅速,常成群觅食。为典型的草食性鱼类。幼鱼期则食幼虫,藻类等,草鱼也吃一些荤食,如蚯蚓,蜻蜓等。成年后食料是高等水生植物和部分陆草,其中以高等水生植物的苦草、轮叶黑藻、小茨藻、眼子藻、浮藻、芜藻最喜食。在干流或湖泊的深水处越冬。

(3) 鲢:又叫白鲢、鳊鱼、水鲢、跳鲢、鲢子,属于鲤形目,鲤科。体形侧扁、稍高,呈纺锤形,背部青灰色,两侧及腹部白色。胸鳍不超过腹鳍基部。各鳍色灰白。头较大。眼睛位置很低。鳞片细小。腹部正中角质棱自胸鳍下方直延达肛门。形态和鳙鱼相似,鲢鱼性急躁,善跳跃。鲢鱼味甘,性平,无毒,其肉质鲜嫩,营养丰富,是较宜养殖的优良鱼种之一,分布在全国各大水系,是人工饲养的大型淡水鱼,生长快、疾病少、产量高。

(4) 鳙:体像鲢鱼,但头比鲢鱼大,故又名"胖头鱼",背面暗黑色,并有不规则黑点,因而俗称"花鲢"。又叫黄鲢、鳡鱼、包头鱼、大头鱼、黑鲢、麻鲢、也有叫雄鱼。体长为89~425毫米。体长为体高的3.1~3.5倍,为头长的2.8到3.4倍。产卵期在4—7月。鳙鱼生长在淡水湖泊、河流、水库、池塘里。栖息在水域的中上层,以水蚤等浮游动物为食。

(5) 团头鲂:俗称鳊鱼、武昌鱼,属鲤形目,鲤科,鲂属。肉质嫩滑,味道鲜美,是我国主要淡水养殖鱼类之一,产于长江中下游,以湖北为最多。

(6) 太湖银鱼:这是洱海外来鱼类中影响很大的品种。由于银鱼适应能力强,短时间内便在天敌较少的高原湖泊中大量繁殖,成为优势种群,在取得显著的经济效益的同时,对其他鱼类的影响也逐步显现。引入太湖新银鱼后,洱海浮游动物急剧减少,许多以浮游生物为食物的土著鲤如洱海大头鲤、大理鲤等鱼类锐减。太湖新银鱼还有排他性和吞食其他鱼卵的特性,因此,在太湖新银鱼出没的水域,很少能见到其他鱼类。

太湖新银鱼体长为4~8厘米,体形如玉簪,似无骨无肠,细嫩透明,色泽似银,如玉似雪,自古就被认为是水中的珍品,素有"鱼类皇后"之美誉。太湖新银鱼分布在太湖以及其他长江中下游附属的湖泊中,此外,在淮河中下游、瓯江中下游等水域也有分布,属于河口洄游型或淡水定居性的鱼类。由于太湖新银鱼具有很高的食用价值和经济价值,在20世纪70年代,引种到滇池,很快就获得

了"成功",不到 10 年,太湖新银鱼的产量就超过滇池其他水产品产量的 20%
以上。

1983 年洱海移殖太湖银鱼,经过 8 年时间获得成功。1991 年起捕银鱼
520 吨。

洱海生态环境适宜银鱼生长。水温能满足银鱼生长最适宜水温 15～22℃
的要求;而且水质清澈,透明度全湖平均为 3.23 米,最高 5.6 米,1992 年实测
pH 值为 8.5 左右。洱海无机盐类和浮游动、植物种类丰富,能较好地满足银鱼
生长的需要,这些都是银鱼产量在洱海迅速提高的前提条件。

银鱼属一年生鱼类。据 1991—1993 年实测数据看出:洱海银鱼存在春、秋
季两个产卵群体,秋季产卵群体的幼鱼和春季产卵的亲体共存,产生银鱼个体间
大小差异特大现象。银鱼生长 3—7 月体长增加较快,5—8 月体重增长最高,9
月是银鱼产量最佳时间,9—10 月为捕捞期。银鱼种群 8 月开始雄体性腺发育
达Ⅵ期,9 月采样即发现小银鱼,银鱼性腺发育和产卵时间较长。8、9、10 三个月
都有Ⅱ、Ⅲ、Ⅳ期三个时相,大量产卵繁殖在翌年 1—2 月份;与银鱼两大种群组
成有关。主要产卵场所为砂、砾底质,饵料丰富的浅水带。银鱼是广食性鱼类,
肠道内食物以枝角类浮游动物为主,约占 70%,其他为无节幼体、藻类。洱海银
鱼的资源量:在湖面设 18 个测捕银鱼采样点,建立资源量与捕捞量的相互关
系,预测银鱼动态变化。满足银鱼资源量评估,为管理决策提供依据。洱海银鱼
预估产量:1992 年 5 月 650 吨,1993 年 5 月 250 吨,1994 年 5 月 475 吨,1995 年
481 吨。实产产量:1991 年 530 吨,1992 年 750 吨,1993 年 253 吨,1994 年 550
吨,1995 年 550 吨,1996 年 700 吨,1998 年 287 吨,2005 年 946 吨。

2. 浮游动物

浮游动物是一类经常在水中浮游、本身不能制造有机物的异养型无脊椎动
物和脊索动物幼体的总称,是在水中营浮游性生活的动物类群。它们或者完全
没有游泳能力,或者游泳能力微弱,不能做远距离的移动,也不足以抵御水的流
动力。许多种浮游动物是鱼、贝类的重要饵料来源,有的种类如毛虾、海蜇可作
为人的食物。此外,还有不少种类可作为水污染的指示生物。如在富营养化水
体中,裸腹溞、剑水溞、臂尾轮虫等种类一般形成优势种群。有些种类,如梨形四
膜虫、大型溞等在毒性毒理试验中用来作为实验动物。它们是经济水产动物;是
中上层水域中鱼类和其他经济动物的重要饵料,对渔业的发展具有重要意义。
由于很多种浮游动物的分布与气候有关,因此也可用作暖流、寒流的指示动物。

洱海浮游动物有 32 科 104 种,其中原生动物 16 科 27 种,轮虫类 10 科 44

种,枝角类 4 科 22 种,桡足类 2 科 11 种(无节幼体作为一种)。常见种类有表壳虫、砂壳虫、似铃壳虫、针簇多肢轮虫、曲腿龟甲轮虫、长额象鼻蚤、筒弧象鼻蚤、长刺蚤、圆形盘肠蚤、西南荡镖水蚤、锯缘真剑水蚤、无节幼体。主要优势种有尖顶砂壳虫、针簇多肢轮虫、长刺蚤、西南荡镖水蚤等。从水平分布看,洱海浮游动的种类以西洱河、向阳湾、红山湾、弥苴河口最为丰富。种类组成在季节上的变化是:夏季(7 月)最丰富,冬季(12 月)最少;数量则是夏季最高,为 1 360.3 个/升;其次是春季(4 月)和秋季(10 月),分别是 979.1 个/升和 878.5 个/升;冬季最少,为 343.1 个/升。生物量的高峰期出现在秋季,约为 1.88 毫克/升;夏季、春季次之,分别为 1.75 毫克/升和 1.472 毫克/升;冬季最少,为 1.291 毫克/升。种类和数量在沿岸带比敞水带多,浅水带比深水带多,水温高时期比水温低时期多。

从 1957—1997 年,洱海浮游动物群落有两个显著的变化。一是 1957—1980 年,浮游动物总的密度下降,但生物量增加,其中轮虫、枝角类和桡足类的数量呈增加的趋势,此时期占优势的是西南荡镖水蚤、长刺蚤、针簇多肢轮虫、螺形龟甲轮虫;二是 1980—1997 年,浮游动物的密度和生物量急剧下降。近年来,由于水体受到污染,营养化程度增加,水生植被退化而浮游植物得到较大发展,浮游动物的数量有所增加。

3. 副鳅属鱼类

副鳅属是鲤形目鳅科的一属鱼类,洱海地区发现三种。尖头副鳅为一新种,仅见于洱海西海的深水水域;拟鳗副鳅,见于右所一龙潭及外泄的小溪中,附近农田及弥苴河中未发现。洱海副鳅产于洱海东岸挖色一带的深水区中,在入湖的弥苴河及出湖的西洱河中均未发现。这三种副鳅分布地区相近、外形相似,但结构有明显差异。洱海地区的三种副鳅属于原始类群,但极大地暗示了它们可能起源于一共同的祖先。

20 世纪 90 年代初,昆明动物研究所、云南大学生物系周伟在洱海地区发现 3 种副鳅属鱼类,它们分别生活于洱海以及洱源的右所和牛街。其中洱源牛街的副鳅为一新种,命名为尖头副鳅。其鉴别特征为头尖,呈锥形;前躯鳞片密集;脊椎骨数目较多,为 4+(40～42);下颌中部前缘"V"字形缺刻明显,身体高度自背鳍起点向尾鳍基方向逐渐降低。经比较中国副鳅属全部种类,仅洱海地区的 3 种副鳅胸腹部具鳞,不同于其他种类,且它们的分布区邻近,极可能为一自然类群。而且它们之间一定的地理隔离和生态隔离是促成物种分化的主要原因,经漫长岁月的演化形成了与环境相适应的各自的形态学特征,成为识别和鉴定物种的依据。

4. 底栖动物

底栖动物是生活在水体底部的动物群落,由腹足类、瓣鳃类、摇蚊幼虫和水蚯蚓等主要类群组成。2009 年 5 月和 12 月,在洱海湖滨带调查中,共采集到底栖动物 30 个分类单元。其中,寡毛类、摇蚊科幼虫和软体动物三个类群分别为 11 种、7 种和 9 种,占物种总数的 36.7%、23.3%和 30.0%,其他动物 3 种。在密度方面,群落结构以寡毛类为主,平均密度达 488 个/平方米(占总丰度的 89.7%),密度峰值出现在弥苴河口(7 424 个/平方米);而在生物量方面则以软体动物占优势,平均生物量为 67.26 克/平方米(占总丰度的 91.4%)。按密度的平均相对丰度计算,霍甫水丝蚓为第一优势种(平均相对丰度为 24.4%),其次为异腹腮摇蚊(13.2%),苏氏尾鳃蚓(11.6%)和正颤蚓(11.5%)。按生物量计算,圆田螺为第一优势种(占总生物量的 79.3%),其次为河蚬(10.6%)和环棱螺。环棱螺又称湖螺,属软体动物腹足类田螺科。环棱螺壳口有角质厣,能将壳口全部封闭,所以离水后可长时间不死。它繁殖能力强,生长在江河湖泊中,以藻类为主要食物,而且螺质量好坏与食料是否充足有密切关系。洱海西岸比东岸的生物多样性指数要高。主要包括水栖寡毛类、软体动物和水生昆虫幼虫等。多数底栖动物长期生活在底泥中,具有区域性强、迁移能力弱等特点,对于环境污染及变化通常很少有回避能力,其群落的破坏和重建需要相对较长的时间;而且多数种类个体较大,易于辨认。同时,不同种类底栖动物对环境条件的适应性及对污染等不利因素的耐受力和敏感程度不同;根据上述特点,用底栖动物的种群结构、优势种类、数量等参数可确切反应水体的质量状况。

1) 淡水腹足类

腹足类(俗称螺蛳)系软体动物门中分布最广、属种最多的一纲。亦称有头类,以与无头类(瓣鳃类)相对应。腹足类为具有螺卷壳的一类,在当今动物界中数量仅次于昆虫。根据南京地理所 1982 年考察采集的标本整理鉴定,洱海的腹足类共有 13 种,隶属于 7 属 3 科,即中国圆螺、方形环棱螺、绘环棱螺、螺蛳、方氏螺蛳、肋川蜷、缩川蜷、克氏芬螺、柯氏拟塔螺、斯氏萝卜螺、云南萝卜螺、展萝卜螺、淡红萝卜螺。洱海的腹足类体型相对较大,壳面上有瘤状结节、珠状或棘等特征,在淡水螺类中壳形特征明显且外形美观。

螺蛳属隶属于软体动物门、腹足纲、田螺科。壳质较厚,其壳面特有的刺、瘤状结节或棱,可以将螺蛳属种类与田螺科其他属种区分开来。这一属共有 10 个有效种,其中 4 种为化石种,6 种为现生种。螺蛳属种类仅分布在洱海等高原湖泊中,为云南特有种类。1996年以前,洱海的水草极为茂密,水体清澈,底栖动物特别是超大型底栖动物较为丰富,湖泊沿岸带随处可见河蚌、螺蛳等,当地居民常以其为食品。但1996年和2003年洱海先后发生两次大的蓝藻暴发,引起湖水透明度急剧下降,造成水生植物的大片死亡,未及时打捞出的死亡水草在湖底迅速腐败,引起湖底大面积缺氧,导致底栖动物,特别是一些不耐污的物种和喜爱生活于深水区的底栖物种大量死亡。虽然随后洱海水质逐渐变好,但一些生物如河蚌、螺蛳由于自然迁移慢、生活周期长,虽经过6年的自然恢复,也未能在洱海湖底觅到其踪迹。2008年螺蛳属中6个种类已被相关机构评为濒危物种。

2) 瓣鳃类动物

瓣鳃类无头,有着完全相同且左右对称的两壳,又叫无头类和双壳类。1982年,科学工作者在洱海和茈碧湖采集到的软体动物标本中,发现有淡水瓣鳃类生物。瓣鳃类区系组成较为贫乏,计有3属9种,隶属于2科。此类系外来物种,20世纪80年代以来其无齿蚌在洱海变得相当丰富。圆背角无齿蚌和椭圆背角无齿蚌个体数量最多,为洱海的优势种;卓氏无齿蚌、泥泞无齿蚌及湖南光雕蚌数量很少,为稀有种。兰蚬属发现三种:河兰蚬,现生和化石标本均有很多个体,为优势种;芬氏兰蚬和毗连兰蚬数量很少。洱海蚌类的分布西岸多于东岸。新发现的茈碧湖无齿蚌,个体较大,且有一定产量,是有经济价值的资源。

5. 洱海水禽

据云南省林业调查规划院调查,1982年8月至1986年洱海水禽有8目、11科、59种。优势种有7种,占总数的11.9%,如白骨顶、赤嘴潜鸭、赤颈鸭、绿翅鸭、绿头鸭、斑嘴鸭、赤膀鸭等;常见种有35种,占总种数的59.3%,罕见种和偶见种计17种,占总种数的28.8%,平均新生量为2500只/年。水禽中候鸟(冬候鸟、夏候鸟)5种,水禽留鸟计12种,占种数的20.3%,水禽旅鸟计46种,占总种数的78.0%。水禽中尚未发现国家重点保护的濒危珍稀物种,但受条约国或协定国规定保护的棕头鸥、翘鼻麻鸭等共计34种。

根据水禽对人们的利害关系和它们在商品社会市场经济中的价值意义,洱海水禽可分为5个等级。一级"益鸟",计14种,占总种数的23.7%;二级"经济鸟",计10种,占总数的16.9%;三级"观赏鸟",计17种,占总种数的28.8%;四级"益害各半鸟",计10种,占总种数的16.9%;五级"害鸟",计8种,占总种数的13.6%。洱海水禽中以益鸟,经济鸟、观赏鸟为主。

水禽的栖息域主要是水域、湖滨苇塘沼泽地、湖用农田和溪沟,洱海湖区环境对水禽的栖息和生存极为有利,适合鸟类种群的集结和繁衍。

每年飞来洱海过冬的大雁、海鸥、黄鸭、钳嘴鹳、鸳鸯、紫水鸡、白骨顶等 64 种候鸟上万只。

2014 年《大理市年鉴》收录的洱海流域水禽种类如表 2-9 所示,另外,水禽里的鱼鹰值得关注。

表 2-9 洱海流域水禽种类

类 型	名 称
优势种	小鸊鷉、凤头鸊鷉、赤麻鸭、赤膀鸭、赤颈鸭、绿翅鸭、红头潜鸭、凤头潜鸭、黑水鸡、骨顶鸡、牛背鹭、白鹭、红嘴鸥、鱼鸥
常见种	苍鹭、黑冠鹭、斑嘴鸭、白眼潜鸭、凤头麦鸡、紫水鸡、扇尾沙锥、棕头鸥
少见种	鹬鸻类水鸟、黑翅长脚鹬、肉垂麦鸡等
罕见种	斑头秋沙鸭、蓝胸秧鸡、金眶鸻鸡等
国家Ⅱ级重点保护种	棕背田鸡,鸳鸯
列入(IUCN)国际鸟类红皮书种	易危种:栗树鸡、罗纹鸭、花脸鸭 近危种:白眼潜鸭

鱼鹰,是南方对鸬鹚的一种俗称。清檀萃《滇海虞衡志》载:"滇南多山河,人畜养鸬鹚以捕鱼。虽不致'家家养乌鬼',亦到处有之。养鹰以捕雉、兔,养鸬鹚以捕鱼,此禽之听命于人而效所用者也。一名水老鸦,能合众以擒大鱼,或啄眼,或啄其翅,或啄其尾与鳍。鱼为所困,而并异以出水,主人取之,可谓智矣。""家家养乌鬼,顿顿食黄鱼"是唐代诗人杜甫《戏作徘谐体遣闷二首》中的句子。可见唐代长江一带已驯养鸬鹚,谓之乌鬼。过去,洱海渔家有鱼鹰者众多。鱼鹰捕鱼确实是一种传统渔法,但这种渔法有天然的缺陷,鱼鹰捕鱼不分大小类都捕食,对渔业资源破坏性极大。1987 年 10 月 14 日,经国务院批准的《中华人民共和国渔业法实施细则》第二十条规定:禁止使用电力、鱼鹰捕鱼和敲和舻(用于捕捞黄花鱼等)作业。在特定水域确有必要使用电力或者鱼鹰捕鱼时,必须经省、自治区、直辖市人民政府渔业行政主管部门批准;同时,第二十九条第三款还规定:未经批准使用鱼鹰捕鱼的,处以罚款。2015 年 7 月,大理市依法将洱海湖区鱼鹰驯化表演项目迁出湖区。共移除洱海湖面鱼鹰表演经营户 7 户,共 303 艘鱼鹰表演船、260 只鱼鹰,涉及农户 421 户。在洱海上,人们训练鱼鹰捕鱼的历史至今已有上千年,现已禁止。

五、资源开发

人们须臾不能离开"水",没有水,就没有生命。这里所说的水资源,就是指云贵高原上这种淡水资源,是能为人类直接利用的淡水。

洱海最大的利益是水运和灌溉。

(一) 水路航行

前面提到,早在汉代,汉武帝以"汉习楼船"的方式试图实现扩张权力范围的野心而操兵蓄锐,打通茫茫昆明池的通道使其伟业畅通无阻。据 2003 年 9 月至 2004 年 5 月洱海银梭岛贝丘遗址考古发掘中出土的陶船,证明洱海的航运早于汉代前数千年。唐贞观二十二年(648 年)四月,使者右武将军梁建方率军征讨昆明部落,他在给朝廷的报告《西洱河风土记》中描述了居住在洱海边部落的社会生产和经济生活已经"大略与中夏(中原地区)同",他们"有船无车",即虽然无纵横车路,却有千帆竞渡的舟楫航行。唐天宝战争,李宓部队进攻南诏时也利用洱海利于舟楫的优势,修战船、练水师,最终在海东遭遇南诏军将王乐宽水师的迎头重创。

《新纂云南通志》记载:"洱海周围三百余里,点苍山十八溪之水皆汇入之。沿湖县分别有大理、邓川、洱源、宾川、凤仪,直接受航运之利益者以大理、邓川两县为著。大理段湖濒盆地东南,南北长一百二十里,东西宽者一二十里,狭者六、七里,船运用帆船,有大、中、小三种,数有百余艘,往来行驶涉上关、双廊、挖色、下央(向阳)等处,供运乔后井盐及邓川、宾川粮食、水果并各日用品等。帆船与昆湖篷船无异,有时亦大过之。均有沿湖居民经营。邓川段湖濒县治南与大理段毗连,湖境归其管辖者有六、七十里之多,航运范围似较大理尤便。"

洱海船舶营运大致分为三类:一是小型的农用船和商用船,二是稍为大型的大船,三是游船。农用船是农家生产所需,通常航行于 4 里至 10 余里之内居家附近的湖边及小河里,不远行。每艘载重 2 000 斤左右,以收种豆麦、蔬菜、谷类及运送肥料为主,俗称"庄稼船"。商用船,航行区域一般为 30 里,范围上至中、右所二街,下至大理、沙坪、上关、喜洲等地,载重约为 2 500 斤至 3 000 斤,主要为商人运粮、盐、石、砖瓦等货物,故名"商船"。大船,西至大理、沙坪、喜洲、上关,东至宾川之双廊、挖色,南至下关,航行范围在 20 里至 70 里之间,载重 7 000

斤左右,专门运营木材、石料、砖瓦、柴火、粮食、石灰等物资。游船,此项目兴起于改革开放以后。1888 年 1 月,大理市航运公司组建"茶花旅行部",随后改名为茶花旅行社。该旅行社拥有"茶花号"游艇和大小客车 5 部,主要开展"苍洱风光水陆一日游"业务。据《大理州交通志》(1991 年)和《大理市志》(1998 年)记载:1960 年,大理市航运公司曾修造木质"1 号客轮"下洱海营运,载客 100 人,可载货 15 吨,这是新中国成立以来洱海中的第一艘专业客运机动船。1961 年,缅甸总理吴努访问大理时曾乘此客轮游览洱海。后因客源不足,不到两年即改作牵引船。洱海钢质机动客轮,则是"改革开放"时期才出现。1981 年 1 月以后,相继有市航运公司以及海东、挖色两乡投资修建的"风光号""榆风号""茶花号""海岛金花号"和"挖色金花号"等钢质客货轮在洱海营运。其中,1986 年 3 月,大理市航运公司的"茶花号"是洱海第一艘专供游览的较豪华型游艇,长 30 米、宽 5.4 米,可载客 240 人。1993 年 4 月,又一艘豪华游船"杜鹃号"下洱海营运。"杜鹃号"为新型双体客轮,总投资 150 万元,长 40.9 米、高 13.45 米、宽 11 米,总吨位 198 吨,设有 400 个客座,其中有贵宾室、高级舱、游艺厅、餐厅、舞厅等,是当时云南省内最大的高级豪华旅游船。1992 年 9 月,大理市公共汽车公司投资修建"金花号"游船下水运营;同年 12 月,大理州运输公司"南诏号"(后改名为"大运号")下水运营。至此,洱海水上游船由原来一家经营的 2 艘增加至 4 艘,形成了多家经营的局面。1996 年 4 月,滇西电业局和州洱海管理局联合建造的大型游船"海星号"下水。到 2002 年,洱海游船由原来的少客位的三等船更新为多客位的二等船,提升了品位。同时,由大理市航运公司所属的"杜鹃号"游船、大理州运输公司所属的"大运号"游船、大理交通集团所属的"苍山号"游船、滇西电业局所属的"海星号"游船以租赁的方式进行运营。2005 年 8 月 1 日,大理旅游集团投资 1800 万元修造的安全、环保、服务功能齐全的大型豪华旅游船"洱海一号"首航。这是全国内陆湖泊中排水量最大、环保水平和科技含量一流的双体船。全船总长 68.80 米,总宽 18 米,高 21 米,共 5 层,平均吃水为 1.7 米,排水量为 765 吨;主机采用 2 台 475 千瓦的康明斯发动机,船速为 24 千米/小时,核载人数为 1000 人。

历史上,洱海木船运输的主要货物来自丽江、鹤庆、剑川、洱源等地,其次为洱海周围的集散物资和土特产品,故邓川县为水上运输较早的地区。《大理县志稿》记载:"海湖中大船专供装运百物,其往来运载之买卖品以油、粮、盐、木、牲畜、果物为大宗,自东岸至西岸三小时水程,自上关河口至下关小河边,计水程一百二十里,顺风六小时可到,逆风二、三日不等。"民国 28 年(1939 年)至 37 年

(1948年)间,水运的主要是国民党第 11 集团军 22 分站的军粮和伤兵。同时也有丽江、鹤庆、剑川三县的公粮和下关商人的粉丝、红糖、食盐、乳扇由沙坪起运至大理、下关一带。通过水运的物资由个人出面私揽,然后摊配给木船运输,从中牟利。同时,还有少数船舶从事捞螺蛳或在海西一线承运毛石。

洱海船的动力主要靠风帆,使用较早。元代外来使者李京的著名诗《天镜阁》中有"银山殿阁天中见,黑水由樯镜里过"和明代李元阳《游洱海》"片帆飞古渡,一叶到罗荃",即指此。过去,帆用草席,后改用帆布。

据资料记载,民国 18 年(1929 年),洱海木帆船有 80 余只。民国 27 年(1938 年)6 月统计,木船分运货船、商船、农船、打鱼船 4 种,最大的运货船(称甲种船)载重为 5 000 斤,可容客 30 余人。一般的运货船(称乙种船),载重为 3 500 斤至 4 000 斤,可容客 25 至 30 人;小船载重为 1 200 斤,可容客 8 至 9 人;打鱼船可载重 300 斤,可容客 5 至 6 人。至 1949 年末,洱海上有木帆船 157 只,总吨位达 942 吨。有积肥和捞螺蛳船 246 只,渔船 900 余只。

(二) 农业灌溉

人类学家一般将白族称为水稻农耕民族。他们最早在近海区域种植水稻,经济发达,因此其社会发展向称"与中夏埒"(与内地相当),这与洱海水滋养有很大关系。

元朝使者郭松年在大理国灭亡后不久来到大理,他对这里的风土人情做了详细的记录。他在写到洱海水源点苍之山时,有一段话说:"若夫点苍之山,条冈南北,百有余里;峰峦岩岫,紫云戴雪,四时不消;上则高河、窦海,泉源喷涌,水镜澄澈,纤芥不容,佳木奇卉,垂光倒景,吹风嘘云,神龙所宅,岁旱祈祷,灵贶昭著;派为一十八溪,悬流飞瀑,泻于群峰之间,雷霆砰訇,烟霞晻霭,功利布散,皆可灌溉。"洱海流域历来就是大理地区粮食主产区,水利灌溉实为急需。这里的稻田一般处于 1 974~2 100 米海防高程内,取用现成洱海水灌溉,使其少有水荒之虞。取水方式,早期采用"戽瓢""戽桶"等(形状像斗,两边有绳,由两人拉绳牵斗取水汲水),或龙骨车、天车等简单的人畜力工具取水灌溉,夜以继日、轮流协作、擢水入田,效率低下。

1949 年,大理县玉洱乡大关邑村兴建电力抽水站,装机 30 千瓦、扬程 23 米,计划灌溉农田 1 200 亩,这是洱海以电力为动力提水灌溉的开端。

中华人民共和国成立初期,洱海沿岸村寨仍沿用原始的人力提水。到了 20 世纪 50 年代中期,随着农业合作化的开展,各地掀起大搞农田水利建设的高潮。

大理县先后在仁里、金河、马久邑、鸡邑、龙龛、大庄、永兴、沙村、才村、下河、南村、满江、崇邑、河涘江、新邑、洱滨、挖色、康廊、富美邑等沿海乡村，建成19座以汽车引擎、煤气机、柴油机为动力的抽水站，装机23台，装机容量为687.5马力（505.3千瓦），灌溉面积10 760亩。据1958年7月19日的《人民日报》报道："云南省目前规模最大的开发洱海的水利工程已经兴建。这个工程计划以两百天的时间全部完成，保证明年春耕灌溉。位于大理白族自治州海拔1900多米的洱海，面积250平方公里，年平均蓄水量30亿立方米，是云南最大的高原湖泊之一。可是沿湖的宾川、邓川、永建、巍山等县棉花、甘蔗和水稻产区，历年却缺水灌溉。现在沿湖计划引用两亿五千万立方米洱海的水灌溉四十七万亩农田。"这一引水工程规划有三项：一是1958年2月至6月计划完成的邓川县北部双廊（现属大理市）的3 088米"引洱济黄（黄坪）"隧道；二是采取明渠加隧道自流方案的"引洱入宾"工程；三是设计隧道长4 428米的"引洱入巍"工程。以上工程，除"引洱入宾"工程外皆因财力、技术等条件不济而未果。

20世纪60年代，随着电力工业的发展，农村电网逐步形成，大理市进入以电力代替机械提水的起步阶段。至1970年，全市电力抽水站达32站，51级，89台，装机容量为4 216千瓦，控制灌溉面积67 585亩。但是提水工程建设进展缓慢，至1980年，境内有电力抽水站共155级，装机284台，装机容量为18 465.5千瓦，有效灌溉面积达90 835亩。20世纪80年代，水利工程建设进入以建设万亩抽水站为主的更新、改造建设阶段。大理市继20世纪70年代末始建的凤仪波罗江万亩抽水站后，先后又建成前进、城南万亩灌区抽水站，江上、白塔河、富美邑万亩灌区抽水站也竣工投入使用。另外对大庄、周城、南村、仁里邑等部分抽水站进行改造扩建。至1989年底，除地下井、喷灌和水轮泵等机电提水工程外，全市共有电力抽水站98站，220级，384台，装机容量达19 461千瓦，有效灌溉面积10.5万亩。其中，直接提取洱海水的环湖（海）泵站有59站，155级，118台，装机容量为7 652千瓦，有效灌溉面积98 371亩。全市基本实现旱涝保收。

到2000年，洱海环湖农用泵站共有81站、205级，装有水泵367台，装机容量为22.378千瓦，一级站合计流量为40.996立方米/秒。其中，大理市的波罗江、前进、城南、江上、富美邑、白塔河、城北等7座为万亩以上骨干泵站，共26级78台水泵，一级站提水流量达14.56立方米/秒，占洱海环湖泵站一级站提水流量（40.966立方米/秒）的35.52%。洱海环湖泵站总控制灌溉面积15.24万亩，占环湖11个乡镇总耕地面积（21.046万亩）的72.42%。年取水量达0.91亿立方米（600立方米/亩）。

（三）供水用水

洱海是下关城区主要生活用水和工业用水的主要水源。历史上,城区居民生活用水主要饮用井水、洱海水和溪涧水。中华人民共和国成立以后,随着工农业生产和市政建设的发展,城区供水已成为新的课题。1964 年,下关市自来水厂开始在苍山斜阳峰东麓兴建文庙自来水厂,工程设计规模达 4 000 吨/日,投资55 万元,重力式供水,引溪涧水供城区部分单位及居民 1.4 万人生活用水。后因自然生态变化,水源减少,加上城市规模不断扩大,人口日益增加,文庙自来水厂的供水能力已不适应新形势的需求。1969 年,当局在洱海南岸的团山新建自来水厂,提取洱海水,于 1971 年建成投产,供水量达 3 000 吨/日。1977 年、1987年两年,相关部门对该自来水厂进行扩建,并与文庙自来水厂联成一体运行,共耗资 353 万元。供水规模由原来的 3 000 吨/日增加到 2.0 万吨/日,供用人数达10.5 万人,年取洱海水 750 万立方米。1990 年,实际供水量为 832.88 万立方米。

1990 年,下关城区厂矿企业较为集中,生产用水直接从洱海提取的有大理州水泥厂、大理市肉联厂、大理州造纸厂、云南人造纤维厂、市氮肥厂、市洱滨纸厂、下关纸板厂、市化工厂、滇西纺织印染厂、滇西地震预报试验场、州水产工作站、团山公园、市自来水公司、滇西电业局(发电用水)等 14 个厂矿企事业单位。安装不同类型的水泵 25 台,总容量为 2 450 千瓦,年发电用水约 4 亿～7 亿立方米,生产用水达 2 000 万立方米,生活用水达 802 万立方米,农灌用水约 1～1.5亿立方米。

按大理市 2001—2004 年实际供水量计算,城市人均综合用水平均值 350升。另据 2017 年《大理市年鉴》统计,全市城市供水综合生产能力为 11.8 万立方米/日,年供水总量 4 321.01 万立方米。用水人口 30.35 万人,人均日生活用水量为 220 升;生产用水 676.4 万立方米,公共服务及其他用水为 599 万立方米和 794 万立方米,居民用水为 1 840 万立方米。2019 年,大理市建成 13 座城乡自来水厂。

关于居民饮用水问题,有识之士认为,在治理洱海的措施有"清水入湖"的内容,将十八溪两岸的取水点一律封堵,让苍山泉水直接流入洱海,与Ⅲ类水混合后,再由自来水厂抽取供市民饮用。但市民仍然习惯络绎不绝地往溪口接水背回家饮用,蔚然成风。这是一种悖论。不如放宽引水渠道,让市民付费取苍山水饮用。

（四）洱河电站

1961年，著名文化人郭沫若先生来到洱海出口处的天生桥，高声吟诗道："天生桥上水如雷，洱海西流不复回。水力自然成电力，人威毕竟助天威。"确实，西洱河出洱海流经下关，然后逆"河水东向不回头"，缓缓往西奔腾。西段河道穿行于深山峡谷之间，地势陡峻、水流湍急、落差太大。从洱海大关邑出海口至大合江注入漾濞江，河长23公里，天然落差约610米，而且有天然水库洱海充裕的水源，具有得天独厚的优势，其理论蕴藏量为26.88万千瓦，是修建水电站的最佳位置。

酝酿开发西洱河水能资源，由来已久。

1937年，西南联合大学在昆明成立。国民党政府急需能源，与清华大学合作成立了云南省水力发电勘测队，并于1939年对省内河流进行勘测。发现洱海容量大，是一个自然蓄水库。于是，首先开发利用西洱河水电资源的是下关天生桥下游大渔田玉龙水电站。于民国29年（1940年）进行查勘，民国31年（1942年），根据当地"天生玉龙，身长七五"的民谣在天生桥至大渔田建玉龙电站。工程历经一年零两个月于1946年竣工发电。电站装有2台100千瓦发电机组，年发电量为37.68万千瓦时，引水流量共3.0立方米/秒，最大流量为3.7立方米/秒。以后不断挖潜配套，提高发电效益，发电量在原有基础上不断增加，将年发电量提高到200万千瓦时。

1965年，人民政府在西洱河谷塘子铺（温泉）村西扩建朝地田电站。电站1958年1月15日开工建设，1963年7月竣工，500千瓦装机2台、1000千瓦和3000千瓦各装机1台，共4台机组，容量共5000千瓦，引水流量15立方米/秒，年发电量2847万千瓦时，引水量3.07亿立方米。朝地田电站是大理州20世纪50年代建设的第一座州属骨干电站，在西洱河梯级电站的建设中发挥了重要的作用。

在西洱河所建的电站中，至今一直有争议的是西洱河梯级电站。1958年，为适应生产生活的需求，云南省决定全面规划和开发洱海水能资源。当时认为，洱海是一个优良的天然调节水库，可进行径流调节，落差集中，自然条件优越，宜于兴建电站，而且经济指标好，单位千瓦投资及电能成本较低，具有优先的开发条件。至于电站建成后的负面影响，在当时战天斗地热潮高涨中，谁也没有预见，从而留下了隐患。

西洱河梯级电站自1958年10月1日开工至1987年12月18日全部竣工投产，历时29年，总投资5.1亿元人民币。电站年发电量10.7亿千瓦时，引用水 9.03 亿立方米。四级站首先开工建设,装有 4 台 1.25 万千瓦水轮发电机组,落差 122.5 米,引用流量 55 立方米/秒。1971 年 12 月 26 日,第一台机组发电到 1977 年 11 月 27 日 4 台机组全部建成发电,年发电量 2.3 亿千瓦时。一级站装 3 台 3.5 万千瓦混流式水轮发电机组,落差 246.5 米,引用流量 57 立方米/秒。1979 年 10 月 1 日第一台机组发电,到 1980 年 12 月却每日 3 台机组全部发电,年发电量 4.14 亿千瓦时。二级站装有 4 台 1.25 万千瓦水轮发电机组,落差 121 米,引用流量 55 立方米/秒。1978 年 7 月 1 日第一台机组发电,到 1980 年 12 月 2 日,4 台机组全部发电。年发电量 2.2 亿千瓦时。三级站装有 2 台 2.5 万千瓦水轮发电机组,落差 112.5 米,引用流量 54.8 立方米/秒。1987 年 10 月 22 日第一台机组发电,到同年 12 月 18 日第 2 台机组发电。年发电量 2.12 千瓦时。整个梯级电站从第一台机组发电到 2005 年止,累计发电 202.62 亿千瓦时。

从 1971 年 12 月 26 日四级电站 4 号机组发电,至 1987 年 12 月 18 日最后一台发电机组建成投产,年平均发电量 8 亿千瓦时,最高年(1993 年)年发电量 12.73 亿千瓦时。50 年来,累计发电约 250 多亿千瓦时,对云南省和大理州经济发展起到了重要的促进作用。

至今,西洱河电站(见表 2 - 10)在云南电网中仍然具有重要的调峰、降调、调频、事故备用和补偿调节作用,是滇西电网的电压支撑,对本地区电压质量的提高和在电网发生事故时发挥了极其重要的作用。

表 2 - 10 西洱河梯级电站历年发电量统计表   单位:亿千瓦时

年份	发电量	年份	发电量	年份	发电量
1971	0.003 236	1986	9.495 93	2001	11.25
1972	0.461 62	1987	8.949 1	2002	12.39
1973	0.647 74	1988	6.325 54	2003	7.82
1974	0.827 05	1989	5.91	2004	5.65
1975	1.090 45	1990	10.29	2005	6.22
1976	1.286 4	1991	11.63	2013	1.022 71
1977	1.455 144	1992	10.57	2014	1.648 87
1978	2.230 545	1993	12.73	2015	1.939 4
1979	3.669 097	1994	7.53	2016	5.999 27
1980	6.313 391	1995	8.47	2017	5.281 62
1981	7.436 824	1996	10.38	2018	5.452 73
1982	3.985 74	1997	5.64	2019	6.660 08
1983	2.569 376	1998	5.88	2020.08.31	4.727 8
1984	4.998 34	1999	6.79		
1985	9.059 34	2000	12.36		

西洱河梯级电站是洱海用水大户,自 1987 年 12 月 28 日最后一台发电机组建成投产以来至 2002 年止,年均引用洱海水 7.22 亿立方米,占洱海多年平均出水量的 86.1%。其中,有 7 个年份泄洪弃水共计 17.29 亿立方米,占 10.6%。

这项浩大的改造大自然的壮举,也许可以称作前无古人的"利民"工程。然而,在开发委员会的方针中,我们压根底儿没有看到"保护洱海"一类的字样。对此,洱海出问题后有人说:"建设水电站时因对洱海生态环境效益未做科学论证,留下了种种隐患。"

1969 年以前,洱海地区城市规模小,交通闭塞,经济不发达,科技落后,生产力低,只提取少量洱海水用于农业、工业生产,对湖体的干扰不大,洱海生态完全处于自然状态。也就是说,在西洱河四级电站未投入运行前,洱海水位稳定在 1972.96 米至 1974 米之间,从未低于 1972.96 米。但到了 20 世纪 80 年代,电站建成运行后,发电用水量增加,又接连遭遇两个枯水年。洱海水位骤然降至历史最低水位 1962.21 米(海防高程),比自然最低水位 1964.65 米还少,库容缩小 4.6 亿立方米左右。从此,洱海水资源出现第一危机,发生和出现了一系列出乎人们意料之外的生态变化:一是湖域面积缩小,容积减少;二是影响农灌水泵站抽水;三是引起入海的 70 多条河流河口跌坎严重冲刷,大量泥沙填堵充斥洱海。四是地下水位下降,导致农田灌溉需水量猛增,民用水井普遍干涸,人畜饮水发生严重困难,沿海菜地浇不上水,引起城市蔬菜供应紧张,一些地区田毁桥塌,地面开裂,房屋倾倒,群众生命财产受到威胁;五是水生动植物种群发生变化。因有四分之一左右的水面呈现沼泽化状态,洱海名贵鱼种及其他土著鱼种失去了产卵繁殖场所而趋于消亡,如特有鱼种裂腹鱼(弓鱼)消亡。由于水位变化,洱海的珍稀水生植物海菜花群落日益衰退;六是水质变碱;七是大片浅水带和湖滨沼泽化出现,沿湖堤柳干枯,景观减色。湖滩地的扩张,带来环境创伤的难题,如大理沙村海心亭变成了田中亭等;八是海内及沿岸主要河道水运条件退化,多数码头失去停泊功能,给人民生产、生活及旅游业造成困难。总之,由于诸多违反自然规律的举措发生,疏通变成祸端,洱海陷入病态。

自然生态的平衡是自然界永生的基石。在一定时间内生态系统中的生物和环境之间、生物各个种群之间,通过能量流动、物质循环和信息传递,使相互之间达到高度适应、协调和统一的状态。也就是说当生态系统处于平衡状态时,系统内各部分之间保持一定的比例关系,能量、物质的输入与输出在较长时间内趋于相等,结构和功能相对稳定,在受到外来干扰时,能通过自我调节恢复到初始的稳定状态。

　　对此,中国环境科学研究院金相灿教授认为:"近二十多年来,由于工业与生活用水及发电用水的增加,洱海水位呈明显下降趋势。1952—1968年间,洱海平均水位为1974.06米,1970—1979年间降至1973.53米,至1986年前又降至1972.18米,1983年7月出现历史最低水位1970.52米,湖面积减少36.4%,容积减少23.8%。水位下降使得大量湖滨湿地面积消失,许多湿生、挺水植物如六蕊稻草等从洱海消失,而挺水植物芦苇、菱草分布面积大大减小,某些水禽和鱼类因生境丧失而消失或濒临灭绝。湖滨带生物多样性也降低,对污染物的净化能力大大降低。洱海湖周人为活动较为强烈,改造湿地修建水田、侵占滩地围建鱼塘、填筑宅基地和填海建码头,蚕食湖滨带现象非常严重,先后侵占滩地10 666.5亩,这使洱海湖滨带生态结构受到很大破坏,湖滨带自然群落的生态结构破坏殆尽,湖滨植被残剩无几,湖滨带的截污过滤、净化水质的功能减弱。同时湖滨生境恶化,使得栖息、产卵于湖滨浅水区的鱼类和其他生物不断减少,生物多样性减小。"

　　接踵而至的是,20世纪90年代洱海由贫中营养型变为中富营养型,正处于中营养向富营养湖泊过渡。洱海面源污染加大,主要是农村生活垃圾、污水、人畜粪便、农药化肥流失、水土流失、机动船、含磷洗涤剂等造成的。1996年9月1日洱海蓝藻暴发,全湖形成"水华",首次引发了饮水安全危机。

　　杨永宏在《战略环评的探索与实践》一书中说:"洱海生态功能的演变与人类保护和开发利用资源密切相关。20世纪70年代,洱海浮游生物种类丰富,大型水生维管束植物处于相对稳定状态,鱼类种群以土著鱼类为主,整个湖泊生态系统物质量流动处于良性状态。西洱河电站建成发电后,造成洱海水位下降,改变了弓鱼等土著鱼类的生存环境,影响了其种群的再生能力,造成土著鱼类资源衰退,洱海生态系统原有的物质循环和能量流动被打破,生态功能发生明显紊乱。洱海水位下降后,沿岸水草向深水区蔓延,水草分布向深水区扩张,但由于水草不为人类利用,春季大量生长,冬季大量死亡,湖泊沼泽化现象明显。随着洱海流域人口压力的增大,人类对洱海的开发利用不断增强,但在对高原湖泊生态系统认识不足的情况下,也采取了一些大规模的错误做法。如引进外来物种、开垦农田、发展湖区网箱养鱼,湖滨区建鱼塘、建房,发展洱海机动渔船和拖网,过度捕捞等。同时,改变了洱海湖泊沿岸形态特征和水陆交错带生态环境,直接破坏水生植被,造成洱海水生植被资源趋向衰退。流域未经处理的工农业废水直接排入洱海,湖泊水体透明度降低,富营养化程度加重。以上众多因素综合作用的结果,最终导致洱海生物多样性维护能力、自然净化能力、抗干扰能力的降低,造成洱海生态系统从稳定状态演替到不稳定的退化状态,生态系统基本类型由'草型湖泊'转化成'藻型湖泊'。"文章对洱海生态现状的评价是:"洱海生态系统结构的变化影响其生态功能,水生植被种类减少和种群变迁极大地改变了生态系统的环境。目前,洱海生态系统状况与历史上良性循环时期相比,生物多样性、结构复杂性、空间异质性均较低,整个系统物质循环和能量流动的复杂关系并没有建立,系统对环境变化的缓冲和适应能力不高,对环境胁迫的抗逆能力较低,整个生态系统已经变得十分脆弱。"

(五)"引洱入宾"

明朝万历元年冬,御史邹应龙平寇后来到宾川,见到面前的景象让他颇为诧异:"(宾川)州西二十里,见土地膴美,何不加耒耜?"随行告诉他:"无水。"因此他动员大家筑了水塘,"引泉注之",解决了部分农田用水,使"无水而有水,失田而得田,斥卤之地行且变为沃壤矣"。老百姓感其恩,建祠祀邹公与孔明像一起供奉。邹公塘容水虽有限,但在滴水贵若金的宾川,这是何等珍贵的创举啊!

宾川离洱海仅一山之隔,但由于四山如城,有别于大理,属中亚热带冬干夏湿低纬度高原季风气候区。也就是说,宾川地热充足,土地肥沃,素有"天然温室"之称,但年平均降雨量不足 600 毫米,为全省最少,加上水源奇缺,旱情十分严重。早在古代就有洱海引水的传说,据雍正《宾川州志·灾异·河孔通泉》记载:"河子孔,在鸡足山下,又名盒子孔,即丰乐溪也。水源自洱河东,青山圣母港流入山腹。昔有人饭此,失盒水中。明日,过鸡山见盒自孔中流出,故名。"宾居一地还有"祭通洱溪之神宾居大王节",传说大王叫张敬。他协助观音制服罗刹,观音赐以大王,并用拐杖戳开大山,"神通洱海",引变了宾居十年九旱的灾难。故大王节时众人以牺醴昭告:"培我田亩,惠我农夫,赡我民食。"一直到 1939 年,人们才有较为科学的设想。当时编修的《宾川县志》稿记载:"宾川在洱海之东,地势较低数十丈,自令山镇三棵树山峡开河渠,直达海滨,筑堤置闸,引洱海水入宾,灌溉中北二区,计可增辟农田数万顷。"这些传说和设想成了宾川人的宿愿,故民间有引洱入宾"清朝想,民国议"的谚语。但在当时条件下,要想实现致富的愿望,谈何容易。

中华人民共和国建立之后,人民迫切向往的大事得以提上政府的议事日程。1951 年 3 月,云南省和大理州有关部门在下关讨论洱海水应当满足外域包括宾川等县 50 万亩耕地的用水问题。1958 年 3 月,云南省副省长张冲率工程技术人员视察引洱入宾工程现场,指示勘测设计,同年 4 月,工程第一次上马,采用明渠加隧道的施工方案：动工打洞。当已掘进 523 米，并衬砌 113 米时，终因人力、物力不足，于 1961 年停工。

直至 1972 年，大理州派出汪修章、段诚忠和陈善述等 3 人，向云南省"革命委员会"报告"引洱入宾"工程再次上马的请示，得到同意。3 月，指挥部即时成立，再次上马 800 余人。翌年 1 月，打钻孔 14 个，总进尺 2 042.59 米。由于与西洱河发电站之间用水矛盾难以解决，工程第二次下马。1974 年，云南省采用地球物理勘探技术，在干旱坝区宾川和弥勒滇西、滇东两地探水。宾川在 170 平方公里内普查出 10 个洪积扇、一条古河道，定井 316 口（其中成井配套 186 口）。查清地下水的分布，为打井抗旱提供了依据，此项技术获得 1978 年云南省科技成果一等奖。随后，宾川掀起打井抗旱热潮，由此造成竭泽而渔的不良后果。

1980 年 5 月，水利部长钱正英到宾川考察水利。1982 年宾川遭遇特大干旱，年降雨量仅 304.4 毫米，全县水库蓄水 552 万立方米，除去死库容 496 万立方米，只有 56 万立方米可供灌溉。当年粮食产量仅 6 587 万斤，比 1952 年产 7 952 万斤还低。历史再次无情地证明了宾川穷在干旱、苦在干旱，而且靠境内的水资源无法解决宾川的干旱。时任县委书记的王加明于 1982 年 6 月和 1983 年 5 月两次写信给中共云南省委、大理州委报告宾川严重干旱的情况，并要求重启"引洱入宾"工程。报告还明确提出从洱海每年给宾川 5 000 万立方米的水，把海稍水库灌满，是使宾川改变干旱面貌的唯一出路。

1983 年，云南省政府经济技术研究中心，根据省领导的指示，把"洱海水资源的开发及其综合利用研究"列入中心直接抓的重点课题之一。9 月，中心总干事谭庆麟带领专家组到大理州，对洱海水资源开发及其综合利用进行调查研究，并向省政府提交了"关于洱海水资源开发及其综合利用的初步意见"。1984 年 3 月 5 日至 9 日，由和志强副省长主持在下关召开专题讨论会，有 30 个单位的领导、专家和技术人员共 51 人参加会议。会议讨论了洱海的生态环境、引洱入宾等问题。和志强副省长在总结中说："我个人意见赞成引洱济宾，并将提交省长办公会议讨论。"之后，省人民政府行文批准进行引洱入宾工程前期工作，由大理州人民政府组建引洱入宾工程指挥部，在 1958 年和 1971 年的基础上补勘测设计，完成了引洱入宾工程规划可行性研究报告以及设计任务书。1985 年，水电部批准工程任务书，批准年均引水量 5 000 万立方米。同年 12 月 28 日，大理州引洱入宾工程处与铁道部第二设计院第三勘测设计总队签订补勘测设计合同书。1986 年 1 月 5 日，勘探队伍进入现场开展工作，4 月，完成设计任务。隧洞工程由铁道部第五工程局第五工程处承包。1987 年 3 月 5 日，工程在大理市海东乡南村隆重举行开工典礼,省长和志强为开工剪彩。1988 年 12 月,渠系建设开工,组成宾川县引洱入宾渠系建设指挥部,负责渠系工程的施工。工程中,老青山隧洞是一块硬骨头。隧洞长 7 745 米,通过 13 条断层破碎带,地质复杂,涌水量大,施工艰难。承担隧洞施工的铁五局五处的建设者们克服千难万险,施工中前后有 15 人牺牲。1992 年 5 月 19 日,隧洞全线贯通。1994 年 2 月 23 日,全部完成了隧洞拱墙和抑拱浇筑任务;4 月 25 日,举行通水庆典。

工程包括主体隧洞和输水干渠两大部分,全长 48.46 公里,其中主体隧洞长 7 745 米,过流量 10 立方米/秒,是当时云南第一大隧洞。工程设计灌溉面积 5.8 万亩,受益 7 个乡、3 个国营华侨农场。工程完成土石方 104 万立方米,浇筑混凝土 9.3 万立方米。工程共完成土石方 139.15 万立方米,混凝土方 8.03 万立方米,钢筋混凝土 0.45 万立方米,干砌石方 0.33 万立方米,耗用水泥 3.98 万吨,钢材 6 013.6 吨,木材 5 265 立方米。完成总投资 7 484 万元,其中中央补助 925 万元,云南省补助 4 172 万元,大理州自筹 1 102 万元,宾川县自筹 1 285 万元。

工程完成通水后,年调洱海水 0.5 亿立方米,宾川坝大营、宾居、州城、太和、牛井、力角、乔甸 7 个乡镇和彩凤、太和、宾居 3 个华侨农场受益灌溉 5.8 万亩,占 7 乡镇 3 个农场总耕地的 18.14%。

这一引水工程使宾川成为"水果王国",获得"柑橘之乡""葡萄之乡"的美誉。2016 年,宾川水果总产量达 57.3 万吨,人均产量 15 921 公斤,成为云南省的"水果第一县"。还有冬早蔬菜产量 35.2 万吨,居全省第 16 位。2017 年,全县农林牧业总居全省第五位,农民人均收入 14 029 元。《人民日报》原副总编、知名作家梁衡曾在 2019 年《人民日报》撰文《花果飘香的宾川》,记录了他对宾川的观感。他说:"地理常识,如果在中国找一个县,既长四方花木,又能产南北水果,好像不太可能。但这个悖论却在云南宾川被打破。宾川者,36 万人口的小县,据我所知名不见传,史难留名,南接大理、北连丽江,被挤压在这两大旅游大户的屋檐下,很少发声。但它小康自足,不求达闻,享尽天时地利,正在偷偷地乐。"

(六) 海东新城

2003 年 9 月,云南省人民政府大理城市建设现场办公会召开,会议作出了将大理建设成为辐射面广、带动力强、吸引力大的滇西中心城市的重大战略部署,这就意味着大理需要大量的城市建设用地。然而,大理 70% 是山地、15% 是水域,只有15％是坝区。加之原有城区下关三面环山、一面向海,地域狭窄,城市拓展空间极其有限。凤仪片区的工业区划和建设已初具规模,主要承担大理工业发展的载体作用。同时苍山脚下的海西片区则集中了大理主要的农田以及积淀达2000多年的历史文化资源,苍洱山水和田园风光,必须严加保护、倍加珍惜。正是在这样的历史背景之下,海东开发建设被纳入到了大理滇西中心城市建设的重要位置。会议作出"海东大开发"的重要决策构想,接着大理州开始积极探索"保护坝区良田、保护田园风光,工业项目上山、城镇建设上山"的城乡发展新思路,向山地要空间、向山地要生态、向山地要发展。海东先后成立了大理海东开发办公室、大理海东开发建设管理委员会等机构专事海东开发。然而,由于建设规划不完善、资金投入不足、基础设施建设力度不够、项目落地实施慢、体制机制不顺、政策措施不配套等原因,海东开发整体进展仍然较慢,与云南省委、省人民政府的要求、与加快发展的需要仍有较大差距。2009年3月26—27日,云南省人民政府在大理召开的专题工作会议认为,海东是洱海东部地区,毗邻洱海,集山、海、湾、岛、湿地于一身,既是大理的发展潜力所在,也是滇西中心城市建设的核心。会议还明确提出海东开发的目标和要求:着力加快海东开发,打造高原山地生态城市,加快推进基础设施建设,搞好海东片区与下关老城区和洱海流域城镇建设的对接配套;力争通过15年左右的时间,把海东片区建设成为全省科学发展的榜样、生态城市的榜样和国际化康体休闲度假城市的榜样。

2011年9月,全省保护坝区农田建设山地城镇工作会议在大理召开,海东开发成为热点。2012年3月28日,大理州委、州人民政府出台《关于加快海东山地城市开发建设的意见》,成为海东开发的纲领性文件。领导们雷厉风行,第二天大理州加快海东山地城市开发建设推进大会隆重举行。同时,海东开发建设领导组和顾问组成立,并组建了大理海东开发管理委员会(简称开发委),被授予州级经济管理权限。这次会议作为加快海东开发进程的动员会、部署会、誓师会,再次明确了海东的发展目标:到2015年,基本完成北山片区为中心的城市基础设施配套工程,建成区面积达10平方公里,可容纳城市人口8万人;到2025年,建成区面积达30平方公里,可容纳城市人口25万人,基本实现省人民政府大理专题工作会议提出的总体目标。相关人员3个月内完成了《大理海东新城区中心片区控制性详细规划》的编制修改工作。规划提出在未来的城市格局中,大理古城、下关与海东新城将形成三足鼎立的局势,各具特色,功能互补,代表着大理的历史、现在和未来。

为实现省委、省政府提出的"建得起、建得好、建得美、建出特色"的山地城镇建设要求,海开委落实计划在近一两年内,先建一所小学、一所中学、一所高中。根据规划,新城区内的学校将采取分校制办学,引进州内外现有的优质办学资源。大理技师学院作为海东开发的首家入驻单位,从2010年1月批准建设,2011年10月整体搬迁入驻,仅用了一年多的时间;2015年,大理卫校项目整体搬迁。

按照海东山地新城规划区面积30.88平方公里测算,规划期末的人口约为16万多。届时,区域内的小学生将达1.28万人、中学生将达8000人,因此在这个区域内根据不同的片区,将分散布局6所小学、5所中学,其中,有3所初级中学和2所完全中学。

到2015年,已完成建设项目13个,组织新开工建设项目24个;共签订投资合作协议41项,协议投资额482亿元,到位资金44.34亿元;完成融资64.7亿元,完成土地征用47773亩,完成道路(路基)建设44.63公里,给排水管网铺设62.89公里,铺设电力专线34.1公里,土石方3095万立方米。

然而,海东开发面临很多先天性的困难。就地质环境而言,这里年平均降雨量为565毫米,仅为大理市年平均降雨量的一半,地形多为山地,其地质结构为碳酸盐,碳酸盐岩分布区岩溶含水层中的地下水深埋,砂、板岩分布区属裂隙弱含水层,水量贫乏,雨季洪水泛滥,旱季水源紧张,属贫水地区,尤其缺乏农灌水源。诸多不利因素,导致海东山地植被稀少,湖岸山地贫瘠。还有,海东的海岸线长达70公里,国土面积占大理市国土面积的33%,但总体上仍属经济欠发达地区,发展模式一直以传统农业为主,工业基础薄弱,财政收入仅占全市的2%,农民人均纯收入比全市低26%。目前,海东仍是大理市发展最为缓慢、最贫困的地区之一。

更为严重的是,人们往往忽视了一个重要的自然铁律,那就是环境的承受力问题。按照国际公式来推算,洱海流域最佳的居住人口为20万,50万人是极限。而目前,洱海流域已有82万人口。任何一届政府对当地都有发展的欲望,有GDP的要求,但是大理不一样,大理是保护优先,大理的原则是让洱海休养生息。目前,大理存在的问题在于财力有限,投入不足。

在2019年云南省人代会上,省长阮成发提出:要扩大洱海保护核心区范围,停止海东新区开发建设,下大力气解决好洱海周边房地产过度开发、旅游无序发展、产业结构不优、全流域治理不够等难题。走绿色发展之路,把洱海保护治理与产业转型发展有机结合起来,大力推进智慧旅游、数字农业和生态农业等。为此,海开委重新调整了海东开发规划面积和人口数量,将规划面积从 140 平方公里调减到 53.89 平方公里,建设布局密度控制在 40％以内,平均容积率控制在 1.2 以内,到 2025 年的人口规模从 25 万人调减到 15 万人,将综合绿地率提高到 85％以上,严格控制海东开发的规模。

治 理 篇

洱海治理由来已久。可以分为疏理和治污两方面。

至少在 20 世纪末,洱海水质是达标的,可以直接用手捧起来喝,水患主要是泛滥。所以当年治理侧重于疏理。

明代白族文人李元阳在《洱海兴造记》《肃政使白岳王公息患记》两文中就记载了两位从外地来大理任职的官吏疏理洱海的事迹。前者讲的是明嘉靖三十九年(1560 年)云南按察副使沈桥来大理视察,见洱海"水政废坏,蓄泄无论。膏腴之地,鞠为灌莽",于是花了四个多月时间,带领军民疏通水利,造福人民。后者则是明万历丙子(1576 年)间,另一位按察使王希元来大理,见积雨时节,涧溪暴涨、田畴漂没,于是率领当地民众"疏其壅滞、塞其啮缺、绝其后虞,山翠江清、依然乐土,农人歌咏"的故事。

到了近代,随着人口的剧增和经济的发展,水质的污染成了治理方式的突出问题。这应了奥尔多·利奥波德的那句名言:"土地是一个群落,是生态的一个基本元素,是应该被爱护和尊敬的。这是我们能做到的一种道德上的延伸。"然而,曾经是"黑龙和黄龙"疏与堵"的矛盾在潜移默化中转化为对水力超负荷的索取,洱海水位骤然下降至三米。随着废水的增多,洱海出现了过去一般人闻所未闻的富营养化趋向,进而再出现蓝藻暴发,臭气熏天。2012 年,全国人大环境资源委主任委员汪光焘撰专文写道:"洱海是云南省第二大高原淡水湖泊,是大理市主要饮用水源地,是大理人民的'母亲湖'。自 20 世纪 80 年代以来,由于周围开发过度,生态破坏严重,入湖污染负荷不断增加,1996 年和 2003 年,洱海两次暴发蓝藻,特别是 2003 年 7、8、9 三个月洱海水质急剧恶化,透明度降至历史最低(不足 1 米),局部区域水质下降到了地表水 Ⅳ 类。农业农村面源污染是洱海的主要污染源,化学需氧量、总氮、总磷污染负荷入湖贡献率分别占流域的90%、72%、68%。"这对于继云南高原第一大湖滇池严重污染之后遭此噩耗的第二大湖,这一信号传达了云南环境的重大危机。洱海水质导致的水安全危机,引起了云南省委、省人民政府及有关部门的高度重视,大理州委、州人民政府重新审视经济社会发展与生态环境保护的关系,果断采取了各项重大举措。当时,大理作为一个欠发达地区,有 9 个国家级贫困县,2 个省级贫困县,推动发展任务十分艰巨;而洱海流域又是滇西中心城市核心区,是大理重要的人口聚居区,经济发展与环境保护矛盾突出。在这样的条件下,大理州从面源污染的源头抓起,全面实施流域综合治理,狠抓落实并取得成效,使洱海成为全国城市近郊保护得最好的湖泊之一,特别是面源污染治理的成功对于全国的面源污染防治和湖泊的治理保护具有重要意义。2009年11月由中国环境科学学会、武汉市人民政府、中国环境科学院和国际湖泊委员会联合主办的"第十三届世界湖泊大会"在武汉举行,会上中国国务院环境保护部部长周生贤以《让江河湖泊休养生息》为题,做了主旨演讲,并提及洱海治理"取得明显成效"。

洱海属于澜沧江水系,也是国际水系。因此,在治理洱海的过程中,除了国家把它列入专门治理项目外,也引起了国际社会的广泛关注。日本丰田汽车公司的参与就是一个最好的例证。在参加保护洱海项目启动仪式和植树活动的丰田汽车(中国)投资有限公司高级主查宫下彻先生曾表示,将一如既往地支持中国青年开展环保事业。他说,早年日本治理琵琶湖污染付出了相当于1700亿元人民币的高昂代价。他希望洱海做到早预防、早治理,重现碧水蓝天迷人景色。2021年,洱海廊道的修造成了大家关注的亮点,这是洱海治理成效显著的一个标志。然而,洱海治理仍任重道远,不可一刻松懈。

一、过程概述

水环境是反映水体可利用的各种水资源及防御水灾害的能力状况,包括自然形成和人工改造形成的能力状况,即自然水环境和社会水环境。水环境治理也就是对围绕人群空间即可直接或间接影响人类生活和发展的水体进行治理,主要包括污染物减排和环境修复,而污染物减排是关键,因此水环境治理应该以污水处理为主,以环境修复为辅。

《中华人民共和国水污染防治法》第三条规定:水污染防治应当坚持预防为主、防治结合、综合治理的原则,优先保护饮用水水源,严格控制工业污染、城镇生活污染,防治农业面源污染,积极推进生态治理工程建设,预防、控制和减少水环境污染和生态破坏。治理的最终目的是水环境和水质的改善,让人们真正看到水清岸绿、鱼翔浅底的自然形态。

2015年,大理州《洱海保护治理与流域生态建设"十三五"规划(2016—2020年)》提出,力争在"十三五"期间基本完成洱海保护工程性项目建设,重点实施截污治污、入湖河道综合治理、流域生态建设、水资源统筹利用、产业结构调整、流域监管等"六大工程",推动洱海保护治理从"□湖之治"到"生态之治"转变,保护方式从"保护为主"向"防治结合"转变,保护主体从"部门为主"向"全民共治"转变。2016 年 11 月,云南省委、省人民政府作出"采取断然措施,开启抢救模式,保护好洱海流域水环境"的重要决策。中共大理州委、州人民政府迅速行动,合力推进流域"两违"整治、村镇"两污"治理、农业面源污染减量、节水治水生态修复、截污治污工程提速、流域综合执法监管、全民保护洱海等"七大行动",更加全面地打响了洱海保护治理的攻坚战。2017 年 3 月 31 日,大理市人民政府发布了一则被称为"洱海最严保护令"的通告,要求在当年 4 月 10 日前,洱海流域水生态保护区核心区内的餐饮客栈要全部暂停营业;房屋建设手续合法且法定必备证照齐全的餐饮、客栈经营户,必须自建污水处理设施,经验收合格后才可以继续营业。与此同时,核心区的土地也要进行流转,用来发展生态农业或进行生态修复,投资 215 亿元的 121 个项目在洱海流域实施。

2018 年 11 月,大理州围绕"改善水生态、健康水循环"的目标,按照"截控拆调绿补治管"八字方针,成立了大理州洱海保护治理及流域转型发展工作领导小组,制定了以打好环湖截污、生态搬迁、矿山整治、农业面源污染、河道治理、环湖生态修复、水质改善提升、过度开发建设治理为主的"八大攻坚战"系列专项方案。开启了洱海保护治理及流域转型发展的新征程,全力推进洱海流域绿色生产生活方式的革命性转变。将洱海水质和水环境承载力作为刚性约束,不断优化以洱海流域为核心的"1 市+6 县"区域生产空间、生活空间和生态空间布局,构建流域绿色发展。

总之,人们对于环境与发展之间关系的认识有着一段不断探索和逐步深化的过程。即由不自觉到逐步自觉,由无机构专管到设立专职环境机构并逐步加强管理,由基本无法可依到逐步建立并完善环境管理方面的法律体系,由单部门少数人行动到多部门协作行动乃至于群众团体扩大参与的渐进发展的过程。

1992 年 6 月 3 日至 14 日联合国在巴西里约热内卢举行了环境与发展大会(又称"地球会议")。这次大会是继 1972 年瑞典斯德哥尔摩举行的联合国人类环境大会之后,环境与发展领域中规模最大、级别最高的一次国际会议。大会的会徽是一只巨手托起插着一支鲜嫩树枝的地球,它向人们昭示"地球在我们手中"。里约会议的宗旨是回顾第一次人类环境大会召开后 20 年来全球环境保护的历程,敦促各国政府和公众采取积极措施协调合作,防止环境污染和生态恶化,是首次将世界各国领导聚集一堂专门讨论环境与发展问题的联合国大会,开启了人类发展史上的新里程,对人类的可持续发展具有里程碑意义。大会召开前夕,中国政府与各国际友好政府和环境界著名人士协商,建立了中国环境与发展国际合作委员会(简称国合会),对一系列环境与发展问题开展调查研究,广泛吸收国际上在这方面的先进经验,定期向中国政府提出改进和协调环境与发展问题的相关政策建议,得到了中国政府和各有关部门的重视,取得良好效果。

洱海的保护和治理适逢其时,从此明确改变了自古以来人们只注重水量的盈与欠对人类的危害而忽略水质保护的局限认知,明确了环境治理的新理念。

(一) 历史回眸

日本近代水科学家江本胜在《水知道答案》一书中说:"水是一种生命,人的身体百分之七十是由水构成的。了解水就等于了解宇宙、大自然,乃至生命的全部。"其实,不仅对于人类,星球上所有的生命无一例外地依赖于水而生存。水利或水患与人类命运攸关。2011年的中央一号文件《中共中央国务院关于加快水利改革发展的决定》曾指出:"水是生命之源、生产之要、生态之基。水利是现代农业建设不可或缺的首要条件,是经济社会发展不可替代的基础支撑,是生态环境改善不可分割的保障系统。"从远古洪荒起,我们的先民们便始终在水环境祸福相随的状态中挣扎。古人说"水能载舟,亦能覆舟",这种自然法则永远值得追求安居乐业的人们深刻反思。

过去,对洱海充满好奇心态的外来客,总是竭尽赞美之辞,推崇这"浩荡汪洋,烟波无际"的高原淡水湖泊,属于"见江山之美之足称者"(元代使臣郭松年《大理行记》)。他们对世代生于斯居于斯的人群缺乏全面的了解,这些人群在享受着洱海恩惠的同时,也沉痛地经受着洱海的摧残。

世界各民族几乎都有创世神话,白族也有自己的"创世纪"。传说远古时候,大雨滂沱,山洪暴发,天崩地裂,洪水滔天,江河四溢,一派茫茫,没有了太阳和月亮。这样灭顶的洪荒惨景,以神化了的传说折射在白族集体无意识的恐怖之中。这些故事固然反映出先民们的无奈,但追求生存却是人类自强不息的本能,灭顶之灾的结局最终是新世纪的诞生。"创世纪"中提及是慈悲为怀的观音大士将兄妹俩作为人种藏在金鼓里从而赓续了万民。洪水退后,虽然苍山洱海(大理一带)仍"为泽国,水居陆之半,为恶魔鬼罗刹(兴风作浪水患的象征)所据"(万历《云南通志》)"时观音大士开疆,水退、林霁,人不敢入"(元代《白古通记》)。于是,"有二鹤,自河尾日行其中,人始尾鹤而入。刊斩渐开,果得平土而居"(元代《白古通记》),得以新生。

古代,人们传统的治水方式不外乎堵塞、疏通和筑堤等趋利避患的三种策略,至于水的清浊(水质)则很少有人去关注。白族有句"水淌三尺清"的俗语,人们认为不必忧虑水的结局,流淌一段之后的水自然会恢复清澈。虽然他们的习俗中有诸多拜祭水神的礼仪,无非只是祈求风调雨顺的表征。于是,对水的治理危则固堤、泛则疏浚。

古代洱海治理中源头弥苴河与西洱河尾闾间的疏堵最为典型。据崇祯《邓川州志》载"弥苴佉江(即弥苴河)堤,在平川之中,一州之大利大害也。河高田低,开渠放水,灌溉百川,是谓大利;秋淫堤决,淹没万亩,是谓大害。"尤其是弥苴河入洱海处的治理一直成为当政者的要务,历来备受重视。清咸丰《邓川州志》亦记载,"(川)中为利害之大者曰弥苴佉江,源出浪穹茈碧湖,合弥茨、凤羽二河,挟沙带石,澎湃砰訇而来,注蒲陀、穿邓境,河底高与屋齐","岁役民夫六万浚之,筑堤障之,始克顺流"。其中还记录了一位名叫罗时的村民开疏弥苴佉江入洱海段河部尾闾段的千古佳话:传说早在南诏时,有"罗时江者,西川诸水旧由玉案山东北入弥苴佉江,江涨难容,每为患。唐季,罗时偕弟凤凿山分泄之,人食其泽,故以名名江,示不忘也。"

纵观近来有关部门编写的《洱海管理志》和《档案中的大理洱海保护》两书均记载了历史上洱海"海尾闾"(指西洱河口)的疏浚举措,充分说明前人对水患疏通的重视。在《洱海管理志·大事记》中从唐代起至 1962 年为止的数千年里有 20 多项治理条目;而《档案中的大理洱海保护》详实地记录了民国时期官方动员民间力量的疏理浩大行动有两次:一次是在 1940 年 3 月,楚大师管区签发通知召集洱海周边各县,令出民工修挖洱河尾闾;1948 年 10 月,云南省第十一区行政督察专员周淦,倡议大理、邓川、凤仪、洱源、宾川五县修浚下关水尾,后因故停工。

据清末喜洲举人赵甲南《重建下关子河桥碑记》中记载,"夏秋之交,洱水暴涨,则分流而入子河",子河是"洱河尾闾"的疏水河。应该说,当时治理洱海以导水为主是一项符合实际的决定。

过去,洱海多以水满为患,西洱河段经常淤塞,积水成患,人们忙乎于清淤排水,是符合实际的。"水"的本义是无色无味的液体,水利系于水的流通程度,就如同血脉的通和塞关乎一个人生命一样。

明代白族文人李元阳在形容点苍山三潭清碧溪时写道:"涌沸为潭,深丈许,明莹不可藏针。小石布底累累,如卵如珠,青绿白黑,丽于宝玉,错如霞绮。才有坠叶到潭面,鸟随衔去",这就是流水不腐的结果。过去,洱海渔民可以直接捧海水来喝;当时湖水澄碧无指染,鱼跃鸟欢。在民间,"海水煮海鱼"是洱海最有名的一道美食。

清代洱海源头之一凤羽的知名文人赵辉璧曾有一首咏《清源洞》的诗:"斯龙非潜龙,霖雨望不已。所以澄其源,天地映尺咫。勿言在山清,出山亦如此",意思是洱海之所以清澈,靠的就是"流清源清"。"澄其源"典出《后汉书·郎襄列传》:"澄其源者流清,涸其本者末浊(使那源头本来浑浊的河流浑浊)。"此中的"涸"指使浑浊,"本"指源头,"末"相当于流、河流。

据尚榆民《洱海早期的环境监测》记载:"对洱海水质较全面的环境监测始于1973年。这之前,由大理州水文站在洱海出水口刘家营设有水文观测站,按水利部门的要求对洱海进行水化学分析。"洱海水系调查人员对1973年和1976年洱海分枯丰水期做了监测。尤其是对1975年取得的2 144个数据做了分析整理,得出结论:"洱海水属软水、无色、透明、无特殊臭味,所检测项目绝大多数测定值在国家地面水水标准内;各项平均值均在标准值以下,属天然水源。"

总之,1981年以前洱海的水质是比较好的,污染程度轻,从总氮(TN)、总磷(TP)单项指标评价,属贫至中营养类型湖泊。另外,在20世纪80年代以前的文献中很难见到关于洱海水质的记载。由此可见,当时人们还没有意识到水质的重要性。

(二) 潜在危机

确实,在相当漫长的岁月里,洱海水质与周边的人群相安无大碍。然而,严格地评判,感觉器官认定的无味、透彻等指征还不是科学意义上水质合格的标准。

水质是水体质量的简称。它标志着水体的物理(如色度、浊度、臭味等)、化学(无机物和有机物的含量)和生物(细菌、微生物、浮游生物、底栖生物)的特性及其组成的状况。水质为评价水体质量的状况,规定了一系列水质参数和水质标准,如生活饮用水、工业用水和渔业用水等水质标准。标准规定了生活饮用水和水源水、集中式供水单位、二次供水等涉及生活饮用水卫生安全的要求,以及水质的监测和检验方法等。

洱海属于封闭或半封闭的高原湖泊,流速缓慢,稀释自净能力有限,难以承受超出一定范围的环境污染压力。随着工农业和城市化的快速发展,流域开发诸如围湖造田、森林砍伐、网箱养鱼、湖滨带破坏等活动加剧;加之人们环境意识的淡薄,以及工业废水、生活污水的任意排放等陋习,如20世纪70年代末,洱海周围出现的一些大厂,即1972年试产的大理造纸厂、1973年投产的滇西纺织厂、1975年投产的云南人造纤维厂等,人们曾经陶醉于它们是大理经济发展的亮点。然而曾几何时,人们揪心地看着从这些厂区涌出的奇臭刺鼻的污水奔入洱海。据统计,当时洱海边有重点污染源32个,每年向湖内排泄废水约20 000立方米。1981年1月,大理州人大常委会作出了《关于加强环境保护积极治理"三废"污染的决议》,"禁止在洱海周围新建有严重污染的企业",并把下关地区18家企业作为第一批限期治理单位。在西洱河两岸投资建成了总长7公里的大口径排污干管,将各家排污企业的污水经各支管引入干管,收到成效,但随后由于对污染危害治理的严重性和长期性估计预感不足,从而造成了一些几乎不可收拾的后患。

这正如美国人类学者罗伯特·墨菲所说:"我们在与环境斗争中已经取得了如此巨大的胜利,以致我们已经在毁灭它了。人类文明是人类征服自然的最好例子,它将导致自然对我们的报复。"

(三) 智者先觉

明代白族文人李元阳在《西洱河志》中说:"其诸禽、鲤、鳞、介、蠡、蛤之产,民生之资。榆水(洱海)之于西服(臣服之国),为利溥哉。"洱海曾经给其子民们丰厚的福祉。

《周易·既济》说:"君子以思患而豫防之。"就在众人还安然自得地陶醉在"风花雪月"的境界时,少数的先知先觉者就发出了忧患意识。

早在20世纪70年代末,屡经折腾,苍山十九峰几近光秃,十八溪失去欢歌。面对危机,新中国成立初期曾在大理生活过的著名作家白桦回到苍山下,他在《洱海在呻吟》一文中,沉痛地呼吁:"能够说话的人,请向我们的同志们、同胞们说几句最文明的话吧:——没有常青的山,就没有洁白的云,就没有常绿的水。没有绿水的土地还会有生机吗?"1987年,正当洱海边的人们高枕无忧的时候,有一位大理籍的"两弹一星元勋"王希季对乡亲们发出忠告,他说:"要对我们的资源做一个很好的调查和研究。洱海一定不能污染,世界上这样大、这样干净的湖泊是少有的,至少我没有见过。其他的湖泊被工业化污染得差不多了。有的专家认为农业社会的人都只是考虑过去,工业化的人则考虑现在,信息化的人考虑将来。所以我们要考虑将来,决不能忽视洱海的污染,建设工业也不能走过去的路,要走新式的已经改造过的路,无污染性、应变能力强,然后小和中。现在大企业都在解体,美国钢铁企业的开工率只在百分之四十,我们绝不能再回过头搞大企业。污染、浪费要解决,生态要加以保护,要对子孙负责,不能留给他们'治理污染’这份遗产。”

正如中国先贤管仲所说:"水者,何也? 万物之本原,诸生之宗室也。"也就是说,没有圣洁的水这一载体,什么生意盎然的生气都将荡然无存。因此,在前面探索洱海生物资源时,我们反复表明了它们与水须臾不可分离的关系。这正如西谚所说:"中心之圣洁最为重要,是圣洁的心脏,也就是说,如果心之圣洁被毁灭,所有的圣洁也会被毁灭!"

其实,最关心洱海水资源的是前沿科学工作者。

1983 年,大理州环保局出版的《大理环保》第一期,刊登了沈仁湘、尚榆民等人关于洱海水质的文章。文章说:从 1973 年以来,他们每年都对洱海的污染开展了调查,掌握了近五年来洱海枯丰两期水质污染的监测,并做出分析。结论不容乐观:"就富营养化而言,目前我国大多数湖泊正处于贫-中营养、中营养和中-富营养状况。据南京地理所调查全国 22 个主要湖泊,其中已有 6 个属富营养和重营养,有 5 个属中—富营养。湖泊有迅速向富营养发展的趋势,湖泊富营养化问题已引起各方面的重视。富营养化将恶化水域的感官性状,影响观光游览,水质变坏,引起鱼类窒息或中毒死亡,造成大量浮游生物残体在湖底的积累,加速湖泊衰亡的过程。洱海为年轻的湖泊,环境质量是好的,据南京地理所和大理环保站几年来的监测资料初步判断,洱海属贫—中营养湖泊。尽管如此,由于水位下降,洱海还是发生了一系列生态环境变化。特别是 1982 年水位下降到 1971 米以下,问题就更突出。1982 年 7 月,大理环保站配合南京地理所在洱海深水区和浅水区做了一次试验,观测 pH 值(酸碱度)及溶解氧的昼夜变化情况。深水区选在挖色以西 4 公里的湖面,无水草,水深 16.7 米;浅水区选在团山公园与下关市自来水公司抽水口中间的湖面,水草丰富,水深 3 米。结论如下:洱海虽属贫—中营养湖泊,但随着水草面积以及水生动植物和浮游生物的增多,pH 溶解氧的升高,有向富营养化发展的趋势。这段时间内,应该是适合鱼类繁殖生长的最佳时期,但洱海鱼产量却较前几年一直在下降。如果水位不严加控制,随着富营养化的发展,鱼产量必然要下降。水生动物的排泄物、骸骨、过剩的浮游植物的残体、枯萎死亡的水草,以及冲刷下来的泥沙的沉积,将使湖底增高,浅水区也将沼泽化。这个过程虽然有一段时间,但若放松管理,任其发展,一旦发生了富营养的危害,就非一朝一夕所能根治的事了。"

全面阐述洱海水资源现状的是大理州环保监测站的杜宝汉。他在 1987 年《大理环保》第一期上发表《珍惜水资源保护洱海》长文中论述了这个敏感问题,他写道:"水是人类生命的源泉,也是地球上坏绕储量最丰富的化合物。地球表面约有 70％～80％被水覆盖,面积达 3.6 亿平方千米,平均深度为 3.8 千米,总体积为 13.86 亿立方千米,所以地球素有'水的行星'之称。在这么多水中,海洋的水占 96.5％;陆地上的地面水只占 0.017％,其中又有一半在内海和咸水湖中,淡水总储量为 0.35 亿立方千米,占总水量的 2.53％。淡水湖泊水储量仅为 9.1 万立方千米,占淡水储量的 0.26％,占地球总储量的 0.007％。可见,地球上淡水湖泊水资源并不富裕。然而,如此宝贵的淡水资源正被人们无限制地开发利用,工业及生活'三废'污染、酸化、围湖造田、水土流失淤积、富营养化,许多湖泊生态平衡遭到严重破坏。水质恶化,淡水资源锐减是人类面临的严峻挑战。目前,世界各国要求保护湖泊的呼声越来越高。大理州境内原有淡水湖泊 13 个,由于近数十年来人为活动的影响,已经消亡了 5 个,现存 8 个湖泊中有 2 个已处于衰老、消亡的前期。洱海是云南省第二大湖泊,它具有供水、发电、航运、养殖、调节气候、游览等多种功能。历史上洱海周围曾经是云南省政治、经济、文化中心,现在它在滇西地区仍然占有重要位置。大理作为历史文化名城和全国重点风景名胜区都与洱海的存在密切相关。历史上洱海水体生态平衡维护较好,素有'高原明珠'的美称。由于近十多年来对洱海的某些不合理的开发利用,使其生态环境正在发生变化。随着国民经济的发展,这种生态环境的影响还将不断扩大。洱海的现状及未来发展的趋势如何,合理开发利用的战略思想和防止其生态环境恶化的对策应超前探讨。"

他还呼吁:"联合国在 1977 年即向全世界发出警告:'水不久将成为一项严重的社会危机,石油危机之后的下一个危机便是水。'目前,世界上 60％的地区面临供水不足,一百多个国家缺水。我国 324 个城市中,有 188 个城市不同程度地缺水,其中 40 多个城市严重缺水。全国年缺水量达 350 亿立方米,预计到 2000 年我国年缺水量将达 500 多亿立方米。如果我们不充分认识水资源的宝贵和人类面临的危机,不从现在开始抓水资源合理开发利用的措施,而是恣意开发利用淡水湖泊宝贵的水资源,那么将重蹈世界上一些原来水资源丰富、现在闹水荒国家的覆辙,后果是不堪设想的。"

总之,在人们正陶醉在美景之中怡然自得的时候,清醒的智者却"危言耸听"地发言:洱海危在旦夕,不能等闲视之。

鲁迅在《再论雷峰塔的倒掉》一文中说过:"悲剧是将人生的有价值的东西毁灭给人看。"

1996 年夏末秋初,洱海突发"水华",惊动朝野。

(四) 警钟骤响

流域水环境问题包括水量、水质和水生态等三个问题。通俗地讲,这三个问题可以表达为"水多了、水少了和水脏了"三个方面的问题。水环境的污染是指人类活动中所产生的有害化学物质排入水环境中,超过了水环境的承受能力,而导致化学、物理、生物或放射性等方面特征的改变,造成水的使用价值降低或丧失,从而使水资源使用大大降低,同时导致生态环境的恶化。衡量水质的重要指标:①化学需氧量(COD),是以化学方法测量水样中需要被氧化的还原性物质的量。废水、废水处理厂出水和受污染的水中,能被强氧化剂氧化的物质(一般为有机物)的氧当量。在河流污染和工业废水性质的研究以及废水处理厂的运行管理中,它是一个重要的而且能较快测定的有机物污染参数。②总磷(TP),是水样经消解后将各种形态的磷转变成正磷酸盐后测定的结果,以每升水样含磷毫克数计量。③总氮(TN),在水中的氮含量是衡量水质的重要指标之一。④氨氮,是指水中以游离氨(NH_3)和铵离子(NH_4)形式存在的氮。动物性有机物的含氮量一般较植物性有机物为高。同时,人畜粪便中含氮有机物很不稳定,容易分解成氨。因此,水中氨氮含量增高是指以氨或铵离子形式存在的化合氮。⑤pH值,表示溶液酸碱度的数值,是体现某溶液或物质酸碱度的表示方法。pH值范围分为 0~14,一般从 0~7 属酸性,从 7~14 属碱性,7 为中性。⑥五日生化需氧量(BOD5),它一般以微生物最适宜的温度 20℃作为测定的标准温度,20℃时在 BOD 的测定条件(氧充足、不搅动)下,一般有机物需 20 天才能够基本完成第一阶段的氧化分解过程(完成过程的 99%)。就是说,测定第一阶段的生化需氧量需要 20 天,这在实际工作中是难以做到的。为此又规定了一个标准时间,一般以 5 日作为测定 BOD 的标准时间,因而称之为五日生化需氧量,以BOD5 表示。

20 世纪末,大理市洱海管理局水产技术部门对洱海流域农业生产、畜禽养殖、农村生活污水等面源污染进行调查。调查结果显示,洱海流域农业生产、畜禽养殖、农村生活污水的氮、磷年流失量分别为 13 805.6 吨和 5 671.6 吨。其中,农业生产氮、磷流失量分别为 12 054.4 吨和 5 566.8 吨,占总流失量的87.3%和 98.2%,而大蒜种植所用化肥流失占洱海流域农业生产氮、磷流失量的 59.6%和 31.2%;畜禽养殖氮、磷流失量分别为 1 099 吨和 1.7 吨,分别占总流失量的 8%和 0.2%;生活污水氮、磷流失量分别为 652.2 吨和 93.1 吨,占总流失量的 4.7%和 1.6%。洱海水体现有氮、磷总量分别为 1 652 吨和 70 吨,而洱海允许氮、磷最大负荷分别为 1254.48 吨和 62.72 吨,据此,洱海氮、磷含量已严重超过最大承载值。

虽然藻类生物量较大,但综合评价分却只是刚跨入中营养类型。到了 20 世纪 90 年代,洱海的富营养化急剧发展,以 1996 年最严重。其变化特点首先表现在藻类生物数量从 $151.4×10^4$ 个/升,增高至 $902×10^4$ 个/升和 $850×10^4$ 个/升,优势种也从隐藻、硅藻变化为硅藻和蓝藻。水质监测资料显示优势种的变化远比生物数量的增减对湖水水质的危害大。首先,水华蓝藻取代单个硅藻成为优势种群后,极大地降低了湖水透明度和水资源的使用价值;其次,反映湖水受污染状况的 TN、TP 变化较大。1988 年 TN 和 TP 全湖平均含量分别为 0.031 毫克/升和 0.018 毫克/升;1996 年蓝藻暴发前夕和旺盛期 TN 由 0.35 毫克/升增至为 0.52 毫克/升,TP 由 0.039 毫克/升降低为 0.02 毫克/升,显示了湖水的磷负荷与洱海营养水平以及蓝藻暴发的关系更为密切。

总而言之,自 20 世纪 70 年代中期以后,由于人类活动的干预,地球上大多数的湖泊水位下降,湖面面积缩小,水质污染严重,致使流域生态环境发生变迁,生物多样性遭到破坏,湖泊富营养步伐加快。曾经被誉为"高原明珠"洱海的遭遇也是如此,1985 年洱海水质也由贫营养级转到贫中营养级,1988 年又局部进入中营养级。20 世纪 90 年代之后,洱海的各项水质项目的监测值均呈现上升趋势,这说明洱海水质正由中营养级向中富营养级转变。然而,这一切丝毫没有引起具有乐天性格的洱海人对营养化居安思危的意识。

1996 年秋分前后,猝不及防,危机骤然而降。洱海全湖性蓝藻大暴发,优势种为螺旋鱼腥藻和微囊藻,浓度达 1 220 万个/升,形成蓝藻"水华"(淡水赤潮),水体透明度从 8 月份的 $3～5\,m$ 下降至 $1～1.5\,m$,藻类数量从 8 月份的 $50×10^4$ 个/升~$130×10^4$ 个/升上升到 $280×10^4$ 个/升,优势种类由尖尾兰隐藻突变为螺旋鱼腥藻,湖水出现腥味,直到 11 月份才逐渐消失。据有关人士调查分析,洱海此次藻类暴发的原因有三:一是洱海水中氮、磷总量上升、营养盐富集,源于山地径流带入泥砂的充填、田园施用农药化肥的流失、城镇生活垃圾和污水的输入、湖区周围企业"三废"等问题的积累;二是当年湖泊水位下降约 1 米,蓄水量减少 2 亿立方米左右;三是洱海机动渔船增加和网箱养鱼扩大发展的影响。

更为严重的是,2003 年 7 月,洱海再次出现伴随着球形鱼腥藻暴发的重富营养化状况,水体透明度下降,总体水质已下降到 Ⅱ 类或 Ⅴ 类。与此同时,沉水植物分布下限由原来的 10 米水深退缩到 4 米水深,深水区大面积死亡的沉水植物腐烂、分解,释放出营养盐,造成二次污染并使水质处于恶性循环状态;藻类因缺乏生态平衡而进一步繁殖,更加重了水质的恶化。针对洱海面临的严峻形势,大理州人民政府先后邀请国内湖泊专家金相灿、李文朝、刘永定、宋立荣、尹澄清、雷阿林等到大理对洱海环境问题进行"诊断"。专家们经实地考察研究后认为:大量的污染物排入洱海及长期的低水位运行是造成洱海水质急剧下降的主要原因,洱海以沉水植物(水草)占统治地位的清水状态已被蓝藻占优势的浊水状态所取代,生态系统正在发生由"草型—清水状态"向"藻型—浊水状态"的突变。

据监测,至 2007 年 12 月中旬,洱海湖内仍有一定数量的蓝藻存在。湖泊富营养化是湖泊水体接纳过多的氮、磷等营养物,使藻类以及其他水生生物过量繁殖,水体透明度下降,溶解氧含量减少,造成湖泊水质恶化,加速湖泊老化,从而使湖泊生态系统和水功能受到损害和破坏。水华严重发生,给水资源的利用,如饮用、工农业用水、水产养殖、旅游及水上运输等造成巨大的损失,形成生物所需的氮、磷等营养物质大量进入湖泊、河口、海湾等缓流水体,引起藻类及其他浮游生物迅速繁殖,水体溶氧量下降,鱼类及其他生物大量死亡的现象。大量死亡的水生生物沉积到湖底被微生物分解,消耗大量的溶解氧,使水体溶解氧含量急剧降低,水质恶化,以致影响到鱼类的生存,又大大加速了水体的富营养化过程。水体出现富营养化现象时,由于浮游生物大量繁殖,往往使水体呈现蓝色、红色、棕色、乳白色等,这种现象在江河湖泊中叫水华(水花),在海中叫赤潮。在发生赤潮的水域里,一些浮游生物暴发性繁殖,使水变成红色,因此叫"赤潮"。这些藻类有恶臭、有毒,鱼类不能食用。藻类遮蔽阳光,使水底生植物因光合作用受到阻碍而死去,腐败后放出氮、磷等植物的营养物质,再供藻类利用。这样年深日久,造成恶性循环,藻类大量繁殖,水质恶化而又腥臭,水中缺氧,造成鱼类窒息死亡。

在 1992—2001 年的 10 年间,洱海均出现超标的项目有溶解氧,有 8 年均出现超标的项目有生化需氧量,有 5 年以上均出现超标的项目有非离子氨、总氮、总磷,5 年以上均出现的超标项目中,主要是营养盐和有机物,这些说明洱海水质污染主要是营养物质和有机物污染。从 1992—2001 年洱海各测量点平均值中,1992—1999 年和 2001 年洱海各点的平均值均未出现超标项目,能满足水质功能要求。2000 年各点平均值中,总磷、总氮均超标。总磷在 24 个监测点中,超标点为 24 个,占监测点的 100%。在总磷超标中,Ⅲ类水有 12(占 52.2%)个,主要集中在洱海北区,Ⅳ类水有 11 个(占 47.8%),主要集中于洱海中部和南部。总磷、总氮在区域分布上由北至南递增,南部明显高于北部,局部湖湾已达到富营养化水平。藻类群落结构已经从 20 世纪 90 年代初的隐藻门、硅藻门占优势的典型贫—中营养类型群落结构演变成为现在以蓝藻门占绝对优势的典型中—富营养化类型的群落结构,洱海正处于中营养向富营养湖泊的过渡阶段。

对于这一进展的具体过程,大理州环境监测站的李宁波等的《洱海 1992—2001 年水质现状及趋势分析》一文对洱海水质的现状和发展做了论述。他们说:"根据《大理白族自治州洱海管理条例》,洱海水质保护是按国家地表水Ⅱ类标准执行的,而水质标准是根据国家《地表水环境质量标准》(GB 3838—2002)Ⅱ类评价的。"从大理州环境监测站 1992—2001 年水质评价(表 3 - 1)看,除1999 年和 2000 年水质类别为Ⅲ类外,其余为Ⅰ—Ⅱ类,1999 年出现有机轻污染,其余均为较清洁,毒物污染为清洁。洱海水质状况基本良好,这与湖周围没有大规模新建工业区相吻合。

表 3 - 1　1992—2001 年洱海水质

年份	水质类别	有机评价	毒物评价
1992	Ⅰ	较清洁	较清洁
1993	Ⅰ	较清洁	清洁
1994	Ⅱ	较清洁	清洁
1995	Ⅱ	较清洁	清洁
1996	Ⅱ	较清洁	清洁
1997	Ⅱ	较清洁	清洁
1998	Ⅱ	较清洁	清洁
1999	Ⅲ	较清洁	清洁
2000	Ⅲ	较清洁	清洁
2001	Ⅱ	较清洁	清洁

表 3 - 2　1992—2001 年洱海营养化评价结果表

项目＼测值	1992 年		1993 年		1994 年		1995 年		1996 年	
	测值	评分	测值	评分	测值	评分	测值	评分	测值	评分
透明度(m)	3.97	42	3.36	45	3.36	45	3.0	48	3.45	45
BOD_5(mg/l)	0.96	40	0.86	38	0.51	33	0.57	38	0.75	36
高锰酸盐指数	3.40	44	1.65	26	1.39	45	1.39	30	1.53	27
总氮(mg/l)	0.20	42	0.30	50	0.25	46	0.29	50	0.22	44
总磷(mg/l)	0.014	42	0.017	47	0.016	47	0.015	42	0.02	48
藻量(10^4/l)	99.6	60	111.2	62	99.6	60	162.3	66	169	67
优势种	隐、硅		隐、硅		隐、硅		隐、硅		尖尾蓝隐藻	
总评分	45		45		46		46		45	
营养级	中营养		中营养		中营养		中营养		中营养	

(续表)

项目 \ 测值	1997 年		1998 年		1999 年		2000 年		2001 年	
	测值	评分	测值	评分	测值	评分	测值	评分	测值	评分
透明度(m)	3.22	46	3.59	44	3.34	45	3.10	46	3.63	45
BOD_5(mg/l)	1.34	44	1.39	45	1.37	44	1.12	42	1.57	46
高锰酸盐指数	1.64	26	2.04	30	2.53	35	2.46	35	2.59	36
总氮(mg/l)	0.28	48	0.38	52	0.30	50	0.32	50	0.34	50
总磷(mg/l)	0.02	48	0.02	48	0.03	52	0.027	51	0.025	51
藻量(10^4/l)	285	73	985	90	1131	91	593	82	706	86
优势种	钝脆杆藻		卷曲鱼腥藻		铜绿微囊藻		铜绿微囊藻		铜绿微囊藻	
总评分	47		51		52		51		52	
营养级	中营养		中营养		中营养		中营养		中营养	

他们还对 1992—2001 年洱海营养化列表作了评价说:"从表(表 3 - 2)中可以看出,1992—2001 年,总氮、总磷变化呈显著性上升趋势;高锰酸盐指数、生化需氧量偏上升的趋势;氨氮呈平稳的趋势;而透明度呈平稳偏下降的趋势。洱海水体氮、磷营养盐浓度近年来逐步增加,总氮、总磷、高锰酸盐指数上升,藻类细胞数量 COD 即化学需氧量,也是一个重要的而且能较快测定的有机物污染参数的表示方式。"

(五) 源头治理

2013 年,《大理州人民政府工作报告》回顾这一年的洱海治理保护工作时总结:"'两保护'稳步推进。国家洱海生态环境保护试点、洱海流域水污染综合防治'十二五'规划、'2333'行动计划加快推进。"在深入推进洱海保护治理"六大工程"的基础上,"2333"行动计划全面启动实施,即用 3 年时间,投入 30 亿元,着力实施好"两百个村两污治理、三万亩湿地建设、亿方清水入湖"三大类重点项目,努力实现洱海Ⅱ类水质目标,把大理建成全国一流的生态文明示范区。建成村落污水收集处理系统 60 座,垃圾转运站 4 座,并投入运行;日处理能力 600 吨的大理市海东垃圾焚烧发电厂已并网发电,累计处理垃圾 12.13 万吨;日处理能力 7.5 万立方米的大理市污水处理厂二期工程启动实施;流域畜禽粪便收集处理工程加快推进。完成 34.27 公顷(514 亩)茈碧湖"三退三还"试验示范和 54 公顷(810 亩)李家堆和邓北桥Ⅱ期等湿地建设,66.67 公顷(1 000 亩)江前和江尾湿地建设加快推进,"北三江"入湖河口生态湿地等即将启动实施,完成征租地

1090.4 公顷(16 356 亩)。全面完成苍山灵泉溪生态环境保护及清水产流机制修复,凤羽河和弥苴河水污染控制与清水产流机制修复工程加快推进,海西统筹取水供水工程启动实施。洱海生态环境保护试点进展顺利,累计争取到国家试点资金 3.44 亿元。以双廊为重点的环洱海环境综合整治深入开展。洱海水质总体保持Ⅲ类,有 5 个月达到Ⅱ类。2013 年,州环保局针对 9—11 月洱海出现蓝藻聚集的现象,多次邀请国内知名湖泊治理专家召开水质分析会,对洱海蓝藻大面积出现的成因进行分析研判;及时制定并实施了《洱海蓝藻水华高风险期监测方案》,加大相关数据收集的频次和密度,并迅速组织开展应急处理工作;及时召开新闻发布会,通过大理电视台、"问政大理""大理环保"微博等媒体平台及时回复社会关注,把握正确的舆论导向;主动向省和国家汇报,争取支持,启动环洱海截污工程前期工作。

2014 年 3 月 4 日,大理市召开洱海流域保护暨"2333"行动计划推进大会。总结洱海流域保护治理工作。会议要求,要牢固树立"绿水青山就是金山银山"的生态理念,把洱海流域保护治理放到前所未有的高度,全力实施"2333"行动计划,抓好环洱海截污治污工程建设,加快实施流域万亩湿地恢复工程,加快推进亿方清水入湖工程,全力开展农业面源污染治理,加大项目建设资金投入力度,继续强化环洱海综合整治、强化洱海保护治理科学研究,全力推进洱海流域保护治理工作。

2015 年,大理州林业系统在洱海流域完成森林管护 215 万亩,实施面山造林 1.95 万亩,农村能源建设太阳能 620 户,封山育林 2.8 万亩,完成投资 2 239万元。查处行政案件 121 起,收缴罚款 192.28 万元,没收木材 22.17 立方米、活树 2 株、野生动物 44 只,补种树木 1 155 株,收回林地 5.96 公顷,行政处罚 121人。另外,大理州还完成国家林木良种补贴项目申报 9 个,申报补贴资金518.75 万元。

进入 2015 年后,洱海水质逐渐变好,湖内水生态发生了积极的变化。主要湖湾水生植物恢复生长较好,全湖植被面积达到 32 平方公里,占湖面的12.7%,为近 15 年来最大面积,近岸水体感观明显好于往年同期。湖面局部水域蓝藻聚集情况出现时间比往年推迟了三个月,藻类结构发生了变化,蓝藻聚集程度、面积明显少于上年。

那么,为什么污染治理典范的洱海今天又要面临蓝藻的威胁呢? 洱海污染的主要原因是工业废水和生活污水的排放造成的面源污染。若水体中含有较高浓度的氨氮,说明水体最近受到了污染且对鱼类等水生生物有毒害作用。水体中的溶解氧的含量变化是反映生物状况和污染状态的重要指标,一般溶解氧主要来源于大气中氧气的溶解和底栖藻类的光合作用,其分布变化受生物活动、水体运动、温度、径流和降雨的影响。高锰酸盐指数是指在酸性或碱性介质中,以高锰酸钾为氧化剂处理水样时所消耗的量,以氧的毫克/升来表示。我们把高锰酸盐指数作为地表水受有机物污染物和还原性无机物污染程度的综合指标,其中高锰酸盐指数的高低与水体受污染程度呈正比。

令人们担心的是,洱海目前正处于由中营养向富营养过渡的关键时期,已具备大面积暴发蓝藻的条件,只要有外部诱发条件,特别是如果遇到高温、少雨、低水位的年景,洱海极有可能面临蓝藻大面积暴发的威胁。洱海内由于常年污染物累积,水生系统很脆弱,在遇到灾害性天气使得洱海水位不能优化调度的情况下,洱海水质随时可能恶化。从洱海水生生物藻类数量上看,藻类细胞总数有时会略高于多年平均。也就是说,洱海暴发蓝藻的主要胁迫因子并未根本消除。受全球气候变暖的影响,洱海水温总体呈增高趋势,预计丰水期洱海水温最高达23.5℃至23.9℃。专家发出警示,环境污染治理应该持之以恒,稍有放松,污染就会出现反弹。

据了解,自从大理市采取健全法制、统一管理、依靠群众、科技兴海和实施"六大工程"等措施,全面整治洱海污染源,特别是洱海退房还湖、退田还湖、退渔还湖的"三退三还"工程较为彻底地实施,直接排放入洱海的农村污水、农业面源污染得到了根本整治,流域内生活的人民真实感受到水质的明显好转。

总之,通过多年大力度的治理,洱海水质有了较大的改观。2017年洱海全湖水质实现6个月Ⅱ类、6个月Ⅲ类。国家生态环境部公布的2018年水环境质情公报中,洱海水质为"优";"大理州全面打响以洱海保护治理为重点的水污染防治攻坚战",被国务院第五次大督察作为典型经验而受到通报表扬。全湖水生植被面积达到32平方公里,占湖面的12.7%。2018年、2019年洱海全湖水质连续两年实现7个月Ⅱ类、5个月Ⅲ类,未发生规模化的蓝藻水华,主要水质指标变化趋势总体向好。2020年,洱海湖心断面水质稳定达到Ⅱ类,十三五期间全湖水质确保30个月、力争35个月达到Ⅱ类水质标准。根据最新统计,截至2020年8月,全湖已实现Ⅱ类水质达到30个月。

在2019年2月28日生态环境部召开的新闻发布会上,生态环境部水生态环境部的人介绍云南洱海等重点湖库水污染治理进展情况时表示,洱海水质在改善,但目前存在难点:一是污染物排放量很大,二是农业面源污染还没有很有效的突破,流域的生态破坏问题也没有得到解决。新闻发布会指出,洱海是中国重点湖泊之一,洱海和其他的湖泊走了一个相似的历史路径,若干年前是很好的,但随着周边的城市工业农业的发展,污染物排放量越来越多,尤其是流域的生态破坏问题比较普遍,这就使得湖泊的环境承载力逐渐下降。目前来看,中国的湖泊水质整体上在改善,洱海若干年前是Ⅱ类水,再早可能是Ⅰ类水了,后来一度变成Ⅲ类水,一直到 2017 年还是Ⅲ类水,去年水质为Ⅱ类,水质在改善。但是目前难点在哪里呢? 一方面污染物排放量很大,尽管这些年工业和城市污染防治工作有了很大的进展,总量减排有了很大的进展,但还需要巩固提升。另一方面农业面源污染还没有有效突破,流域的生态破坏问题也没有得到解决。如这两大问题没有从根本上来解决,湖泊蓝藻水华问题就难以攻克。洱海水质 2017 年均实现 6 个月Ⅱ类,比 2016 年增加 1 个月,2018 年实现 7 个月Ⅱ类和 5 个月Ⅲ类,2019 年 1—11 月实现 6 个月Ⅱ类,有望保持 2018 年水质目标,可以说,洱海保护治理取得了阶段性的初步成效。

发布会还说,要想解决这些问题,一方面要巩固提升工业城市的治污成果,另一方面必须突破农业的面源污染防治。还有必须要在湖泊流域生态功能需要的基础上,明确和落实空间管控要求,这一点要坚决。每一个湖泊,每一个河流,都应该有生态缓冲带,生产、生活活动不能直接跑到水边上或岸边上来,包括种植也不能直接跑到岸边上来,一定要给湖泊和河流留出一定的生态缓冲带。河湖水面上的生产活动,养殖也好,捕鱼也好,要改变,不能以破坏生态的代价来进行生产,这就是转型发展。从整个流域上讲,污水垃圾要做综合整治,不能一场大雨把河流两边的垃圾都推到水里来,这方面的综合整治难度也还是很大的,是我们下一步工作重点也是难点。

根据《云南洱海绿色流域建设与水污染防治规划》,缓冲带总面积约为 94 平方公里。其下边界为洱海最高水位 1966 米,从下边界线向陆地发展,划为 3 个圈层:内圈为洱海最高水位以上 100 米环湖带,外圈为大丽路线近湖侧 30 米左右的截蓄净化带,中圈为外圈与内圈之间的绿色经济带。洱海主要河流河道两侧大部分乡镇和村落在生产、生活的过程中产生的污染物都直接入河道。尤其是北部和西部农田面积比例较大,使用大量化肥和农药,对水质的影响非常明显。

二、机构沿革

(一) 管理机构

在人与自然的关系中,人类已处于主动地位。这种地位的终极目标是使自然界和人在和谐有序中发展,这就需要有序的管理。管理活动自古即有,但什么是"管理",从不同的角度出发,可以有不同的理解。从字面上看,管理有"管辖""处理""管人""管事"等意思,即对一定范围的人员及事务进行安排和处理。所以美国管理学家赫伯特·A·西蒙一言以蔽之,"管理就是决策"。无疑,洱海与人类有着须臾不可分离的密切关系,因此洱海管理成了自古已有的常态,不论这种管理的形式如何。

从现有资料看,洱海管理机构始于清代,其职能各个时期不一致。据《大理县志稿·建设部·署所》记载,最早有组织的洱海事务管理机构的雏形是"凿通洱河局""附设于试院内。清朝光绪三十年,邑士绅会邓、赵、宾三属,禀由知县阮大定等,请领官款,凿通东山开水箐以泄洱水,计东西两岸可得田万顷。嗣省员查勘谬,以原勘行水低处高过于洱河,又恐以邻为壑,遂寝其事"。很显然,其目的是疏通水路,以利灌溉。又据大理州档案馆馆藏档案,1919年开始,有云南省有关部门及洱海流域大理、邓川、宾川、凤仪、洱源等5个县的民国档案,涉及的部门有县政府、县水利委员会、河工局、修浚洱尾工程委员会、五属河工事务所、洱海船舶业商业同业会、洱海民船业大(大理)、邓(邓川)、宾(宾川)、凤(凤仪)四县联合会等部门。

民国年间,有五属河工委员会,其一份呈文称:"洱海水患不时,自昔常称数年一暴涨成灾,损失大理农产,民生疾苦异常。"据《下关商会档案史料选编》记载:成立于1946年12月15日设在下关波罗甸的"洱海船舶商业同业公会",会员总数为116人。其"团体事业及计划"称:取缔朽坏船只;改良船舱设备;规定停泊地点;举办水手服务登记;规定各号船只载重量,评议各段运费,承揽货运分配、船只装载,以期利益均沾,保障货运安全;矫正营业弊害;扶植弱小船户;保证船户享受合法权益。在"备注"上还说明:"查洱海区域虽属大理管辖,惟船户乃系大、邓、宾、凤人民,其中尤以邓、宾为最多。此次组织公会,如冠以县名,则合组颇感不易。为避免争执计,故从权定名洱海船舶商业同业公会,谨此声明。"

历史上,洱海管理机构的职责大多在水道的疏通和侧重于船舶的管理。到了20世纪50年代,洱海治理遭遇了新的问题,管理体制相应有所演变。

新中国成立前,洱海管理机构为"云南省大理、邓川、宾川、凤仪洱海船舶管理所",属地方武装,负责派款、派船、运输、军事物资管制等。管理所设于下关,下设五个分会分九段管理:下关、才村、马久邑、沙村、海岛,每个分会设1~3名专管员(船舶管理员)。1937年,云南省建设厅在大理县设置水文站;1947年3月,增设下关洱海水位站,负责收集洱海水文的实测资料,提供湖泊水资源的评价、水文预报等的需要。同时,洱海民船业大邓宾凤联合会成立,统一管理洱海船只,原洱海船舶业商业同业公会撤销。

1949 年 5 月 10 日,洱海船只临时管理处成立,直辖宾川县政府,对大理县政府、师管区司令部滇西警备指挥部或其他军事机关有直接请示权。

1950 年新中国接管船舶管理所改设洱海派出所,隶属大理州公安处。1956年,洱海管理由合作社领导,成立四个航海运输合作社,有 102 户 336 人,木船102 只,另有小船 1 200 只左右,主要从事积肥、打鱼等副业生产。

1956 年 9 月 14 日,云南省交通厅批复,成立航运管理站,由专署交通科领导,业务及技术受交通厅航务处指导。

1958 年,洱海成立了航运公司,航管站撤销,实行政社合一领导,四个运输合作社整合成立了航运公司。水上派出所撤销,治安工作由新建治安科行使。直至 1962 年,恢复洱海派出所收归大理州公安局。

1960 年 12 月,中共大理县委、县人民政府成立大理县洱海区委、区人民政府,主管洱海渔业生产和航运生产。洱海区政府下设水上派出所、航运管理站,同时设大理、喜洲、挖色、海东等四个管理大队,由各大队负责境内的渔业、航运和征收渔业、航运管理费。1964 年底,洱海区委、区政府撤销。

1965 年,成立大理州洱海管理站,设在喜洲沙村,经费由州级拨给,人员由大理县代管。1966 年初至 1967 年,先后改称大理州水产管理站和大理州水产工作站,负责全州鱼苗、鱼种的生产技术指导和洱海管理工作。

1972 年,成立大理州洱海水产管理委员会,所属委员由沿海县市领导及有关公社和洱海派出所负责。

1981 年 6 月,成立洱海管理委员会筹备组,水产管理委员会撤销。1982 年1 月成立洱海管理处,直属州水利电力局领导,主要任务是管理洱海渔政工作。1983 年,洱海管理处下放大理市主管,更名为"大理市洱海管理局"。1984 年 9月,根据云南省人民政府办公厅和大理州人民政府文件将洱海管理局收归州水利电力局领导。

大理州的环保意识开始于 1973 年,除努力注重治理"三废"外,同时在考虑保护自然环境和自然资源,保持生态平衡,控制并着手解决植被破坏、森林滥伐、水土流失等问题,寻求解决方法和途径。1980 年 3 月,大理州人民政府颁布了《云南省大理州环境保护实施条例》。随后又批转了环境保护方面的文件,如1981 年作出的"今后在洱海周围不准再建有严重污染企业"的规定,保护洱海高原湖泊的景色。1979 年以后,洱海周围就没有再建立有严重污染的工厂。1980

年以后,对全州新建、扩建和改建的工业企业,均采取主体工程和环保设施同时设计、同时施工、同时投产的措施。并先后投资 608 万元,对三个有污染企业的三十六个项目进行了污染治理,其中较为突出的是大理造纸厂碱回收工程,投资400 万元,建成后碱回收率达 40% 左右,每年回收烧碱的价值可达 140 万元;先后投资 23 万元,促成州水泥厂建成收尘系统,使空气中粉尘浓度大大降低;投资28 万元,在大理市化工厂建成日产 7 000 块的煤渣砖车间,处理市区排出的工业废渣。与此同时采取征收排污费的办法,以及在城市规划和建设中周密考虑环境因素和保护对策等,对促进治理起了积极的作用。

1990 年,大理州洱海管理局有职工 58 人,内设水政水资源科、计划财务科、办公室,下设 25 人的渔政管理站和 10 人组成的水产推广站,并建立一支 25 人的水政监察队伍(兼职和聘用),有 150 马力柴油机动船 2 艘,快艇 8 艘,汽车 2辆,步话机 21 台。

1995 年,成立大理州洱海船舶综合整治领导小组及办公室,组长由副州长担任,组员由州洱海管理局、环保局、交通局、旅游局、洱海公安分局等领导参加。其职责是限制洱海船舶盲目增长、控制船舶污染,取消机动渔船,并建立完善的船舶管理法规和相应机制。

1996 年,大理州成立"双取消"领导组及办公室;2001 年 6 月,成立了以州人民政府主要领导为组长、分管领导为副组长,计委、建设、财政、水电、林业、农牧、土地、科委、洱海管理、大理市和洱源县有关领导为成员的"洱海水污染综合防治领导组"及其办公室,负责统一组织、协调落实洱海各项保护治理工作;2003 年12 月 25 日,在原洱海水污染综合防治领导组的基础上,成立了"大理州洱海保护治理领导组",对洱海保护治理工作进行监督检查。12 月 26 日,根据大理州委 11 月 1 日第 15 次常委会议纪要"将洱海管理局的管理体制调整为市属市管,为大理市人民政府管理的机构"和大理州人民政府《关于调整洱海管理机构有关问题的通知》精神以及大理州人事局《关于洱海管理局机关、单位人员划转有关问题的通知》,将洱海管理局在职人员 42 人(含公安局 18 人),所属事业单位在职人员 60 人全部划转大理市管理。

2004 年 1 月中旬,大理市洱海综合治理保护工作领导组成立,组长由大理市委书记担任。

2009 年 4 月,成立大理州洱海保护及洱源县生态文明建设工作指导组,实行挂钩联系大理、洱源两县市的工作制度。

2012 年 9 月,大理州委、州人民政府本着洱海流域保护及生态文明建设的统筹,实行党委统一领导,政府组织实施、政协监督、指导,督导组负责督导,各有关部门分工协作、各司其职、齐抓共管、运转协调的管理体制。将大理州洱海保护治理领导组更名为洱海流域及生态文明建设领导组,新组建大理州洱海流域保护局。大理市、洱源县分别新组建洱海流域保护局,统筹加强洱海流域17个乡镇洱海保护治理机构,在乡镇环保服务中心加挂洱海流域环保站牌子,并强化"三员"(垃圾收集员、河道管理员和滩地管理员)管理,在每个村民委员会专设1名环保宣传监督信息员。在大理州法院、检察院、公安局增设负责环境保护工作的内设机构,加大环保执法力度。12月,大理州编制委员会相继批准成立了大理州洱海流域保护局和大理市、洱源县洱海流域保护局。

2013年10月,大理州委办公室、州人民政府办公室对州级议事机构进行了精减调整,把洱源县生态文明试点县建设领导组、洱海流域保护及生态文明建设领导组合并成立的洱海流域保护及生态文明建设领导组由州长任组长。

综上所述,洱海管理机构从无到有、由小到大、由弱到强的发展历程,充分折射出政府对于洱海环境保护认识的深化。洱海管理体制的改革体现了洱海管理机构的变革和洱海管理职能的加强。

洱海管理机构的重要变革表现为洱海管理机构行政归属关系的调整。2003年12月25日,根据洱海保护治理工作重心的转移和工作重点的调整,尤其是,此时管理区域内洱海沿湖的江尾镇和双廊镇两个乡镇由原先洱源县管辖转变为大理市管辖,同时将江尾镇更名为上关镇。洱海管理区域的范围即洱海沿湖村镇全部属于大理市的行政辖区。洱海管理区的管理职责因此下移至大理市,由大理州政府管理转变为由大理市政府管理;大理州人民政府在原"洱海水污染综合防治领导组"的基础上成立了"州洱海保护治理领导组",由州长担任组长,分管副州长任副组长,计划、农业、环保、水利、林业、规划建设、国土、科技、旅游、财政、交通、苍山保护等州级相关部门和大理市、洱源县人民政府主要领导为成员,并在州环保局下设办公室,作为洱海保护治理的常设办事机构,负责日常工作。在领导组统一领导下,实行洱海保护治理统一规划、统一指挥、综合协调、分工负责、上下联动、全面推进的工作机制。洱海管理区域的管理机构洱海管理局成为大理市管理洱海的专门机构。

2004年,新修订的条例中洱海管理机构数由4个转变为2个。原来的4个机构分别是大理州洱海管理局、大理州航运管理站、大理市水上公安派出所、洱源县水上公安派出所;2个机构分别是大理市洱海管理局和大理市公安局洱海公安分局。原州航运管理站的职能并入大理市洱海管理局,洱海管理局的行政级别似乎降低。但从新修订的《云南省大理白族自治州洱海管理条例》可以发现,管理洱海已经不仅仅是"洱海管理局"的职责。洱海管理体制变革以后,大理州、大理市、洱源县政府及各级环保、农业、水利、林业、计划、国土、工商、交通等部门保护和治理洱海流域的职责大大加强了。由此实现了洱海保护指导思想"三个"转变的客观需要,即从湖区治理向流域治理转变、从专项治理向综合治理转变、从以专业部门为主向条块结合、分级负责转变,实际形成州长负总责、计划环保部门统一规划,水利、国土部门负责国土治理、水保和小流域治理,林业部门负责面山绿化及退耕还林,农业部门负责面源污染治理,建设部门负责城镇生活污染治理,洱海管理局负责内源治理和湖面管理的齐抓共管的责任制。与此同时,大理市属市管的洱海管理局的职责也得到了加强,根据环湖林带由洱海管理局和林业部门营造处罚权由林业实施而不利于统一管理的实际,洱海条例修正案将环湖林带的林政处罚权与湖区内原有的水政、渔政、自然保护三个行政处罚权一并授予洱海管理局行使。

(二) 科研单位

洱海管理的大众化,明显地体现在除行政管理机构外,不断出现的专业科研团体,甚至科普爱好者的自发组织。

1. 大理洱海湖泊研究中心

大理洱海湖泊研究中心于 2006 年 4 月 15 日在大理成立。有来自日本及国内知名的 10 多名湖泊专家应邀出席成立仪式。大理州人民政府向受聘为洱海湖泊研究中心名誉主任的日本国立环境研究所稻森悠平博士和中国环境科学研究院金相灿研究员,以及日本水道咨询公司加藤善盛和其他 15 位名誉顾问颁发了聘书。中日双方与会人员还就洱海湖泊研究中心的机构运作、目标定位、研究方向及今后的发展等问题进行了座谈。

研究中心成立后开展了如下工作:

(1) 洱海保护治理科研。一是洱海国家水专项课题工作,承担了"十一五"洱海水专项第七课题《流域面源污染处理设备研发及产业化基地建设》(即洱海流域农村面源污染污染物排放特征调查研究和产业化测试平台的建设工作),并编制完成《洱海流域农村面源污染、旅游面源污染污染物排放特征研究及洱海流域农村面源污染、旅游面源污染治理产业化前景分析报告》。上述课题已顺利通过示范工程验收,待国家水专项办组织总体验收。二是与中国科学院水生生物研究所开展合作,目前主持的研究课题是《洱海富营养化藻类关联因子研究与藻种保存》,已完成洱海南、中、北11个点位每月的藻类采集、藻类定性定量分析、水质化学分析测试等工作,确定了洱海藻类细胞数及优势种群的变化趋势,及时掌握洱海水质变化情况,与中科院水生所共同摸索并建立了一套完整的藻种鉴定、分离、纯化、培养和保存的技术;已获得藻株111株(222份,每株双份保存),涉及种类20种,隶属于2门7目14属,其中蓝藻门3目10属15种、绿藻门4目4属5种。此外,还开展了藻类显微镜鉴定、藻种分离培养、藻类标本野外采样及制作技术等内容的培训,为相应的藻类生态学合作研究及讨论会为中心的人才培养、搭建相应的现代化科研平台奠定了坚实的基础。项目于2015年12月完成数据监测,2015年底完成课题验收结题工作,对洱海富营养化演变规律的认识有十分重要的意义。三是主持《洱海流域湿地物种选择试验示范工程》,完成《洱海流域湿地物种选择实验示范工程实施方案》的编写和湿地水生植物筛选、示范工程场地建设。四是承担《大理洱海环保控藻新技术推广示范》项目研究工作,依据大理州科委的安排计划并按照实施方案正在组织开展。目前,项目已实施洱海藻类堆积强度鉴定、识别及水质监测(每月)、洱海水面蓝藻打捞清除技术示范、洱海蓝藻水华浮子式陷阱拦截与机械去除技术与示范等内容。五是与中国环境科学研究院合作,承担《洱海流域生态基线调查》洱海流域污染负荷调查及试点方案工程绩效评估工作,目前第二阶段的各项工作按计划进行。六是对大理州委、州人民政府、市委、市人民政府、州市旅游局等相关部门5 000多人开展"洱海蓝藻暴发之谜"宣教。七是中心有关湿地保护论坛的4篇论文、被州委洱海保护宣传论文集等采用,为洱海及流域生态恢复、湖泊湿地保护提供了相关技术支持。八是与云南省环科院生态中心合作,承担国际山地湿地保护,以发展相关课题研究。

(2)开展湖泊保护的专项工作。一是2015年1月,组织开展对洱海船只及污染现状的调查,针对目前存在的问题,提出加快漏油问题突出的游船技术更新、游船的日常保养、游船上的废弃物转运和处置全过程管理等对策建议,编制完成《洱海机动船舶活动污染调查及对策措施建议》,并拟定了《关于洱海机动船舶环保管理实施办法(试行)》。二是开展洱海封湖禁渔调查研究。2015年1月29至30日,根据局领导的安排,组织专业技术人员到昆明市、玉溪江川县两地对滇池、抚仙湖、星云湖三个湖泊近年来湖泊保护及管理、封湖禁渔、游船管理的经验进行学习和考察。并结合中心开展的洱海鱼类资源的研究、洱海封湖禁渔的主要做法和存在的问题,完成《关于延长洱海封湖禁渔期建议的研究报告》,撰写的论文《让洱海休养生息,生态系统健康发展》入选中共大理州委宣传部洱海保护论文集。

2. 上海交通大学云南(大理)研究院

上海交通大学云南(大理)研究院于 2014 年 4 月 24 日由大理州人民政府和上海交通大学合作共建,为大理州人民政府直属差额拨款事业单位,整体移交上海交通大学管理。2016 年经云南省科技厅认可,升级为省级科研机构。2020 年大理州人民政府、云南省科技厅、上海交通大学签署三方共建上海交通大学云南(大理)研究院合作协议。研究院下设院部机关、高原湖泊污染控制研究中心、网络安全及信息化研究中心(昆明)、民族医药发展研究中心以及培育孵化中心,以洱海保护和洱海湖泊生态系统野外科学观测研究站建设为重点,服务大理州经济社会高质量发展、为云南省提供科技支撑,构建校地合作新模式。

3. 大理洱海科普教育中心

大理洱海科普教育中心位于全民健身中心以南,是一个集洱海科普、展览、科研、观光等多种功能于一体的建设项目。2012 年 5 月 22 日,大理市举行"大理洱海科普教育中心建设"项目展览馆设计方案评选会,就洱海科普教育中心展馆的 3 个设计方案进行评审,确定展馆设计团队和方案。项目总投资 15 722 万元,占地面积为 6 600 平方米,建筑面积为 9 890 平方米,高 10.6 米,分为地上局部三层、地下一层。建成大理洱海科普教育中心、大理市规划展示厅、大理洱海流域生态环境智慧监管中心、大理洱海流域环境信息监控中心。其中科普教育中心展览厅面积 8 400 平方米,分为洱海保护、洱海科技、洱海生态系统等 3 个展厅,以洱海溯源、洱海保护、规划展望、生态系统 4 个篇章,通过实物标本、图文展板及多媒体模拟展示了洱海的地质演变、人文习俗、洱海历史和现状、洱海治理保护以及生态文明建设等方面的内容。通过洱海科普展示、宣传洱海保护知识,提高洱海知名度,使环保意识深入民心,变政府主导保护为群众自发行动。

4. 大理高原水生资源繁殖所

大理高原水生资源繁殖所创始人姜雨杰是大理人,毕业于纽约大学经济系。在美学习期间表现出极高的动物学天赋,尤其热衷于鱼类习性的研究,得到美国鱼类学家的重视。2011 年回国后,他选择了大理弓鱼的研究与保护;2012 年,自筹资费投资在国家级贫困县漾濞县苍山西镇雪山河畔建起养殖基地。

2013 年,姜雨杰在弥苴河、漾濞江寻找到了少量的弓鱼成鱼,引进繁殖场进行保护。为观察弓鱼自然产卵状况,在冬天他仍独自彻夜蹲守在河边数十天,观察弓鱼产卵时的各种环境,掌握了弓鱼的生活习性。花了一年的时间,终于攻克了野生弓鱼驯化的难关。这期间,他曾多次到中科院昆明动物所、云南省渔业科学研究院、云南省水产技术推广站等部门进行参观学习。在雪山河基地进行了小规模的人工繁殖试验,攻克了许多云南裂腹鱼养殖方面的难题,成功培育了弓鱼苗和子鱼近 3 万尾,突破了裂腹鱼人工繁殖鱼苗的技术。历经 4 年,成功驯养和孵化出弓鱼苗 10 万尾,成活率达 80％以上,为国内同行业领先水平。2014年,他与漾濞县平坡镇平坡村党总支在平坡村上坝田组建了"平坡街劝桥河弓鱼水产养殖农民专业合作社",采取"党总支＋公司/合作社＋基地＋贫困户"的模式,实现"产供销"一条龙的发展之路。到 2020 年底,基地繁殖场育有裂腹鱼苗20 多万尾,云南油四须鲃鱼苗 20 万尾,保存了三种裂腹鱼、云南油四须鲃等亲本 200 尾。合作社已覆盖 49 个村民小组,成员达 450 余户,其中建档立卡户 322户(平坡村 76 户,向阳、石屏、高发三个村共 246 户)、异地搬迁户、移民户 163 户入股合作社。这一年,姜雨杰获得大理州云岭大学生创业引领计划项目,向云南省级财政申请"水产养殖技术推广专项经费"10 万元,用于完善改现有养殖基地的基础设施,扩大养殖规模,提高繁殖、养殖成活率。项目完成后可实现年产100 万尾以上云南裂腹鱼苗生产目标。

三、科学治湖

(一) 决策指导

洱海的治理,各级领导决策层一直高度重视和积极参与。

大理州环境保护工作在州委州人民政府的决策下起步于 1971 年,洱海的保护是其中的重点。1972 年成立大理州治理工业三废领导小组,下设办公室,由大理州卫生防疫站开始对下关地区重点工厂的"三废"排放情况以及造成的危害进行了调查;1976 年 9 月大理州环境保护监测站成立,确保为科研提供真实客观的数据;1981 年原州环办升格为州环境保护局。从 1980 年起,大理州全面地开展了环境要素监测和环境科研,布设了环境质量监测点,获得了 2.5 万多个监测数据,完成 39 项科研课题,其中获云南省三等奖 2 个(协作),大理州二等奖 2个、三等奖 3 个,从而拥有一支能开展水、气、渣、噪声、酸雨、生物监测及生态、环境工程、科研的科技队伍。

1981 年 11 月 6 日,云南省人民政府发布《关于在全省范围内建立 22 个自然保护区和 12 个自然保护点的通知》,苍山洱海自然保护区名列其中。1982 年11 月 8 日,国务院公布了一批国家重点名胜区,苍山洱海为大理风景名胜区的主景区。1989 年,大理州完成《云南大理苍山洱海自然保护区规划纲要》及部分州级自然保护区的考察。洱海保护工作走上了法制轨道,州内先后出现一批生态村。大理州环境质量总体上是好的,城市环境污染得到了控制,但局部地区环境污染和生态破坏却日渐突出。1989 年废水排放总量为 1 890.59 万吨,工业废水处理率 24%;废气排放总量 37.13 亿标立方米,处理率 45.8%;工业固体废弃物产生量 10.84 万吨,综合利用量占 19.7%。当年安排污染治理项目 21 个,当年竣工项目 15 个,完成投资额 274.42 万元。综合利用年利润由 1983 年的 9.39 万元提高到 263.87 万元,依法征收排污费额从 1980 年的 7 万元增加到 84.73 万元,治理污染源拨改贷 34 万元。

1989 年 11 月,大理州第三次环境保护会议总结了 1984 年州第二次环境保护会议以来的工作,传达贯彻了全国、全省第三次环保会议精神,提出了大理州第八届人民政府任期环境保护目标与任务,拟定大理州第三批治理污染限期项目 16 项。强化环境管理,严格执行"三同时"及环境影响报告书的审批程序,这些工作为洱海的环境保护提供经验。大理市是云南省城市环境综合整治的重点城市。1985 年 5 月起,在大理市推行排污许可证制度和城市综合整治定量考核制度试点。当年排污申报登记 53 家,年底转入总量控制和污染削减阶段。

1989 年 9 月 28 日,历时三年的西洱河排污干管工程建成通水。这个工程由中国市政工程西南设计院设计,1986 年 1 月动工兴建,竣工总干管长 6 804.65 米,南起苍山东路口,北起下沿公路口,至洱滨纸厂前通过河底倒虹吸管汇入南干管,止于一级电站大坝后,沿途建有污水加压泵站一座、检查井 136 座、截流井 7 座、沉沙井 2 座。工程总投资 300 多万元,其中国家建设部 150 万元,市政府 30 万元,十四家排污单位集资 70 万元,不足部分由州市建设局排污费补助。监测结果表明,每天截流大理市区工业废水和生活污水近四万立方米,西洱河上段(天生桥以上)由泡沫覆盖的严重污染,恢复到了清洁水质。

1989 年全州共有 7 个环境监测站(1 个州站、6 个县级站),设常规监测点 157 个,其中水质 24 个、大气 8 个、降尘 8 个、降水酸度 10 个、噪声 107 个。上报监测数据 5.17 万个,其中常规监测数据 3.5 万个、科研监测数据 1.62 万个、污染源监测数据 500 多个。1989 年大理州环境监测网,举办了 43 人的州第四期环境监测学习班,贯彻新的国家监测技术规范。州市环境监测站参加省监测质量控制考核,取得了连续 5 年全部考核项目合格的优异成绩。完成了国家"七五"攻关课题子题《洱海富营养化调查及水环境管理规划研究》。

1999 年 12 月 22—23 日,国家环保总局局长解振华在云南省副省长陈勋儒、云南省环保局局长吴晓青等的陪同下,对大理进行了为期两天的工作考察。大理州人民政府副州长赵立雄和州城乡建设环境保护局局长尚榆民陪同考察。解振华在全面听取赵立雄关于大理州资源和环境保护情况的汇报,并仔细了解和察看了洱海水质情况后,充分肯定了大理州的环保工作。对大理州在环境保护中坚持污染防治与生态保护并重,为全州经济、社会和环境的可持续发展奠定了坚实的基础给予肯定;对大理在湖泊环境科研、湖泊环境保护的国内外合作与交流以及湖泊生态恢复等方面的工作给予了高度评价,并就今后洱海污染治理和生态保护工作提出了建议和要求。

2002 年 2 月 26—27 日,由云南省人大常委会环境与资源保护工作委员会主持召开的洱海保护经验交流会在下关举行。在会上,大理州有关领导分别介绍了大理州保护洱海的经验,昆明、玉溪、红河、丽江等地市和阳宗海管理局领导也通报了滇池、抚仙湖、泸沽湖等高原湖泊的保护与治理情况。

2004 年 2 月 23—26 日,由云南省人大常委会、环境与资源保护工作委员会组成的"洱海保护情况调研组",在省水利厅厅长谢承域、省环境保护局负责人以及有关方面的专家及工程技术人员的陪同下,到大理州进行了洱海保护情况调研。调研组察看了大理市海东镇上和村小河湾"退塘还湖及退耕还林还湿地"、洱海东面山绿化、"引洱入宾"闸门、双廊镇封湖禁渔、仁里邑农村面源污染治理及湖滨带建设、西洱河南岸排污干管建设、大风坝垃圾场建设等,以及洱源县永安江、弥苴河、东湖、西湖的污染治理和县城污水处理厂的建设及运行情况;并听取了洱源县有关情况的汇报后,与县党政领导就洱海源头的环境保护及生态建设等问题进行了探讨。2 月 25 日下午和 26 日上午调研组召开了"云南省人大常委会洱海保护情况调研工作专家座谈会",听取了州县市相关部门和专家、工程技术人员的汇报,共同对洱海环境保护和污染治理等问题进行了研究探讨。

2004 年 6 月 11 日,大理州十一届人大常委会第十二次会议听取和审议了州人民政府关于洱海流域农业和农村面源污染情况的报告。11 月 15—17 日,大理州人大常委会、州政协组织州人大常委会农环工委和办公室、州政府办公室、州政协经科委、州环保局,大理市和洱源县人大常委会、县市人民政府、县市环保局或洱海管理局、县市人大常委会农环工委等有关部门,组成"洱海保护治理课题调研组",分别深入到大理市和洱源县有关乡镇,对洱海保护治理工作进行调研,最后形成《对洱海保护和治理的调研报告》。报告充分肯定大理州在保护治理洱海方面取得的成效以及总结了主要经验,并指出当前的主要困难、措施和需要解决的主要问题,为州委、州人民政府进一步做好洱海保护治理工作提供了有益的决策依据。

2005年11月2日,云南省九大高原湖泊水污染综合防治领导小组第7次会议在大理召开。省长徐荣凯主持会议并讲话。徐荣凯要求明确责任,加强协调配合;对保护治理不能就治理抓治理,而要从全面建设小康社会出发,与建设社会主义新农村相结合,发动群众积极参与;要强化监督管理,建立依法保护湖泊的有效机制;在保护治理中用科技作支撑,加大资金投入,加快推进项目的实施进度。

2006年5月14—15日,以云南省环保局副局长、云南省"九大高原湖泊"领导组办公室副主任杨志强为组长的省政府检查组,对《大理州洱海"十五"水污染综合防治目标责任书》完成情况进行检查。州长助理张穆代表州政府做工作汇报。检查组在认真听取汇报后,先后对大理市大风坝垃圾处理厂排污干管、大庄村洱海流域生态农业示范区、白鹤溪环境综合治理、才村"三退三还"及西区湖滨带生态恢复建设、洱源县军马场垃圾处理场、弥苴河环境综合整治、李家营农村面源污染控制示范建设工程、洱源海西海水源污染控制示范建设工程、洱源县城污水处理厂及污水处理出口人工湿地建设等项目进行实地察看和现场检查。检查组认为,"十五"期间大理州洱海水污染防治基本达到两个目标责任书的各项量化考核指标和各工程项目进度要求,可以通过验收。同时强调,"十五"期间洱海保护与治理取得阶段性成果,但监测结果表明,洱海水生态非常脆弱,要把水质稳定在Ⅲ类还需要做大量的工作。

2006年6月2日,云南省水利水电科学研究所编制的《洱海流域水土保持生态环境建设规划》成果咨询会在大理举行。这是在云南省人民政府批准的《洱海流域保护治理规划》基础上编制的一个重要的专题规划,其实施对有效控制与减少流域水土流失,改善洱海水质,促进流域生态环境逐步实现良性循环,实现地区社会经济可持续发展具有重要意义。

2006年7月14日,由云南城市环境建设项目的项目经理镰田卓也先生一行13人组成的世行项目鉴别团,对大理世行贷款项目进行了为期两天的鉴别。世行官员听取了大理州世行项目办对各子项目的情况汇报,大理州人民政府领导就洱海水质保护问题做了解答。云南省发展和改革委员会、省财政厅、省世行办等相关部门领导,大理州发展和改革委员会、州财政局、州规划建设局等部门的领导,大理市和洱源县人民政府分管领导,各子项目业主单位及项目设计单位参加了会议。至此,"洱海水质保护与改善"项目的5个子项目全部通过世界银行的鉴别,正式进入项目准备阶段。

2006 年 9 月 5 日,"云南省九大高原湖泊水污染综合防治领导小组第七次会议"在昆明召开。云南省省长、省"九大高原湖泊"领导小组组长徐荣凯在会上全面总结了"十五"期间"九湖"水污染综合防治的成绩和经验,对"十一五"工作进行安排部署。会上,云南省人民政府对九大高原湖泊水污染综合防治"十五"目标责任书执行情况进行表彰。大理州《高原湖泊水污染综合防治目标责任书(2001—2005 年)》在考核评定中获一等奖。

2006 年 10 月 25 日,洱海流域水污染综合防治工作会议在下关召开,会议安排部署了"十一五"期间洱海保护治理任务。会上,大理州人民政府领导指出,"十五"期间洱海保护取得重大成效,"十一五"要求洱海水质实现稳步提高的目标:即在平水年景条件下,到 2010 年底稳定保持地表水 Ⅲ 类,力争达到 Ⅱ 水质标准。污染物总量在平水年景条件下,到 2010 年底主要污染物化学需氧量、总氮、总磷入湖总量分别控制在 9 210 吨、960 吨、85 吨以下,在 2004 年基础上分别削减 10％、20％、20％以上。

2007 年 7 月 12 日,全国湖泊污染防治工作会议在安徽省合肥市召开。中共大理州委副书记、州人民政府代州长何金平,大理州环保局局长许映苏作为特邀代表参加了会议。会上,何金平作为地州一级唯一的发言人,做了题为《像保护眼睛一样保护洱海》的交流发言。何金平在发言中介绍了近年来洱海保护治理所取得的主要成效,洱海的水质逐步得到改善,洱海自然生态系统逐步恢复,洱海魅力不断增强,洱海流域的经济社会实现可持续发展。何金平还从六个方面阐述了洱海保护治理取得的经验。即着力于综合、全面、系统的工程治理,切实增强洱海保护治理的系统性和有效性;着力于体制和机制创新,建立健全洱海保护治理的长效机制;着力于法制、制度建设,切实加大依法治海、规范管海的力度;着力于科技推广应用,切实提高洱海保护治理的质量和水平;着力于创新投融资机制,多渠道筹集保护治理资金;着力于发动全社会参与,全力打造洱海保护治理的良好社会氛围。国家环保总局局长周生贤要求全国重点湖泊流域的省市,要认真贯彻国务院的批示精神,认真总结洱海保护治理经验,在今后湖泊治理保护中推广洱海治理保护经验,为国内其他湖泊的治污提供借鉴。

2007 年 8 月 8—10 日,大理州人大常委会组织部分州人大常委会委员和部分州人大代表,对洱海保护治理情况进行视察。8 月 8—9 日,视察组一行在大理州环保局和相关州市县分管领导陪同下,分别对洱海西片区、东片区和北片区(包括洱源县)的新一轮"三退三还"、沿湖垃圾收集清运、主要入湖河道综合整治、流域污水处理、排污管网建设、湖滨带生态恢复建设以及洱海船只管理等情

117

况进行全面了解视察。10 日上午,视察组在听取大理、洱源两市县情况汇报后指出:大理、洱源两市县及州级各责任单位要坚决按照州委、州人民政府确定的洱海保护与治理"十一五"规划和近期目标。要在加大宣传,严格执法等方面取得新的突破;城市发展要紧密结合环境保护统一规划;在近期内要重点处理好波罗江、下关金星河和弥苴河的入湖水质问题,净化水源;要加大对各入湖河道口湿地生态圈的保护力度,真正发挥其作用;对沿湖、沿溪的企业排污管理要严格依法办事,对环境问题要坚持"一票否决"制;要认真做好农村面源污染问题和对垃圾的处理。这些问题务必在 2007 年底全面解决好。

2007 年 9 月 2—3 日,由国家发展改革委副主任、国家环保总局副局长率领的国家发改委、国家环保总局调研组到大理就洱海保护治理情况进行专题调研。调研组实地考察了大理市满江下河湾、大理镇白鹤溪、喜洲镇周城村、大理古城垃圾转运站、下关灯笼河口洱海东区湖滨带生态修复建设、洱海入湖河道水环境综合治理、村落污水处理、垃圾收集、城镇污水处理管网建设等情况后,指出:洱海保护治理所取得的成功经验,不仅是大理保护治理洱海的经验,而且是全省、全国保护治理湖泊值得借鉴的经验;洱海的保护治理为全省、全国的湖泊保护治理提供了典型的成功范例。调研组同时强调,随着流域的城市化、工业化、农业产业化进程的进一步加快,旅游业的快速发展,人口的增加和社会经济的进一步发展,会给洱海的保护治理带来很大的压力;要充分认识到洱海治理的长期性、复杂性和艰巨性,进一步加大工作力度,把洱海保护治理的良好态势继续保持下去,促进经济社会又快又好地发展。实地考察后,调研组总结了四点"洱海经验":第一点,"洱海保护无小事,洱海之水金不换"正是大理州委、州人民政府坚持执政为民的理念、正确政绩观和科学发展观的具体体现;第二点,依靠人民群众,动员全社会广泛参与,通过各种措施,把人民群众的积极性调动起来,提高保护生态环境、保护洱海的自觉行动;第三点,科学治理,洱海保护治理是一项系统工程,从局部治理到"六大工程",从单一治理到全流域治理,再到更加科学的治理,是大理州治理洱海的一条突出经验。第四点,创新机制,层层落实责任制。大理州把洱海管理局调整为市属市管,将原隶属洱源县的江尾、双廊 2 个乡镇划归大理市,整个洱海由大理市统一负责管理,加大了管理的权力和责任,并层层签订保护治理目标责任书,相关单位领导缴纳了治理保护目标责任风险抵押金,严格考核,实行重奖重罚。调研组认为:这些经验和措施使洱海得到了切实保护,洱海是全国城市近郊保护得最好的湖泊之一,"洱海经验"值得全国借鉴。

2007 年 9 月 19 日,由云南省人民政府办公厅、省"九大高原湖泊"(以下简称"九湖")领导组办公室以及省环保局、发改委、财政厅、农业厅、林业厅、科技厅、旅游局组成的省"九湖"检查组,对大理州"洱海'十一五'水污染综合防治目标责任书(2006—2007)"执行情况进行检查。检查组先后对大渔田污水处理厂、灯笼河庆中污水处理厂、下兑码头洱海"三退三还"工程、弥苴河水环境综合整治、洱源县三营镇中温沼气站、洱源县城污水处理厂及污水处理出口人工湿地建设等进行了实地察看,并听取了大理州目标责任书执行情况的工作报告。检查组认为:大理州洱海保护治理工作扎实、效果明显、水平不断提高。2007 年 1—8 月全湖水质总体保持在Ⅲ类,其中 1 月、4 月和 6 月达到Ⅱ类;洱海水污染综合防治工作得到了国家充分肯定;《洱海"十一五"水污染综合防治目标责任书》中的 30 个项目 15 个已经动工,另外 15 个前期工作已经启动,目标责任书执行情况较好。但是,随着经济的发展,洱海入湖污染物不断增加,很多项目仅仅在示范阶段,还未形成大的规模,入湖污染的削减量还不够。检查组认为,必须解决好以下几个方面的工作:一是农业农村面源污染治理;二是城镇污水的治理;三是湿地的建设和管理;四是流域内小湖泊、河道的治理。

2008 年 11 月 30 日—12 月 2 日,为学习贯彻温家宝总理、李克强副总理 11 月 13 日在中国环境与国际合作委员会 2008 年年会上的讲话精神,总结推广洱海保护与治理经验,研究部署下一步工作,进一步加强湖泊水库水环境保护工作,国家环境保护部在大理召开洱海保护经验交流会议。来自国家发改委、水利部、住房城乡建设部、农业部以及北京市等省市环保局、环境科研机构的 260 多人参加了会议,总结了洱海保护与治理经验。大家认为,洱海湖滨带、河口湿地和湖内植被恢复良好。众多候鸟在此落户,洱海生态系统正向良性循环的方向转变。因此认真总结并推广洱海保护的经验,对于全国湖泊水污染治理具有重要意义。

总之,洱海的保护经验,可以用"循法自然、科学规划、全面控源、行政问责、全民参与"20 个字来概括。循法自然,就是要树立起遵从自然规律的发展理念。湖库水污染防治是一项系统工程,不可能一蹴而就、立竿见影。大理人早在 20 世纪 80 年代就着手研究洱海保护的规律,通过吸引全国各地甚至世界知名湖泊治理专家来到洱海,在洱海开展了湖泊富营养化、氮磷污染控制、藻类生长和暴发规律、水体自然修复和湖滨带保护等方面的关键技术研究和实验。在科学研究的基础上,完善治理规划,确定了洱海保护阶段目标、任务和实施方案。洱海在治理思路上明确提出了要实现"三个转变",即坚持从湖内治理为主向全流域保护治理转变;从专项治理向系统、综合治理转变;从以专业部门为主向上下结合、各级各部门密切配合协同治理转变。清晰的思路、科学的技术路线、可行的保护目标、有效的措施等保证了规划的权威性和时效性。"十五"规划项目开工率和完工率分别达到 96.7％和 93.5％,工业废水达标排放率大于 95％,城镇生活污水处理率大于 55％,城市生活垃圾处理率大于 65％,森林覆盖率达到 43％,基本上完成了既定的任务。大理州执行规划任务的情况明显好于一些重点流域规划落实情况。科学制定、严格执行规划是流域污染防治取得明显成效的关键。全面控源,就是要有效控制各类污染源。大理州按照"生态优先、重点突出、集中治理"的要求,通过"双取消"措施有效控制了内源污染;通过结构调整和工业园区建设控制工业污染;通过环湖截污和集中处理控制城市生活污染;通过畜禽粪便产沼气控制畜禽养殖污染;通过垃圾集中收贮和污水处理等手段控制农村污染;通过湖滨带和湿地恢复建设,减轻面源污染。正是采取种种科学有效的综合治理措施,让洱海休养生息,流域生态环境正朝着健康的方向发展。行政问责,就是要建立起协调有序的管理机制,将治污责任落实到位。为了保护洱海,大理州自下而上摸索出一整套行之有效的管理机制(即一个机制、两个模式、三项制度)。包括统一指挥、综合协调的洱海综合治理保护领导机制。完善了以市级行政主管部门为主体的多层级流域基层管理模式,专门增设了镇级洱海环境管理所,聘请滩地协管员、河道管理员和垃圾收集员,负责洱海滩地和入湖河道的常年管护及日常保洁;创建了农村垃圾清运模式,告别了长期以来垃圾入湖的生活习惯。首创了"河长制"和"环境管理风险抵押金制度",将环境质量目标责任制落实到人,把风险压力变成了治污动力;实施了"洱海水量生态调度制度",使水量调度与污染防治有机结合在一起,充分发挥了各部门在水污染防治方面的作用。与会者指出,洱海保护的工作是成功的,多年来积累的经验是宝贵的。但是,必须清醒地看到,由于长期污染的累积和生态破坏、人口的增长、经济和社会的快速发展以及旅游业的发展等方面带来的重重压力,洱海的生态环境仍然十分脆弱,洱海的富营养化仍有可能出现反复。要充分认识到湖泊水污染防治的长期性、复杂性和艰巨性,持之以恒地做好各项工作。

2008 年 11 月 7—8 日,国家环境保护部部长周生贤,以及中央学习实践活动指导检查组成员杨振芳、胡晓明,中国环科院湖泊创新基地研究员、首席专家金相灿,环保部污染防治司司长霍青、环监局局长陆新元、宣教司司长陶德田等一行 17 人来大理,深入洱海湖湾、入湖河道、沿湖村落对洱海保护治理情况进行调研。8 日举行的座谈会,会上周生贤说,多年来,大理州委、州人民政府把环境保护作为工作中的重中之重,把洱海保护视为首要任务,把"无烟工业"旅游作为支柱产业,走出了一条卓有成效的环境保护之路。他赞赏"洱源净、洱海清、大理兴"和"严管源"这两句话,他说,这将成为千古之鉴。湖泊治理就是要"釜底抽薪",把源头治好了,湖水自然也就清了。周生贤许诺,环保部将对洱海保护治理中的污染源治理和农村垃圾收集与处理能力建设给予从资金到科研方面力所能及的支持。

2008年12月15—17日,云南省第十一届人大代表视察组先后到鹤庆草海湿地,剑川剑湖湿地,洱源海西海、西湖、洱海湖区湿地以及海东开发区实地查看后认为,大理州的几块天然湿地,是非常难得的生态文明建设基地,是滇西北旅游经济圈中的璀璨宝石,是大理旅游资源大州向旅游经济强州转变的重要资源。在过去几年中大理州在湿地保护工作中思路清晰、重点突出、措施有力,具有前瞻性、系统性、科学性,对保护生态、促进经济社会又快又好发展发挥了重要作用。视察组建议:大理州要紧紧抓住当前国家扩大内需,加快生态文明建设的难得机遇,积极争取国家、省以及上级相关部门的扶持,进一步研究明确湿地保护的定位、方向和标准,做好湿地保护项目的规划、论证和申报工作,力争早日启动湿地保护项目。在洱海保护治理中,要继续加强入湖河道的治理,加强生物治理,保护和恢复湿地、滩地;要加强面源污染治理,控制农村生产生活污染;要加快沿湖周边产业结构的调整,对沿湖周围的面山进行绿化;要继续加强综合性治理,进一步推进依法管湖。

2009年3月5日,中共大理市委、市人民政府召开"洱海湖滨带(东区)一期生态修复建设工程动员暨签责"大会,全面启动洱海湖滨带(东区)一期生态修复建设工程。同时,为确保按时、按质、按量完成该工程建设任务,成立了大理市"洱海湖滨带(东区)一期生态修复建设工程"领导组,领导组在市洱海保护管理局下设办公室,办公室下设综合组、土地清退组、拆迁安置协调组、东环海截污管网及湖滨带修复组、东环海生态环保公路建设组。不久,工程完成环洱海带状1:500数字化加密修测;至3月底,结束土地清退的放线以及除上关、双廊两镇外涉及的房屋拆迁放线工作;双廊、挖色、海东等三镇的项目拆迁安置地的选址也顺利完成;4月1日,挖色镇进入房屋评价阶段。至年底,此项工程一期取得新进展:一是农田清退组已拟定农田清退协议书,并将协议范本提供给海东、挖色、双廊、上关4镇。海西片1974米以内应退未退农田面积已基本澄清;二是海东镇、挖色镇、双廊镇共需拆迁房屋537院,已评估502院,安置用地在确定选址地点进行"三通一平"建设;三是完成全线47.86千米临海部分的施工放线工作及房屋拆迁标记工作。根据工程进展,领导组办公室下拨项目资金2100万元。

2009 年底开始,依据《洱海管理条例》规定,大理市对全市城乡各农贸市场的非法猎捕、出售洱海野生水鸟行为进行了严厉打击,并对当场查处的违法人员进行严肃处理,追究当事人的法律责任。近年来,洱海湖滨带植物增多,水质好转,鱼虾增多,为水鸟提供了安全栖身地和充足的食物,为违法猎捕提供了便利。

2010 年 1 月 1 日,大理市洱海保护管理局依据《云南省实施〈中华人民共和国渔业法〉办法》的相关规定,禁止使用鱼鹰捕鱼。执行中,为传承洱海鱼鹰文化,发展洱海旅游业,结合了洱海当前鱼鹰养殖的实际情况,适当保留部分鱼鹰作为观赏及民俗展演使用,以 2009 年 1 月 1 日前调查并注册为准,仅保留 122只为限。对现有的鱼鹰进行登记归档,不得随意增加,可以根据自然繁殖规律科学更替,并按要求上报大理市洱海保护管理局进行登记备案。

2010 年 8 月 4—5 日,由国务院办公厅秘书二局副局长、环保部生态司司长、财政部经建司处长、国务院办公厅秘书二局处长等组成调研组先后视察了大理市大理镇才村生态湿地建设项目、大理市湾桥镇稻田养鱼示范点、大理市喜洲镇金泰奶牛养殖场利用牛粪种植食用菌试验示范项目、洱源县邓川镇洱源牧源生猪标准化规模养殖场生物发酵床养猪技术试验示范项目、洱源县西湖农村环境综合整治示范项目。调研组充分肯定了洱海流域农业源污染防治取得的成绩,同时提出了建议和意见。

2011 年 3 月 21 日,洱海北片区截污治污环境整治生态修复工作完成招标并施工。此项目规划建设约 20 公顷生态湿地,总投资 2 753.03 万元,建设内容为湖滨缓冲区环境整治、生态及环境修复建设等。建设范围北至阳南河,南至全民健身中心,东至洱海,西至西环海路,选址分小关邑、阳南河、全民健身中心三个洱海湖滨带缓冲区。

2011 年 10 月,中共大理州委、州人民政府就加强洱海保护与促进流域经济社会与生态文明协调发展问题,召开两次专题常委(扩大)会议,组织一次专题调研,以及召开洱海保护治理工作大会,明确 2011—2012 年洱海保护治理及生态环境保护责任目标。2011 年洱海水质全年稳定保持在 Ⅲ 类,其中 1、2、3、12 月达到 Ⅱ 类。云南省人民政府九湖水污染综合防治督导组于 11 月初检查洱河保护治理工作后认为,大理州洱海保护在原有基础上取得阶段性成果。

2011 年 11 月 15—16 日,云南省九大高原湖泊水污染综合防治督导组滇西片区组对洱海水污染综合防治工作进行调研。督导组先后到银桥镇西城尾村调研村落污水处理、大理镇才村考察洱海湖滨带生态修复建设、下关镇北经庄调研农户庭院污水处理系统建设运行等情况。

2012年5月29日,大理市召开环洱海环境综合整治紧急工作会议,针对雨季即将来临的情况,对环洱海综合整治作出安排部署,预防可能出现的因暴雨冲刷而造成的洱海污染。此次环洱海环境综合整治时间为5月29日—6月5日,整治范围包括环洱海300条入湖沟渠、苍山十八溪、环洱海村落、排污口、洱海滩地和十一个湖湾,整治内容包括重点整治湖湾和滩地的沉积物、淤积物、腐殖质、刚毛藻及垃圾,以及滞留在234条沟渠和环洱海村落的沉积物、生活污水、垃圾及畜禽粪便等。

2012年9月24日,云南省九大高原湖泊水污染综合防治领导小组会议暨洱海保护工作会议在大理召开。会议的主要任务是学习借鉴洱海水污染防治经验,总结"十二五"以来九湖保护治理工作,扎实推进九大高原湖泊保护治理向更高层次发展。昆明、大理、丽江、玉溪、红河5州市人民政府及省九湖领导小组成员单位签订《九大高原湖泊"十二五"水污染综合防治目标责任书》。当天上午,洱海流域"两百个村两污治理、三万亩湿地建设、亿方清水入湖"三大重点工程在大理市才村码头正式启动,标志着大理州洱海流域保护及生态建设开启了新的征程。

(二)国际合作

1. 洱海湖区区域综合开发与环境管理规划合作研究

联合国区域开发中心(UNCRD)继对江苏无锡市与河北保定市的发展战略及规划进行合作研究之后,选择洱海湖区作为合作研究对象,与云南省人民政府联合实施,是云南省第一个大中型软科学国际合作课题。

1988年11月,云南省科委向UNCRD提出双方合作,对洱海湖区的社会经济发展进行研究。1989年5月,联合国区域开发中心主任佐佐波秀彦一行到大理作洱海考察,双方就洱海水资源管理和湖泊治理交换意见,并商谈洱海科技合作的可能性。1990年10月,云南省副省长李树基与佐佐波秀彦以通信方式正式签署了《中华人民共和国云南省大理洱海湖区区域开发和环境合作研究》(以下简称合作研究)协议书,决定于1991年1月开始实施。1991年4月,中方专家根据协议书的有关要求,制订项目研究计划草案。UNCRD派出林家彬博士来大理实地考察,踏勘了洱源、宾川、漾濞、大理3县1市,并分别与各县市人民政府和有关部门进行了座谈,交流了意见。5月,中方课题组在下关举办洱海合作项目培训班,主要讲解县级经济发展战略编制方法,统一3县1市基本数据册的填报。1991年6月,李树基在昆明会见佐佐波秀彦一行,协商确定了合作研究的工作计划。双方在昆明召开了研究计划咨询会,就研究目的、内容、成果形式、工作计划等进行了认真讨论，交流了意见。7月，云南省方面将合作研究列为省科委软科学研究和国际合作研究计划的重点课题正式下达，提出了课题总体设计及第一阶段的任务分解书。

项目的研究范围以洱海为中心，包括大理市、宾川县、洱源县与漾濞县构成的洱海湖区。同时，将洱海湖区置于广域圈内进行研究。社会经济的广域圈分为大理州全境，乃至云南全省，以及全中国、东南亚地区；环境管理的广域圈是洱海流域。

至1993年6月完成研究后认为，洱海湖区有四大优势，三个主要制约因素：地理区位优势、国土资源优势、产业结构优势、旅游资源优势；远离大城市，交通、通信不便，湖区社会经济发展极不平衡。湖区发展的基本思路应该是在保护洱海的前提下，尽快改善公路、铁路、航空、通信条件；发展旅游，将大理市和三县建成区域中心和各具特色的经济区。不合理的开发利用，把洱海作为调节水库，使水位下降，水质变差，生物种群改变；据1974年和1989年美国资源卫星分析，洱海湖区森林覆盖率下降2.4个百分点；"引洱入宾"工程，综合效益很好；"引漾入洱"工程耗资大，引水成本高；漾濞江水的泥沙处理无良策；跨流域引水生态后果无法预测；待"引漾入洱"工程竣工时，西洱河电站已失去调峰作用等。

1993年10月，课题最终成果论证总结会在昆明举行。中方汇集编印出专项《合作研究报告总集》（中文），联合国区域开发中心编印出版了专项《合作研究报告》（英文版）。

合作研究期间，双方在中国昆明和日本名古屋共举行较大规模的研讨会5次，一般研讨30余次；云南省应邀出访共5批18人次；UNCRD派遣来滇考察共10批33人次。其中6批共19人次赴大理洱海湖区就各自研究的领域进行考察、调研、收集资料。课题成果：云南省方面汇编了《综合部分》《市县发展战略与规划》《专题研究》等3集资料，共收录了中外专家的研究报告及附录材料30份，约三十余万字，获1995年云南省科技进步唯一一项二等奖（一等奖空缺）。大理州科技专家尚榆民、段诚忠参与合作的《大理洱海湖区区域开发与环境管理规划》项目获"云南省科技进步二等奖"。UNCRD编印出版的合作研究总结报告英文本，《中国云南洱海湖区综合开发与环境管理规划》，拟向东南亚和发展中国家广泛宣传发行。

同时，项目研究还为大理古城保护、开发做出了操作性极强的规划。

2. 洱海流域可持续发展投资规划和能力建设项目

这是联合国开发计划署（UNDP）无偿援助的项目，由外经贸部中国国际经济技术交流中心负责实施,旨在帮助地方政府对洱海流域盆地进行可持续性规划与设计,工作时间从 1995 年 6 月到 1996 年底。

1992 年云南省向中国国际经济技术交流中心提交了《申请联合国开发计划署援助治理洱海》项目建议书。

1993 年 3 月 22 日,联合国开发计划署驻华代表贺尔康姆先生与中国国际经济技术交流中心彭木浴副主任一行,对洱海进行了实地考察,表示要为治理洱海提供援助。

1994 年 8 月,由联合国开发计划署驻华副代表盖涛雅(Romulo Garcia)为团长的"大理洱海环保项目"考察团到大理实地考察。考察团成员有塞尔文诺依诺(芬兰水处理专家)、乔纳森(瑞典生态专家)、耐克缪热(联合国环境署水环境专家)、金相灿(中国环科院水环境专家)、张广惠(中国国际经济技术交流中心主任)、蒋玲援(中国国际经济技术交流中心项目官员),以及云南省外经贸厅副厅长王汝明、云南省环委综合计划处处长王文义、高级工程师杨文龙等,赴大理考察了半个月。项目于 1992 年由大理州人民政府向云南省和国家申请,在云南省环委的帮助下,提交了项目申请、建议书、可行性报告。1993 年 3 月和 1994 年 8 月,UNDP 驻华代表、副代表曾先后两次到大理,邀请北欧四国驻华公使一同前来考察。按 UNDP 援助项目程序分别编制文件,这是第三次专家编制项目框架文件阶段。考察团到云南后,受到省、州、市人民政府领导的会见,并交换了对项目实施的意见。专家组认真考察了洱海流域的生态、经济及部分工厂,在省、州、市专家和科技人员的配合下,编制了 80 页的项目框架文件,援助项目名称确定为"大理洱海流域可持续发展投资规划和能力建设",援助内容为工业污染控制、供水和废水处理、固体废弃物管理、非点源污染控制、与环境相协调发展的旅游业、生物多样性保护、水质监测系统等 7 个项目的预可行性研究。由中外专家按国际惯例共同完成后,作为接受国际金融组织或外国政府援款、贷款的文本。

1995 年,洱海环境保护受援项目全面启动。3 月 2 日,联合国开发计划署代表签署的"云南洱海流域可持续发展规划和能力建设项目"受援 50 万美元。8 月 15 日,联合国环境规划署代表与中国国际技术交流中心主任张广惠签署了"为持续发展的投资规划服务的中国洱海及在洱海流域的诊断研究准备报告"项目,受援 21.7 万元。9 月,大理州人民政府批准成立大理州环保利用外资项目办公室,地点设在大理州建设局;同时成立受援项目协调委员会,下设项目管理办公室。配备了国际电话、国际传真、计算机、复印机及其他必要的办公设备。在北京中国国际交流中心召开了项目中国专家组会,聘请北京大学、清华大学、中国环科院、水利部水利电力研究院的专家共同提出了各专题的工作思路以及基础资料和相互交叉的工作内容;明确了预可行性报告由国际专家执笔,中国专家配合,当地专家提供资料的工作方式。

1995年9—12月间,包括联合国开发计划署国际专家7人、国内专家5人共4批项目专家先后赴大理,到洱海地区开展洱海保护调研,并编制了非点源、造纸纸浆、固体废物、废水等4个预可行报告的阶段报告和工作大纲。确定预可行性报告及综合报告既可以一次招标引资,也可分单项招标引资。1996年底,项目经过两年多的紧张工作,已按期完成。这个项目由联合国援助74.8万美元、国内配套100万人民币,由中外专家和当地的工程技术人员共同完成。来自美国、日本、芬兰、意大利、瑞典、加拿大和丹麦的16位专家先后到大理23人次。北京大学、西南市政工程设计院、云南省环境科学研究所等单位的国内18位专家37人次对洱海流域实地踏勘,听取各方意见,采用国际先进的技术,编制了大理市城市污水治理、制浆造纸工业污染控制、固体废弃物治理、生物多样性保护、非点源污染控制、水质监测系统6个预可行性研究中英文本,总投资估算为18.328亿元。借鉴加拿大五大湖、日本琵琶湖和霞浦湖流域规划技术和模型,完成了洱海流域环境规划模型。整个项目提供3个层次的成果:一是供地方政府为持续发展决策和管理服务的流域环境规划,二是作为向国内外招标引资的综合报告文本,三是6个单独成文的预可行性报告。这些成果已在北京正式印制。

1997年4月大理州"三月街"民族节期间,在大理召开了"97洱海国际会议",向国内外发布洱海保护研究成果,同时向国际金融组织和团体招标引资。最先启动的大理污水处理项目已由国家批准,意大利政府贷款1800万美元的评估、设计等前期工作已全面铺开,洱海保护受到国家及国际社会的关注和支持。

3. 洱海湖泊区域管理信息系统研究与开发

1996年12月2—4日,中国和意大利双方代表在云南省外商投资管理服务中心,就意大利政府对中国大理洱海环保贷款事宜进行了认真坦诚的会谈。意大利外交部合作发展司代表雷恩土其(Rantucci)博士重述了意大利政府贷款的用途、使用方式及管理办法,中方参加会谈的有大理州、市城乡建设环境保护局、省州市计委、省环保局、省外经贸厅、省进出口公司、中国市政工程西南设计院的领导及工程技术人员。双方确认项目以意大利政府和中国政府共同出资的方式进行,中方愿意使用意大利政府1800万美元贷款建设大理市的供水及污水治理系统工程,主要内容有大理市城市生活污水处理(大渔田污水处理厂和下关大理凤仪管网及大理至下关排污干管)、大理城市供水(下关第五水厂和凤仪水厂以及古城水厂改造等)、工业点源污染治理 3 个部分。

意大利政府贷款的还款期为 25 年,其中有 10 年的宽限期,年息为 1%。贷款重点是用于购买意大利设备、咨询服务费,也有一定的比例用于购买国内设备。中方配套费主要用于征地、基建,当年已落实国家、省、州、市各级配套资金5 000 万元人民币。

雷恩土其博士表示,1997 年 2 月份前争取向意大利政府提交用款建议。为用好此笔贷款,加强管理,便于和国际接轨,大理市成立了大理市供排水公司,抽调有关人员积极开展工作。中国市政工程西南设计院的工程技术人员已全力投入大理至下关排污干管的勘测设计工作。

大理州人民政府按可行性研究报告,在大风坝建成了垃圾填埋场;在大渔田建成了污水处理厂,使"洱海流域固体废弃物"和"洱海流域污水"的两个管理项目得以实施。十五期间州、市人民政府启动了"洱海保护六大工程"。"环洱海生态工程":西岸 48 公里湖滨带生态修复工程即将竣工;污水处理和截污工程:大理市东城区 13.1 公里的凤仪至波罗江管网、东城区排水二期、上河至灯笼河截污干渠工程,计划投资 4.7 亿元,正在建设中;"面源污染治理"有突破:完成了仁里邑村的"洱海湖滨地区农村面源污染综合控制技术试验示范"课题招标,才村生态示范村建设试点,建成 5 000 口沼气池、500 个旱厕和村落垃圾处理、挖色村污水处理等一批工程,在洱海湖区推广了大春作物的控氮减磷平衡施肥技术16.9 万亩;面山绿化、水土流失及入湖河道治理工程和洱海环境管理工作初见成效。洱海水质稳定在Ⅲ类,生态、社会效益显著。"洱海水质监测系统"基本建成。另外,完成了"洱海湖泊区域管理信息系统的研究与开发"课题,开创了全国湖泊信息化管理的先河。

4. 澳大利亚第四纪孢子粉学家沃克来大理考察

根据中国科学院和澳大利亚国立大学关于第四纪地质合作研究项目的协议,澳大利亚大学生物地理与地貌系沃克教授和霍普博士,应中国科学院植物研究所邀请,分别于 1982 年 4 月和 5 月来华访问四周。访问期间进行了第四纪孢子粉的野外取样。中澳第四纪合作研究是内容广泛的长期合作研究项目,对于推动两国关于地球演化的理论研究和发展国民经济都具有重要意义。第四纪孢粉的合作研究是其中一个主要部分,沃克教授是澳方负责人,在大理活动时,曾赴邓川西湖靠西山脚一带的深水区进行草煤水下采样作业。

在入湖考察后,沃克听到中方科技人员在议论这一地区有血吸虫病流行的

127

情况,当时他很敏感。陪同人员当即说明,洱源县曾是血吸虫病流行地区,但多年来经地方政府采取了查螺灭螺的措施,使血吸虫病基本得到控制;并在治疗上已研制出有效药物,万一感染,短期内即可治愈;在西湖内未查出钉螺,但为了保险起见,考察人员入湖前,先在手脚上涂防护药膏预防。沃克讲他很了解血吸虫病的生活史,同时用手比画着椭圆形圆圈说:"如果我感染了血吸虫病,那不是我个人的事。因为我们国家是没有血吸虫病的流行的,所以这将涉及两国关系的问题。"中方陪同段诚忠立即向中国科学院和昆明分院做了汇报和请示,建议尽快结束西湖考察工作。因此,沃克原计划的西湖考察结束,对洱海的考察也随之终止。

5. 双向交流派员参加国际学术研讨会

除引进国外科学技术的参与外,大理州还派出州内有关人士出国参观访问取经。

1995年10月22—28日,在日本召开"95'霞浦第六届世界湖泊保护和管理大会",大会由国际湖泊环境委员会和日本茨城县主办,得到联合国组织和日本100多个株式会社、财团赞助。有8000多人参加,除日本外,有600多名来自70多个国家及地区的专家学者。会议共收到学术论文496篇,中国有27篇,论文涉及的湖泊有武汉东湖、新疆博斯腾湖、安徽巢湖、云南洱海和滇池、上海淀山湖、长江三峡、江苏太湖等。大理城乡建设环境保护局尚榆民参加了大会,他提交的论文《中国洱海的生态环境诊断》引起日本、加拿大、罗马尼亚等国家代表的极大关注。

大理州州长李映德参加了会议,他说:这是多年来大理州参与的层次和水平最高的综合研究项目。研究报告提出的洱海湖区发展思路正是大理州发展战略的高度概括,已逐步开始实施。

1997年4月19—23日,中国洱海流域环境与经济持续发展投资规划成果发布及洽谈会(简称'97洱海国际会议)在下关召开。会议由联合国开发计划署(UNDP)、联合国环境规划署(UNEP)和云南省人民政府主办,大理州人民政府承办。联合国开发计划署、联合国环境规划署,中国国际经济交流中心及日本、加拿大、芬兰、瑞典、意大利、中国香港等国家和地区,以及国内的代表和专家学者近200人参加会议,云南省人民政府副省长牛绍尧在会上发言,大理州人民政府州长李映德和大理市人民政府市长赵济舟致辞。会议发布了联合国开发计划署和联合国环境规划署援助74.8万美元完成的中国洱海流域环保10个子项目的全部成果,交流了湖泊保护、开发、管理方面的最新学术及技术成果,进行了洱海环境保护项目的招商洽谈。

2000年10月25日,由国家环境保护总局主办、中国环境科学研究院、大理州人民政府、云南省环境保护局承办的"中国湖泊富营养化及其防治高级国际学术研讨会"在下关召开,会议为期5天。170名来自联合国环境规划署,以及日本、俄罗斯、加拿大、澳大利亚、韩国、肯尼亚、阿根廷等国家的国际著名湖泊环境专家学者和中国内地及香港等多年从事湖泊研究和治理工作的学者专家,就当今国际湖泊富营养化控制关键技术、湖泊环境管理技术、湖泊富营养化研究的新成果和新理论进行了交流和探讨。他们还对中国湖泊富营养化及其防治工作,特别是对云南省高原湖泊保护工作提供了好的建议。

2009年11月1—5日,以"让湖泊休养生息、全球挑战与中国创新"为主题的第十三届世界湖泊大会在武汉召开,来自全球45个国家1500余名权威专家、政府官员和各方代表共商湖泊治理保护与可持续发展大计。大理州由州人大常委会、州环保局、大理市环保局、洱海管理局、洱源县环保局及洱海湖泊研究中心、州环境监测站、云南水文局大理分局的专家组团参加会议。11月3日,副州长许映苏在"市长论坛"作了《洱海清大理兴》的主题发言;尚榆民在专家论坛上作了《洱海立法与实践》的交流发言。

(三) 科学成果

1. 课题项目

1987年,由云南省科委立项扶持的洱海土著鲤鱼的人工繁殖研究课题,由云南大学生物系、大理州洱海管理局和大理州水产工作站合作完成。1991年春取得春鲤和黄壳鲤鱼人工繁殖成功。在池塘内进行人工培育鱼苗,用了3年多的时间,于1991年8月份在双廊水域投放洱海8～9个月龄的鱼种10.4万尾。到1999年8年间累计投放人工繁殖的土著鱼苗400万尾。洱海土著鲤鱼的人工繁殖成功,对保护洱海鱼类物种资源、恢复土著经济鱼类起了积极的作用。1991年初,大理州水产站鱼种试验场成鱼养殖面积22.4亩,鱼产量5 615公斤;鱼种20.4亩,产量3 129公斤。年底成鱼完成7 296公斤,超计划1 681公斤,亩产325.2公斤,比1989年亩产178.2公斤增加了147公斤。

从1987—1990年,完成《洱海富营养化调查及水环境管理规划研究课题》,对洱海区域环境、水质、水生生物、渔业、污染源、流域社会经济等方面进行了为期3年的调查研究。这是国家"七五"科技攻关项目,由大理州环科所、云南省环科所、洱海管理局共同承担。项目获得了15 000多个科学数据和18个专题研究成果：评估了洱海的水质、论述了水生生物群落结构及其演替，从不同沉积物对营养盐来源及负荷进行了平衡计算，认清了洱海富营养化的主要因素，提出了洱海富营养化评价标准，对洱海营养状态做了科学的评价和趋势预测，对洱海生态渔业发展及流域生态经济等进行了研究。课题的湖泊营养化调查研究成果，对洱海富营养化防治、洱海水质、水资源和流域环境管理建设，不仅为国家"七五"科技攻关项目《全国主要湖泊水库富营养化调查研究》基础研究提供了软科学资料，而且为洱海流域综合开发和保护提供了科学依据。经中国环境科学院组织有关专家鉴定，认为该课题成果已达到国内同类研究的领先水平，洱海管理局已将此项研究成果在"八五"期间实施。

1997年至1999年，大理州城乡建设环境保护局与中科院地质所合作，先后开展《洱海沉积物营养盐特征研究》《洱海沉积物石油类污染研究》和《洱海沉积物有毒有机物特征研究》等科研课题，为进一步认识网箱养鱼给洱海造成的污染以及进行洱海污染底泥整治的必要性等提供了科学依据。多年来，大理州城乡建设环境保护局不断加强与中科院地质所、南京地理所以及中国环科院等多家国内科研机构合作，共同开展科研课题，在洱海的保护工作中始终坚持科研先行，以科研成果为基础制定相应的保护措施。1998年，由大理州气象局和云南省人工影响天气中心共同承担的洱海人工增雨蓄水试验研究项目被省气象局列入云南省气象重点科研项目。此项目共设立洱海径流区人工增雨作业火力网科学布局及最佳作业时段选择的研究、有利于洱海人工增雨作业的天气系统分析研究、人工增雨作业技术方法研究、各类云雷达回波作业指标、人工增雨作业效果对比统计分析、人工增雨技术业务流程等6个子课题。此项目计划3年完成，有关科研经费由省人工影响天气中心和地方政府共同承担。10月初州人民政府指示，要求气象部门抓住后期有利时机开展洱海人工增雨作业。10月15日根据天气预报和卫星云图监测具有作业气象条件，州气象局调集州人降办、巍山、大理、祥云的人工增雨火箭发射车，组织开展联合作业，分别在苍山脚一线布设四个作业点不间断进行作业。从10月15—22日，共作业37轮次，发射火箭弹318枚，作业区大理合计雨量97.2毫米，比临近县多37.1～69.9毫米，洱海水位从1973.06米上升到1973.28米，净增0.22米，蓄水量增加5500万立方米。为增加洱海蓄水、改善洱海水质和生态起到了非常好的作用。

"大理市污水处理系统"项目获1998年国家扩大内需资金补助3000万元，其中1000万元为中央财政拨款，2000万元为中央财政借款。项目完成后，大理古城、下关地区的生活污水将全部进入大渔田污水处理厂进行处理，从根本上解决城市污水对洱海的影响,进一步强化了洱海的保护。

1998 年 11 月 8—9 日,国家环境监测总站和云南省环保部门对洱海监测点位设置、监测资料以及有关点位认证技术文件等进行认真评审,认为洱海 3 个断面 9 个监测点符合国家有关要求,验收并认定为国家环境监测控制网点。大理州环保部门对洱海的监测工作始于 1980 年,通过近 20 年的监测,大理州环境监测站为国家报出了近 7 万个科学数据。洱海是国家级大理风景名胜区、苍山洱海自然保护区的重要组成部分,同时又是澜沧江至湄公河上游重要的淡水湖泊,为此,国家环保总局将其列为国家重点保护水域之一,对其监测点位的合理性、代表性和科学性都有更高的要求。

同年,洱海水产技术推广站完成了大理州科委下达的《洱海高等经济水生植物引种技术试验及推广》项目。在全湖适宜地区引种推广种植野菱 1200 亩、乌菱 800 亩、茭草 1000 亩,海菜花 5 亩,初步形成了经济水生植被较为合理的分布格局,同时也为掌握洱海湖泊生态环境动态的变化规律和运用高等水生植物自然净化水质打下基础。

1999 年在保护好水产资源自然繁殖的同时,洱海管理局向洱海投放高背鲫、土著鲤、鲢、鳙、青鱼等鱼苗 632 万尾,鱼苗专项费 30 万元,比 1998 年的 260 万尾多投了 372 万尾。在 16 次投放鱼苗中,每次都邀请财政和渔业社代表参加,并请新闻媒体参与,协助监督,确保鱼苗全部放入洱海。在投放活动中,为增强科技含量,与国家重点科技攻关项目 96 - 911 - 08 - 03《中国湖泊生态恢复工程及综合治理技术研究》相结合,承担洱海水生植被的恢复,引种野菱 1500 亩、乌菱 1200 亩、茭草(瓜)1800 亩、海菜花 15 亩,形成布局合理、稳定的水生植被种群,改善鱼类繁殖环境。1999 年水产品产量较上年有了大的发展,达 4 660.36 吨。其中草鱼 12.5 吨、银鱼 145.6 吨、鲤鱼 160.6 吨、鲢鳙鱼 42.4 吨、鳊鲂鱼 34.3 吨、青鱼 12 吨、虾 2 499.01 吨、贝螺 261.6 吨、小杂鱼 1 327.02 吨,产生经济效益 5 500 多万元,帮助渔民走出了生产低谷。

2000 年,大理州人民政府投资 100 万元,对洱海进行全面、系统、详细的测绘,测绘由海军南方工程建设局和大理天作设计院负责。这次测量采用目前国际上最先进的遥感、地理信息系统和全球定位系统,以数字的方式获取、处理和分析有关资料,运用数字化测绘技术对内陆湖泊进行勘测绘图,在全国尚属首例。目前所引用的洱海长 42 千米,宽 3～9 千米,周长 120 千米,面积 250 平方千米,平均深 10 米,蓄水 25 亿立方米等数据,基本是沿用 1926 年的勘测数据。虽然 1949 年、1988 年、1995 年曾对洱海进行过测量,但都未彻底勘探详测。这

131

次测绘目的是彻底澄清洱海真面目,为洱海资源调配和大理的工农业生产、环保、旅游等提供准确依据。测绘由中国人民解放军海军南方工程建设局负责水下地形地貌的测量,海防高程1972米以上地形地貌由大理天作设计院负责测量。2001年7月12日,有关部门在下关召开会议,对环洱海带状数字化地形图测量项目进行验收。省州有关部门专家组成的验收组,对测量质量进行了审核,对水下1∶5000、水上1∶500两类图幅进行了鉴定。成果显示,当洱海湖面高程为1972.2米时,洱海南北长40.6公里,东西最大宽处为8.8公里,最小宽处为3.05公里,最大水深为19.5米,湖面面积为257.51平方公里,蓄水量为23.206亿立方米,湖中岛屿面积为0.6平方公里。此次测量还获得有关洱海水草、矿物分布、水体流向流量情况,为洱海保护提供了第一手信息资料,为洱海湖泊系统化管理提供了一套全面、系统、翔实的洱海水下和环湖地形地貌图。

2001年,大理州环境监测站为加强洱海水质监测,将原来的3个断面调整为4个断面。全年共进行15次监测,完成上报监测数据20 267个。同时,完成地面水分析样品7576个、质控总检查1727个、加标样393个、密码样控334个,总合格率97.8%,为洱海保护提供了科学依据。

2002年,大理州洱海管理局实施《洱海湖泊区域管理信息系统的研究与开发项目》。此项目以区域可持续发展为宗旨,以信息处理为技术手段,研究和开发以地理信息系统(GIS)全面支持的、集成多种新技术的洱海湖泊区域管理信息系统,建立高原湖泊的环境、水质、水量等资源管理与预警、预测的应用系统。结合现代化管理理论,实现以水资源管理为核心的多学科技术应用。项目投资150万元,由昆明云金地科技有限公司中标实施。洱海湖泊区域管理信息系统的研究与开发将使洱海保护管理工作再上一个新台阶。

2003年2月,大理州环境科学研究所高级工程师董云仙完成《洱海海藻类研究课题》并通过成果鉴定。此课题是他从2000年9月起承担的。湖泊富营养化的过程,实质上是藻类吸收利用水体中的营养物质进行增殖而建立优势的过程。所以,研究洱海藻类的组成、群落特征、时空分布和变化规律就能掌握洱海的富营养化状况及其发展趋势。在以往研究工作基础上,董云仙鉴定出洱海藻类198种,并进一步研究洱海藻类的种群特征、群落结构、现存数量、分布规律和变化规律以及其现状和发展趋势,同时提出相应的防治对策。此项研究成果在全国环保系统内陆湖泊藻类研究上处于领先水平,为洱海环保及内陆湖泊保护提供了科学依据。

2004年6月,洱海管理局投资50万元,完成了1平方公里的洱海南部湖心平台沉水植物恢复试验工程,种植 85 万株沉水植物种苗和 150 万株菹草冬芽。并按计划定期进行监测,收集、整理数据,为大规模开展洱海沉水植物恢复提供了切实可行的技术方案。

2004 年,洱海管理局组织开展的《洱海水生野生动植物自然保护区建设项目初步设计》工程,总投资 568 万元,其中国债 482 万元,建立了洱海水生野生动物自然保护区,面积 18 万平方米。以保护自然资源和生物多样性为中心,最终实现了自然资源的持续利用和生态环境的良性循环。

2005 年 10 月,由气象高级工程师王祖兴、黄惠君合作完成《洱海流域气候变化与水资源分析》子课题研究,对洱海流域气候特征、气候变化对洱海水资源的影响、近百年洱海流域的气候变化、未来气候变化趋势、洱海水资源前景预测及洱海水量供需平衡等方面进行系统的分析,对合理开发利用洱海水资源、保护水环境提出了措施和建议,获 2006 年度大理州科技进步二等奖。

2007 年,为把好洱海入水第一关,确保向洱海输送清洁水,洱源县坚持标本兼治,切实加大资金投入力度,采取多项措施狠抓海西海前置库湿地建设。一是截至 2007 年 7 月底,投入 80 万元进行前置库湿地恢复,共扦插柳树 20 000 株,种植芦苇、茭草 40 公顷,种植香蒲 3 243 棵,中林美荷杨 37 507 株,种植洱海菱角 500 公斤,移栽水冬瓜 400 棵,种植莲藕 300 公斤;在 34 孔桥以西的荒滩上种植柳树、水冬瓜 1 200 棵,所种植物成活率达 98%;二是投资 20 万元建成了海西海前置库淤地坝;三是补偿养鱼承包人 18 万元,一次性终止海西海湖内人工养鱼,实现了对海西海库区的封湖禁渔;四是全面完成海西海沿岸 87 座石灰窑的取缔,并投入 4.5 万元对石灰窑旧址进行生态恢复;五是投资 295 万元对海西海主要水源弥茨河开展小流域治理,治理面积 24.84 平方千米;六是投入 42 万元,完成海西海 5 平方千米水土流失治理;七是积极开展退耕还林和面山绿化工作,共完成封山育林 277.26 公顷、退耕还林 1 466.67 公顷、公益林建设 68.8 公顷、人工造林 1 542.8 公顷;八是配备垃圾清运车 2 辆,修建垃圾池、垃圾箱 16 个,制作了环保宣传牌 8 块,聘请 5 名护管员专职负责水面杂物的打捞、清理和沿湖环境管护。经监测,海西海水质由 2005 年的 Ⅲ 类提升为目前的 Ⅱ 类,前置库正在发挥湿地功能,把好了洱海入水的第一关。

2008 年 2 月 26 日,大理市洱海管理局召开了洱海基础科研工作座谈会,会议总结了几年来洱海科研工作,将 2008 年起实施的 18 个科研项目做了安排。座谈会加大了洱海基础科研工作的力度,探索了洱海自然生态规律,逐步恢复了洱海的生物多样性,改善洱海生态环境。

2008年6月5日,洱源县发布环境质量公报,西湖水质由2005年的Ⅴ类转好为Ⅳ类。西湖多年不见的白鹭、黄鸭等珍禽又纷纷回来,并在西湖自然繁衍生息。西湖环境综合整治取得了显著成效。洱源县自2007年开始实行西湖封湖禁渔工作,当年投放鱼苗15万尾,2008年又投放20万尾,其中草鱼6万尾、鲤鱼5万尾、鲫鱼5万尾、鲢鱼4万尾;取缔湖内养鱼迷魂阵50多个,打捞湖内水葫芦5000多吨;禁止采挖草煤,大力推广沼气池建设,实施畜禽粪便和秸秆回收再利用试验示范,建设沤肥池,沼气使用率逐年提高。同时,积极开展面山绿化、环湖绿化,推广控氮、减磷、增施有机肥技术,切实开展小流域治理。另外,投资100万元完成西湖湿地生态恢复,在西湖沿岸种植垂柳2万多株,采用生态浮岛法种植芦苇、菱草30多公顷。由于生态环境好转,西湖受到省内外游客的青睐,每天要接待游客1000人左右。还大力推行群防群治,在西湖配备了10名环保协管员,对西湖及罗时江进行管理、监督,及时制止污染环境、破坏生态的不良行为。实施了西湖水路疏通工程,建成西湖南登桥,铺设疏水管道135米。

2008年8月至11月,海西海北岸1800米长的生态修复与湖滨带工程已基本完工,概算投资50多万元。种植12628棵柳树、白杨等树种,设置长1600米的铁丝网围栏,配置1名湖滨带环保协管员,禁止垦荒和放牧;建设海西海前置库湿地6公顷,栽种柳树3000棵、金竹284丛。将对海西海生态修复、改善水质起到重要作用。

2008年,云南省科技厅下达的计划项目申报指南通知要求,大理州科技局积极组织由大理市洱海管理局主持的"弥苴河河口湿地恢复关键技术研究及工程示范项目"的申报工作。同时,争取到社会发展科技计划的社会事业发展专项400百万元经费支持。弥苴河是洱海的主要水源河流,此项目的实施,将对开展洱海生态经济和湿地恢复技术体系建设、促进流域可持续发展等,具有重要的现实意义。

2009年11月1日—12月25日,大理市洱海保护管理局针对"秋冬交替季节,洱海水面出现大量死亡水草、水葫芦、藻类、垃圾等漂浮物,容易在风浪作用下聚集在海湾和潜水区,如不及时清理打捞将对洱海水体造成二次污染,加速富营养化"的进程,出台"洱海漂浮物打捞及水生生物治理项目实施方案",组织沿湖专业人员对湖湾等地区开展打捞与清运。截至12月底,共打捞漂浮物、死亡水草约10289吨。及时遏制了死亡植物的污染,确保了沿湖一带岸洁、水清。

2000年10月20日,"九五"重点科技攻关项目《中国湖泊生态恢复工程及综合治理技术研究》中的《洱海湖泊沉水植物恢复技术》等5个了课题通过州级验收。这些课题是大理州城建、洱海管理、林业等部门从 1998 年 4 月开始,与中国环境科学研究所联合开展的研究课题,课题研究投资 120 万元,示范投资 80 万元。经过 3 年的研究,以洱海为典型提出了中国湖泊污染综合治理和生态恢复系统技术以及湖泊环境管理决策系统。此外,州城建部门与中国科学院地质研究所合作,开展了"洱海富营养化底泥有机营养盐研究"等 5 个课题研究,已完成并通过 4 个课题的验收,其中洱海底泥沉积学方面的研究成果,填补了大理州这项科学研究的空白。

2011 年,云南省科技厅下达的"洱海控藻技术研究"项目,由中国大理洱海湖泊研究中心完成,采用当前国际及国内先进的研究方法和手段,对近 20 年来洱海藻华发生发展变化、水生生物演替规律,生态退化及保护治理措施与管理、饮用水源地安全等重大关键技术问题进行研究,找出影响洱海藻华发生的关键环境驱动因子、内外源污染因子和湖内生态退化限制性因子,对洱海已应用的污染治理、生态恢复、控藻管理技术等进行了系统地研究和评价,并通过引进、筛选、继承与自主创新,提出成套的洱海内外源治理的应急控藻实用技术与现代化管理控藻技术,从而形成洱海控藻技术新的理论与技术体系。通过此项目不同阶段成果的运用,有效削减试验区洱海内、外源污染负荷,洱海总氮、总磷浓度下降,水体透明度显著提高:2010 年较 2003 年总氮、总磷分别削减 10%、31.7%;水体透明度增加 0.4 米,提高 26.2%。有效地促进了洱海水质的改善、生态恢复,水体自净能力的增强,对控制富营养化进程、蓝藻水华发生发展起到了极为重要的作用。2010 年 12 月 12 日,此项目通过云南省科技厅委托省环境保护厅组织的科技成果鉴定。

《中国湖泊(洱海)生态恢复工程及综合治理技术研究》,这是国家科委和国家环保总局下达的国家"九五"湖泊攻关课题,洱海被列为代表全国湖泊承担了此项任务。从 1997 年底至 2000 年 9 月,由中国环境保护科学院牵头,大理州城乡建设环境保护局、洱海管理局、林业局参加。根据近年中国湖泊富营养化严重制约了社会经济发展的实际情况,课题的目标是:提出适合中国 21 世纪经济发展的湖泊保护国家方案,包含中国湖泊污染综合治理技术研究、湖滨带生态恢复技术、湖泊沉水植物恢复技术、湖泊水源涵养林恢复技术和中国环境专家系统研究等 5 个专题。1998 年,完成数据资料建立及分析成果、基础图集绘制、示范工程技术方案和初步设计等项目。

2008 年 5 月 15 日,以国家"水专项"办公室副主任刘志强为组长,中国环境科学研究院院长孟伟、中国环境科学研究院水环境科学研究所所长金相灿等领导组成的国家"水专项"办公室调研组,到大理对环境科研和洱海保护治理工作进行专题调研。调研组先后实地考察了洱海东岸机场路段湖滨带生态恢复建设,以及苍山白鹤溪、周城村落污水处理系统建设和洱源县三营镇中温沼气站建设运行情况。调研组充分肯定了大理州在保护治理洱海中取得的成绩,并希望进一步推进"水专项"工作和湖泊环境科研的进程,为全国湖泊治理工作提供了更多、更好的经验。

2008 年 8 月 24 日,由清华大学、中国环科院、南京地理所、中国水利科学研究院、上海交通大学的专家组成论证委员会启动,由国家"水专项"管理办公室主持国家"水专项"课题《洱海富营养化初期湖泊水污染综合防治技术研究与工程示范》。委员会听取了云南省"水专项"领导小组和"洱海水"专项办公室(课题)实施方案编写组的汇报,审阅了相关资料,经咨询、打分、投票和讨论。项目和 7 个子课题全部获通过,并于 2007 年 2 月起,历时 18 个月完成前期工作,2008 年 12 月实施。

2010 年,国家水专项洱海项目工作扎实推进。为期一年的洱海水面放置沉水植物实验浮台建设项目获批;位于大理市的国家洱海项目沙坪工作站(第四个工作站)、"洱海研究平台与信息中心"临时研究及办公平台初步建成。在洱海主要入湖河流弥苴河、永安江设置流量监测站点,为入湖河流入水量及污染负荷研究,洱海环境容量、承载力研究与计算,污染物总量控制,洱海海水资源利用、生态水位调控等项目创造了坚实的基础和条件。2010 年内,首次在大理市上关镇引进塔式蚯蚓生态过滤池处理技术,成功研制了微型无动力、太阳能清洁能源户型污水处理技术,农村户型净化槽污水处理技术研究有序展开;与中科院水生所共同实施的洱海水专项第六课题《洱海典型湖湾水体水污染防治与综合修复技术及工程示范》的研究,通过国家水专项中期检查,并受到高度评价。编制的《洱海控藻技术研究报告》通过专家评审验收,并推荐申报科技成果。

2011 年,洱海保护工作严格遵循"严控源、慎用钱、质为先"的要求,紧紧围绕"四个清洁(清洁水源、清洁田园、清洁能源、清洁家园)"建设,主要实施集镇污水收集处理及城镇截污工程、流域生态屏障建设、主要入湖河道清洁、农业面源污染控制、农村环境综合整治、垃圾收集处理处置工程、流域环境管理及生态文明建设等工程。

2. 治理项目

(1)《洱海流域畜禽养殖污染治理与资源化工程项目》,由云南顺丰洱海环保科技投资股份公司实施。该公司成立于 2009 年 8 月,是以洱海流域废弃物资源化利用、生物能源开发及有机肥研发、产供销为一体的环保企业,也是大理州党政一把手科技工程实施企业、国家高新技术创新企业、全国 25 个优秀民营企业之一。2016 年 5 月,"洱海环保"在"新三板"上市。公司建成的《洱海流域畜禽养殖与资源利用项目》投资 4.4 亿元分别在大理市和洱源县建立 4 座大型有机肥加工厂、25 座大型畜禽粪便收集站,至 2018 年已回收处理有机废弃物 130 万吨多。正在实施的《洱海流域特大型生物天然气试点项目》是国家发改委和国家农业农村部重点支持的项目,总投资 5.67 亿元,达产运营后,每年可处理流域各种废弃物 35 万吨、日产车用燃气 3 万立方米、年产 1 050 万立方米,可日供 1 500 辆生物天然气出租车使用,同时减少汽车尾气的排放。此项目产生的沼液和沼渣,可生产固态有机肥 16.9 万吨、液态有机肥 13.2 万吨,可供 60 万亩生态农业用肥。以上两个项目先后投入 10.07 亿元。投产后可利用各种废弃物 195 万吨,可减排 COD 7.2 万吨、总氮 0.27 万吨、总磷 0.18 万吨、氨氮 0.07 万吨,有效地保护了洱海的环境。每年还可以为农户增加上亿元出售有机粪肥的收入,企业将实现 20 亿元销售收入,为国家创亿元税利。公司还计划投资 1.7 亿元,对大理市污水厂污泥资源进行综合利用,拟建设一座预处理车间、各建一条年产 3 万吨园林绿化专用肥和 2 万吨园林绿化栽培基质土生产线。日处理污泥 100～150 吨、年处理污泥 3～5 万吨。截至 2019 年,完成投资 5 070 万元以及钢结构建设。

(2)《洱海西北部农业面源污染综合治理项目》,由国家发改委投资,包括收集散殖粪污 1 000 户,奶牛家庭牧场粪污收集工程 40 个,中小型养殖场粪污处理工程 4 个和有机肥厂配套工程 2 个(示范区:上关镇、喜洲镇),完成投资 1 500 万元。

(3)《洱海海西农业面源综合治理试点项目》,由国家发改委投资,包括种植结构优化、节肥减污技术(测土配方施肥)、水肥一体化技术、减药控污技术(绿色防控)、废弃物资源化技术、秸秆资源化利用技术、生物覆盖技术、沟塘沼液收集池建设、吸运粪车配备、养殖废水集中处理、生态沟塘建设等,完成投资 1 401.96 万元。

3. 专家咨询

2001 年 1 月 13—14 日,应大理州城乡建设环境保护局的邀请,美国弗吉尼亚大学土木工程系教授龙梧考察洱海保护,并作了"水质模型及其应用"的学术报告。龙梧先生现担任美国国家环境保护局顾问、美国陆军兵团顾问和《生态系统与水质模型》杂志主编,有很高的学术造诣。此次考察,为今后洱海的水质模型建设做了很好的铺垫,有利于对洱海实施多角度、全方位的保护。

2003 年 7 月,洱海再次出现球形鱼腥藻暴发的重富营养化状况,水体透明度下降,总体水质已下降到 4 类或 5 类。与此同时,沉水植物分布下限由原来的 10 米水深退缩到 4 米水深,深水区大面积死亡的沉水植物腐烂、分解,释放出营养盐,造成二次污染,使洱海水质处于恶性循环状态。藻类因缺乏生态平衡而进一步繁殖,更加重了水质的恶化。针对洱海面临的严峻形势,8 月,大理州人民政府先后邀请国内湖泊专家金相灿、李文朝、刘永定、宋立荣、尹澄清、雷阿林等到大理对洱海环境问题进行诊断。经实地考察研究后专家们认为:大量的污染物排入洱海及长期的低水位运行是造成洱海水质急剧下降的主要原因。洱海以沉水植物(水草)占统治地位的清水状态已被蓝藻占优势的浊水状态所取代,生态系统正在发生由"草型—清水状态"向"藻型—浊水状态"的突变。洱海保护与治理面临的形势非常严峻,洱海保护必须警钟长鸣。

2004 年 7 月 8 日,应大理州洱海保护治理领导组办公室的邀请,中国环境科学研究院水环境研究所所长、世界湖泊环境委员会委员金相灿教授,中国科学院水生生物研究所研究员刘永定教授,来大理就湖泊富营养化控制理论与新技术做专题学术报告。大理州州环境保护委员会成员、州洱海保护治理领导组成员、州环保局、大理、洱源两县市环保局、大理市洱海管理局等有关部门领导及专业技术人员近 120 人参加报告会。会上,金教授和刘教授充分肯定了大理州洱海保护治理工作取得的成绩和经验后,认为湖泊的治理与保护应从流域的角度加以更深层次的考虑,重点抓好污染防范、生态修复、面源污染控制、湖滨带建设等方面的工作,强调管理第一、污染控制第二、修复第三的理念。随后,两位专家对全国湖泊治理工作的现状及发展、湖泊富营养化发展的机理、富营养化的控制对策以及目前发达国家湖泊治理新技术的应用与发展等内容做了详细的讲解。

2004 年 11 月 1 日,应大理州洱海保护治理领导组办公室的邀请,北京市环科院总工程师、研究员卞有生在大理就"洱海流域可持续发展与大理市现代化建设"做专题学术报告。报告会由州洱海保护治理领导组办公室主持,有关部门领导及技术人员近 120 人参加。

2006 年 5 月 9 日,以日本人 Takuya Kamata 先生为团长的世界银行代表团到昆明,对世行贷款云南省城市环境建设项目的前期准备工作进行检查。大理州《洱海水质保护与改善》被列入云南省城市环境建设的子项目,大理州有关人员参加了汇报会。会议认真听取了大理州介绍汇报后,进行了热烈的讨论,并对大理州项目的准备工作表示满意。最后代表团团长对这次检查进行总结,对项目给予了肯定,同时对项目准备工作中存在的问题以及下一步工作的重点,提出了改进和完善的建议。2006 年 10 月 20 日,应大理洱海湖泊研究中心邀请,中国科学院水生生物研究所研究员李仁辉、博士虞功亮对洱海进行科学考察,并就有毒蓝藻多样性、蓝藻毒素的鉴定及毒素污染水体等问题做学术报告。大理洱海湖泊研究中心、大理州环境监测站的相关人员出席了报告会并就有关学术问题进行了相互交流与讨论。李仁辉研究员是中国科学院"百人计划"学科带头人之一,博士生导师。

2006 年 12 月 7—8 日,受大理州环保局的邀请,中国环科院教授金相灿、中科院南京地理湖泊所研究员李文朝、河海大学教授王超,中科院水生所研究员刘永定等 4 名国内知名的湖泊专家到大理对洱海进行为期两天的考察交流活动。12 月 7 日,4 名专家在州环保局相关部门负责人的陪同下,沿海东至海西,认真考察了洱海东区下河湾机场路湖滨带生态修复工程、洱海湖湾现场和水质,洱海北部 3 条入湖河流的水质、罗时江河口湿地、桃溪河口治理工程和洱海西区才村湖滨带建设情况等。12 月 8 日,在大理洱海水质分析专家咨询会上,4 名专家分别就洱海水质状况及发展趋势提出了对策和建议。

2008 年 4 月 24 日,大理州委邀请北京工业大学教授、中国经济转型研究中心主任、循环经济专家黄海峰,昆明医学院公共卫生学院院长刘苹博士,国家科技部国际生态发展联盟理事、生态农业专家马洪立,澳大利亚土壤、水资源、大气环境专家罗伯特·维森等 4 位国内外知名专家来大理,以专题讲座的形式向大理州介绍生态环境的保护经验,并为进一步保护治理洱海建言献策。4 位专家分别以《绿色经济与生态文明》《保护环境文化多样性的思考》《农业面源污染的成因与防治》以及《荒漠化及湖泊蓝藻治理》为专题,进行了讲解与阐述。

2010 年 10 月 26 日,大理州邀请 7 位国内著名的湖泊研究专家参加大理州 2010 年洱海水质分析会。专家们通过对相关数据的分析及有关情况的了解后指出,2010 年洱海总体水质较上年有所好转。在 2010 年异常的气候条件下,洱海治理取得如此成果实属不易。中国环境科学研究院研究员金相灿,上海交通大学教授孔海南,中科院武汉水生生物研究所研究员刘永定等湖泊研究专家出席分析会,省、州、市相关媒体参加会议。与会专家听取了州环境监测站近期洱海水质报告和大理市洱海管理局洱海水生生物情况汇报后,从洱海流域环境管理、洱海水生生态系统、藻类水华的检测和防治、洱海水质等方面,阐述了保护治理中的经验和问题。专家们指出,从湖泊水质的变化规律看,洱海现在基本保持Ⅱ类水质为主,下半年Ⅲ类水质的情况都在正常范围。另外,洱海藻类水华的变化情况是必然的,属于在Ⅱ、Ⅲ类水质情况下的正常变化。专家们强调,洱海在经历了2010年前期干旱、后期雨水集中的气候异常情况后,总体水质还能较上年有所好转并稳定在目前这种状态实属难得;对洱海的保护与治理需要持之以恒,千万不能过度求快,要坚持建设绿色流域。同时,干部、专家、群众、媒体应形成共同治湖的合力。

2010年12月2日,大理市洱海保护管理局邀请中国环境科学研究院专家王圣瑞、储昭升对全局干部职工进行了水专项的专题培训。培训内容为"湖泊水生态、内负荷变化研究与防退化技术及工程示范(中期评估报告)"与"湖滨带生物多样技术及工程示范"两个课题。

4. 科学论著

(1)《云南洱海科学论文集》,收入1985—1986年由大理州科学技术委员会组织,段诚忠主持,沈仁湘高级工程师主编,省州科技人员参加的多学科考察工作取得的科学论文17篇,以及1979—1986年国内各科技刊物上发表的有关洱海的论文15篇,由大理州科委编辑、出资,1997年11月云南民族出版社出版。这是一本对洱海的多学科长期研究成果的集成。云南大学曲仲湘教授为文集作序。

(2)《中国湖泊环境》,由金相灿等著,海洋出版社出版。此书是第一部关于中国湖泊环境研究的专著,是中国众多湖泊专家、教授和科技人员多年研究的成果和长期科技实践经验的总结,论述了中国5大湖区及40余个重要湖泊、水库的环境。全书共分3册、约200万字。大理洱海编入第三册第九章,分为湖泊环境特征、水生物群落及其变化、污染物来源及负荷、湖泊水质污染及趋势、湖泊营养状况及趋势、湖泊污染防治技术和管理等6节,论述了洱海的自然环境、流域概况、水生生物群落、水化学特征及水资源开发利用、水体营养化、污染控制与防治技术、水资源和水质管理规划等,全文约5万字,图23幅、表470个。此书已译成英文版向全世界发行。

(3)《大理白族自治州环境质量报告书(1996—2000年度)》,由大理州城乡建设环境保护局主编,2001年4月出版。全书21万多字,分为环境概况、环境质量状况、生态环境状况和自然保护、环境管理和总结等5个部分、19个章节,系统地记述了"九五"期间大理州环境监测工作、工业"三废"排放、污染治理与综合利用、水环境质量状况、城镇空气质量状况、城镇声环境状况,水生物、底泥监测结果与变化情况、生态保护情况、农业面源污染状况等环境与生态方面的数据和资料,为政府制定环境保护与管理,经济与社会发展计划提供了决策依据。

（4）《大理洱海科学研究》（论文集），2003 年 1 月 10 日，由民族出版社正式出版发行。此书收集了 1990—2002 年洱海科研论文 93 篇，总字数 99.2 万字。全书分为资源篇、研究与探索篇、污染控制篇和管理篇等 4 个部分。为大理洱海资源的合理开发利用、流域及湖泊水污染的控制、湖区生态环境的保护与管理提供了丰富的科学资料和研究成果，将对洱海环湖地区经济社会的可持续发展发挥积极的促进作用。国家环保总局王心芳副局长为该论文集作序。

四、立法保护

（一）规章规划

历史上，洱海保护并无专门立法。1980 年 3 月，大理州政府颁布《大理州环境保护实施条例（试行）》，条例中有关洱海的环境保护工作占了重要地位。1981 年 1 月，大理州人大常委会作出了《关于加强环境保护积极治理"三废"污染的决议》，决议首次作出"今后严禁在洱海周围新建有严重污染的企业"的决定，并将下关地区 18 家企业作为第一批限期治理的单位，要求下关地区所有生产锅炉和 1 吨以上生活锅炉都必须在年内安装除尘器。

1983 年，大理州政府办公室制定了《实行洱海水费征收、使用和管理的暂行条例》及《洱海渔政管理实施办法》，实行征收洱海水费，入湖捕捞船只收取不等的资源增殖费；确定洱海水域 9 多万亩内的 5 个幼鱼保护区，每年定期进行封湖禁渔；并将下放大理市管的"洱海管理局"升格为二级局收归州管。1984 年 2 月，大理州人民政府制定了《洱海管理暂行规定》，作为行政法规予以公布实施，实行洱海水费征收、入湖捕捞资源增殖费的征收、每年定期封湖禁渔等政策措施，并成立了专门机构"洱海管理局"；5 月，大理州政府批准的第二批限期治理项目中，要求搬迁的有市冶炼厂等 5 家，限期治理的有大理纸厂等 7 家，逐步解决的有洱滨纸厂等 5 家；9 月，大理市人大常委会发出《关于认真贯彻省人民政府对大理市城市建设总体规划批复的决议》，其中第四条指出"要保护洱海和水源不再污染，严禁在市区和洱海周围水源区域内，新建有污染的工业企业。对洱海水源污染严重单位要按规划进行转产处理，一时不能转产的，要采取适当措施限期进行处理。

1985 年 4 月 10 日，大理州、市人大常委会联合做出决定：云南人纤厂的二硫化碳车间必须搬出市区；州氮肥厂只能维持现有年产 5 千吨合成氨的生产规模,不准扩建,限期提出治理方案;大理造纸厂工业废水不准排入洱海。

2003年2月3日,旨在保护苍山森林生态系统和洱海水生生态系统、保护生物多样性、维护生态平衡为目的的《大理苍山洱海国家级自然保护区总体规划(2000—2010)》修编完成,并于12月3日经云南省人民政府批复。此自然保护区规划面积为7.97万公顷,其中苍山保护区面积为5.46万公顷,洱海保护区面积为2.51万公顷。其中保护核心区面积为1.70万公顷,缓冲区面积为3.33万公顷,实验区面积为2.94万公顷。总投资为3 904万元,其中基本建设投资3 661万元;社区共管项目投资243万元。4月20—22日,由共青团云南省委、省环保局主持,由省九大高原湖泊所在地的昆明、玉溪、大理州、红河州和丽江市及相关区县(市)、乡镇有关部门负责人参加的"云南省九湖流域生态监护活动现场经验交流会"在洱源县召开。大理州、共青团洱源县委、环保局以"洱海入湖河道综合整治的经验和做法"为题在会上做了重点交流。10月22日,由大理州人民政府为主管部门、大理州环保局为建设单位所编制的《苍山洱海国家级自然保护区基本建设项目预可行性研究》在云南省环保局主持下,通过省级专家评审,并作出了批准立项建设书面结论。此建设项目的主要建设内容是防火道建设、水土流失治理、植被恢复、退房还湖、社区共管、界桩标志,以及基层管理站、宣教中心、科研监测能力和自养能力建设等。建设期限从2004年实施至2010年完成,估算总投资为6 770万元。该项目的实施将对苍山洱海自然保护区内的生物多样性进行保护和恢复,对于维护自然生态平衡,保护自然生态景观等发挥积极的作用。但单独的洱海规划还阙如,因此有针对性地和可操作性地解决当前洱海治理和保护的规划自然提上政府的议程。

根据2003年9月云南省人民政府大理城市建设现场办公会议精神,大理州人民政府在云南省政府批复的《洱海流域环境规划(1995—2010)》《洱海水污染综合防治"十五"计划(2000—2005)》的基础上,委托中国环科院编制了《云南大理洱海流域保护治理规划(2003—2020)》(以下简称《规划》)。

由中国环科院水环境研究所所长金相灿、大理州环保局局长许映苏任副组长,中国环科院研究员黄昌筑、工程师颜昌宙博士、工程师杜劲冬学士、助理工程师自献宇学士等为成员的《规划》编制课题组。在充分调研反复论证的基础上,历时一年编制完成。规划期2003—2020年,分近、中、远三期,以近期洱海水质恢复到Ⅲ类,力争Ⅱ类,中期保持Ⅱ类,远期稳定保持Ⅱ类为主要目标。按照城镇环境改善与基础设施建设、主要入湖河道环境综合整治、生态农业建设及农村环境改善、生态修复和建设、流域水土保持、环境管理"六大工程"项目进行规划。

针对洱海目前正在进入富营养化的转型时期,尚未失去作出正确选择的时机这一现状,《规划》体现的是一条新的湖泊治理战略路线——实现富营养化转型时期地卸载维护,避免生态破坏以后的事后治理。其策略主要表现为"五个转移":一是将保护治理的目标由水质改善转移为水质和生态质量的综合提高;二是将总量控制指标由COD(化学需氧量)转移为总磷、总氮;三是将污染控制重点对象由工业污染源转移为生活和农村农田污染源;四是将污染控制范围由湖泊周围转移为全流域;五是将污染控制措施由单一的污染治理工程转移为工程的、技术的、生态的、法制的、管理的综合措施。

2004年8月21日,国家环保总局在北京主持召开专家评审会。会议由国家环保总局污染控制司副司长刘鸿志主持。评审组由北京市环境科学院总工程师卞有生、中国工程院院士刘鸿亮、北京大学环境学院教授徐云麟、北京师范大学环境学院教授薛纪渝、上海交通大学环境学院教授孔海南、中国科学院地质研究所研究员吴丰昌、水利部水质监测中心教授彭文启,以及国家环保总局污染控制司河流处副处长黄小赠、湖库处副处长石效卷等组成。卞有生担任专家组组长。大理州人民政府有关领导参加了评审会。在听取了中国环境科学研究院黄昌筑教授对《规划》的详细介绍后,专家们分别就《规划》的原则、范围、规划期限、可行性、投资估算、规划实施的条件与保障措施等内容作了评价与讨论,并形成了评审意见。评审组认为,《规划》的指导思想正确,编制原则科学,规划目标及行动方案切实可行;洱海保护治理思路和对策符合国际上湖泊生态保护和富营养化治理的基本规律,可以作为洱海生态保护和水污染防治的依据,并同意《规划》中洱海保护治理分三个阶段实施的总体安排及阶段规划目标。与会专家一致同意通过《规划》。

按照城镇环境改善与基础设施建设、主要入湖河道环境综合整治、生态农业建设及农村环境改善、生态修复和建设、流域水土保持、环境管理"六大工程"项目进行规划。规划实施项目近期29项,中远期16项,共45项。

此后,"洱海治理五年规划"按期编制已形成常态化。"十一五"(2006—2010)期间,大理州与云南省人民政府要求的新一轮洱海流域水污染综合治理接(目)标责任书,续建和新建项目,共投资13.49亿元。到期完成26项,占规划的84%,在建项目的5项,占规划的16%;开展了环境改善及基础设施建设、主要入湖河流环境综合整治、生态入湖农业建设及农村环境改善、湖泊生态修复建设、流域水土保持、环境管理及能力建设等"六大工程"。根据洱海流域水污染综合防治"十一五"规划执行情况评估,已建成的工程均发挥效益。洱海水质连续六年总体稳定在Ⅲ类,"十一五"期间共有 21 个月达到Ⅱ类,2010 年前 4 个月达到Ⅱ类,而 5 至 12 月整体保持在Ⅲ类,水质净化自净能力明显提升。

2006 年 1 月 19—20 日,由大理州发展和改革委员会、州环保局主持召开洱源县海西海、茈碧湖、西湖流域水环境综合整治项目评审会。会议成立了专家组,对中国环境科学研究院编制的洱源县海西海水库水源保护、西湖水污染控制与生态修复、城北污染河水人工湿地处理、茈碧湖水源保护、凤羽河面源污染控制前置库等 5 个工程的可行性研究报告(又称《洱海上游 5 个环保项目可行性研究报告》)进行了评审。与会专家和领导一致认为,5 个工程对有效控制与减少进入洱海的污染负荷,促进流域生态环境逐步实现良性循环,实现地区经济社会可持续发展具有重要意义。可行性研究编制单位提供的技术文件齐全、图纸资料完整、设计理念先进、思路清晰、目标明确、文本编制全面规范,基本达到可行性研究报告的深度与要求。专家评审组同意通过评审,并建议做进一步修改补充后可上报审批。

2005 年编修的《洱海流域水污染综合防治"十二五"规划》共四大类,49 个项目,规划总投资 39.21 亿元。截至 2016 年 12 月 15 日,十二个规划项目总投资 32.52 亿元,投资完成率 82.54%;累计到位资金 27.27 亿元(其中中央资金 7.28 亿元,省级资金 2.54 亿元,州级资金 2.56 亿元,县市及自筹 14.89 亿元),资金到位率 65.94%。49 个项目中,竣工验收项目 28 个,完工并试运项目 10 个,完工率为 55.77%;在建项目 11 个,已经转接到"十三五"。

通过"十二五"规划的实施,洱海流域实现污染物削减总量为化学需氧量 4 144.6 吨/年、总氮 654.3 吨/年,磷 67.9 吨/年,氨氮 736 吨/年。洱海水质总体趋于稳定并保持在Ⅲ类水平,Ⅱ类水质月份达到 30 个月,比"十一五"期间Ⅱ类水质月份总数多出 9 个月。洱海水生植物分布面积略有提升,生物多样性指数达到中度,水生态系统健康处于"良好"状态并得到改善。洱海水质及湖泊水生态改善目标均已实现,但未达到力争Ⅱ类水质目标,入湖污染负荷削减目标未全部完成。

2017 年 4 月 17 日,大理州人民政府办公室《关于印发〈洱海保护治理与流域生态建设"十三五"规划(2016—2020)〉的通知》称,《洱海保护治理与流域生态建设"十三五"规划》(以下简称《规划》)已经州人民政府研究同意,并报云南省人民政府 107 次常务会议审议通过。《规划》的总体设计如下。

"规划目标:洱海湖心断面水质稳定达到Ⅱ类,全湖水质确保 30 个月、力争 35 个月达到Ⅱ类水质标准,水生态系统健康水平明显提升,全湖不发生规模化藻类水华;到 2020 年,主要入湖河流永安江、中和溪消除劣 V 类,弥苴河、罗时江、波罗江、白石溪、万花溪、茫涌溪总氮、总磷较 2015 年降 20%。规划指标:包括水环境质量指标、流域生态环境指标、流域水环境管理指标等共 29 项。主要任务:针对洱海水质良好,处于富营养化转型期的特征,坚持保护优先,保护与治理相结合原则。从流域系统治理理念出发,以水质改善为核心,以湖泊水环境承载力为依据,采用'空间管控与经济优化—污染源系统治理—水资源统筹与分质利用—清水产流机制修复—湖泊水生态功能提升流域综合管理'为主的思路,以湖滨及沿河区治理为重点,以洱海保护治理抢救模式'七大行动'为抓手,构建流域治理工程体系和管理体系,统筹解决流域水环境、水资源、水生态问题,实现'山水林田湖'一体化保护,促进流域经济发展与环境保护的协调统一。"

截至 2017 年 12 月底,《规划》110 个项目中,有 13 个项目完成了主体工程建设,有 65 个项目正在抓紧推进,有 32 个项目正在开展前期工作,已累计完成投资 108.3 亿元,占规划总投资的 54.3%。其中大理市综合管网(兴盛桥至天生桥段)工程已完成干渠浇筑。大理市洱海环湖截污一期工程完成管道施工 159 公里,干渠 2 公里;双廊污水处理厂完成设备安装及调试;挖色、上关、喜洲污水处理厂完成设备安装,正在进行调试;湾桥、古城污水处理厂完成主体工程建设,正在开展设备安装。大理市洱海环湖截污二期工程已进场施工 160 个村。大理市 34 条主要入湖河道生态化治理已进场施工 33 条。洱源县城镇及村落污水收集处理一期工程已启动村落污水管网建设 129 个村;洱源县城镇及村落污水收集处理二期工程已开工铁甲等 85 个村。洱源县 5 条主要入湖河道生态化治理已完成永安江、凤羽河铁甲至正生段及弥苴河试验段治理,弥茨河治理项目已进场施工,正在有序推进。

(二) 管理条例

鉴于洱海引发一系列生态环境问题,人们对加强管理、合理利用反映强烈。1983 年 6 月 10 日,大理州人民政府颁布了《洱海管理暂行规定》(后因《洱海管理暂行规定》手续不完备,未能生效,后改由大理州人民政府以"州政发〔1983〕94 号文件",即《关于印发〈大理州洱海管理暂行条例〉的通知》,作为政府行政规章实施)。

大理州是全国 30 个民族自治州之一,《宪法》《民族区域自治法》《立法法》赋予自治州不仅有民族立法权,还有制定地方性法规的职权。大理州人大常委会自 1980 年 5 月设立以来,突出生态环境保护这个重点,先后制定了 1 个自治条例和 15 个单行条例,2 个地方性法规。为促进全州经济社会发展、生态环境保护、民族团结进步,提供了强有力的法治保障。

1986 年 11 月 19 日,经大理州第七届人民代表大会第五次会议通过,并于 12 月 30 日经云南省第六届人大常委会第二十五次会议批准实行的《云南省大理白族自治州自治条例》规定:"自治州的自治机关加强对苍山和洱海的保护管理。"这为洱海管理条例的制定提供了立法依据。

1987 年 7 月,大理州人民政府抽调环保、水电、洱海管理局等有关单位人员组建《云南省大理白族自治州洱海管理条例》(以下简称《洱海管理条例》或《条例》)起草小组。小组查阅了大量相关的资料,深入洱海及沿岸进行实地调查,采取致函、调查、会议等多种形式广泛征询修改意见,还外出对 4 个相关湖泊的管理经验进行考察学习。历时 14 个月,七易其稿,产生初稿送有关部门修改。反馈的修改议建大致有,一应当突出"保护原则",这是条例的核心和灵魂。并将洱海径流区 2 565 平方公里列入了保护范围。保护范围的行政区域较完整地包括当时洱源县的牛街、三营、凤羽、右所、邓川、江尾、双廊、玉湖、此碧和大理市的喜洲、湾桥、银桥、七里桥、城邑、市郊、凤仪、海东、挖色等 18 个乡镇。二是完善洱海管理局的综合执法权,赋予洱海管理局在洱海管理区域内综合行使水政、渔政、航务、自然环境保护等行政处罚权。经过半年 4 次反复的推敲修改,《条例》修改稿已臻于完善,拟按程序将其呈报给州人大审议通过。1998 年 3 月 19 日,大理白族自治州人民政府第 34 次常委会专题讨论并通过《条例》修订的议案,报请州人大常委会审议。同年 7 月 4 日,大理州第十届人民代表大会第一次会议通过"关于修订《云南省大理白族自治州洱海管理条例(修正案)》的决议",组织《条例》的修订。经过征求意见、赴省汇报、专家评审、提请协商等程序,历时 8 个月,又六易其稿。7 月 31 日,修正稿经云南省第九届人大会常务委员会第四次会议批准,自 1998 年 10 月 1 日起施行。从此,历史上第一部管理洱海的正式法规取代《洱海管理暂行规定》,标志着洱海的水环境政策开始进入了法制化的轨道。《条例》有三个第一:是大理州制定的第一个单行条例,也是全国民族自治地方制定的第一个单行条例以及全国民族自治地方制定的第一个生态环境保护条例。

总的来说,新制定和修订后的《洱海管理条例》,在洱海管理和保护的范围,以及洱海的性质、地位和作用,对水资源的开发和利用、洱海湖滨带的管理、工业和生活污染的防治、生态环境保护等方面作出了规定;将 1996 年以来制定的一系列洱海水环境保护政策进行了法律规范,明确洱海管理必须坚持"统一规划、保护治理、合理开发、综合利用"的方针；确定了洱海调控水位，规定洱海最低运行水位为1971.00米（海防高程），最高蓄水位为1974.00米（海防高程）；明确大理自治州洱海管理局是州人民政府统一管理洱海的职能机关。《条例》的颁布施行，使洱海保护走上了法制化的轨道，对洱海的保护起到了非常积极的作用。

　　然而毋庸否认的是，第一部《洱海管理条例》是在以计划经济为主的体制下出台的，其总体思想仍然停留在以开发利用为主的定势，没有很好地体现环境保护的思维，尤其未体现系统和综合治理的理念。从环境保护的角度来看存在以下问题：一是没有禁止网箱养鱼，导致饵料的过度投放，造成水体污染和富营养化。同时对围建鱼塘的规定含糊不清，导致鱼塘发展迅速。尤其是在20世纪90年代初，大理市人民政府为发展"菜篮子"工程，采取行政号召加经济补贴的措施，造成大规模的围海建鱼塘现象，在两、三年的时间内，鱼塘的总面积达到149.25公顷。二是对洱海的生态环境保护重视不够，还是以"发展、利用"为重点。如条例第18条规定"认真贯彻执行以增殖为主，养殖、捕捞、加工并举，各有侧重的方针，加快水产业的发展"等不恰当的表述。三是对洱海管理局的职责仅作了一些原则性的规定，可操作性差，导致政出多门、多头管理的局面。四是虽然《条例》对环境保护和资源开发做了许多有针对性的规定，但是这些规定仍然是局部性的，并未体现系统和综合治理的原则。总之，随着社会主义市场经济的确立，洱海地区经济社会发生较大变化，《条例》的部分内容已经明显滞后。

　　因此，大理州第九届人民代表大会第八次会议制定的五年立法规划将《洱海管理条例》的修改列入议案，并于1997年成立了《条例》修改领导组和工作班子。1998年3月，大理白族自治州人民政府第34次常委会专题讨论并通过并提出议案，报请州人大常委会审议后，1998年7月4日，第十届人民代表大会第一次会议通过，并组织《条例》的修订。1998年7月4日，经大理州第十届人大常委会通过；7月31日，云南省第九届人大会常务委员会第四次会议批准，自1998年10月1日起施行。

　　尤其是经历1996年洱海蓝藻暴发，促成1998年《条例》修订进一步突出保护这一核心和原则，将原条例中规定的洱海管理和建设必须坚持的方针，修改为"保护第一、统一管理、科学规划、永续利用"的原则，同时，赋予洱海管理局综合执法权，设定了资源有偿使用的原则，取消了网箱养鱼等一些不适应的条款。"像保护眼睛一样保护洱海"这句警示口号，就是这个时候提出来的。2003年9月，形势的发展又有了新变化：一是洱海区域内的原辖洱源县的江尾镇、双廊镇划归大理市管辖，为便于协调管理，明确职责，理顺关系，为了加强保护治理工作,州委、州人民政府决定将州洱海管理局调整为大理市人民政府直属管理的专门机构;二是《条例》中的某些条款如采砂船取消后的合理收费、"六大工程"中管理等问题急需调整;三是原有洱海最低水位、正常水位和防洪水位已不能满足当前洱海环境保护的需要,很有必要进行调整。

2003年9月28日,时任省长徐荣凯在省人民政府大理城市建设现场办公会上,提出大理滇西中心城市建设要遵循四条原则:洱海保护、文化主导、产业支撑、合理布局。

根据新的形势,大理州人民政府适时地提请州人大常委会对原《条例》进行修正。2004年1月15日,经大理州第十一届人民代表大会第二次会议修正;3月26日,报云南省第十届人民代表大会常委会批准,2004年修正的《条例》自2004年6月1日实行。

1988年的条例确定洱海最高水位和最低运行水位,初步遏制了水位继续下降的趋势。1998年修订的条例增加了防洪水位。然而,这种低水位调度运行方式使洱海的发电、灌溉等功能得到了充分发挥的同时,削弱了洱海的生态环境保护功能。根据2003年9月云南省人民政府大理城市建设现场办公会关于把洱海保护作为大理城市建设的基础和前提,把洱海的水位控制和用水调度权授予大理州人民政府。

第二次修订的《条例》较好地体现了保护和治理优先,合理开发的原则。对洱海管理体制等作了重大调整,加强了洱海管理局的地位和作用,并将其下放至大理市管理,强化了洱海流域的各级政府的职责。《洱海管理条例》突出生态保护,将洱海以发电、灌溉为主的功能调整为生态保护第一的功能,其中一个最重要的作用是在水位的调控方面作出法律规定,逐步认识了水位调控对洱海保护的重要性,因此将洱海最低运行水位由1971.00米(海防高程)调高到1972.61米(海防高程,85高程为1964.30米),最高运行水位由1974米(海防高程)调高到1974.31米(海防高程,85高程为1966.00米)。同时,对化肥农药的使用、船舶总量、渔业捕捞、工农业和城市生活取水等做了规定。

《条例》的第三次修改是2014年。2014年2月22日,大理州第十三届人代会第二次会议修订,并报云南省人民代表大会常务委员会;3月26日云南省第十届人民代表大会常务委员会第八次会议审议后公布并施行。此次通过的《云南省大理白族自治州洱海保护管理条例(修订草案)》(以下简称《洱海保护管理条例》),内容有较大的变化。一是原《条例》侧重于湖泊管理,此次将名称更改为《洱海保护管理条例》。虽然只增加了"保护"两个字,却把保护和管理统筹起来,

148

共同推进洱海保护与治理。二是保护管理范围扩大为整个洱海流域。《洱海保护管理条例》重新划定了保护管理范围,将保护管理范围确定为整个洱海流域,分为洱海湖区和洱海径流区。洱海湖区重新界定为最高运行水位线1966.00米(85高程)范围内的区域,以及西洱河节制闸至天生桥一级电站取水口的河道和引洱入宾老青山输水隧洞至其出水界碑处;径流区是指洱海最高运行水位范围外的主要汇水区域。保护管理范围从252平方公里的湖区扩大到2565平方公里的整个径流区,进一步突出"两污"治理和洱海周边项目建设监管。同时,出台了流域水污染、农业面源污染防治、水政、渔政、滩地、垃圾、湿地等7个配套实施办法,使洱海保护治理法规体系更加完善。建立了覆盖全流域的协调联动、综合执法工作机制,明确州、县市、乡镇处置环境违法行为职责,建立并认真落实环境执法联席会议制度。三是船舶管理和码头建设需统一审批。《洱海保护管理条例》第二十一条规定:"洱海码头应当做科学规划,并实行总量控制制度。新建、改建、扩建码头必须经大理市人民政府审查后报州人民政府同意,并按照有关规定办理审批手续。"四是严格控制洱海周边建筑物。《洱海保护管理条例》第三十四条规定:"洱海环湖公路临湖一侧内,禁止新建公共设施以外的建筑物、构筑物。在洱海海西保护范围内新建建筑物、构筑物的,按照《云南省大理白族自治州洱海海西保护条例》执行。主要入湖河流两侧30米和其他湖泊周围50米内,禁止新建公共基础设施以外的建筑物、构筑物。"

此次修改还将原来的和新增的一些禁止性条款,以及法律责任条款做了归并,压缩了条文数量。从结构上分为总则、洱海湖区保护管理、洱海径流区保护管理、法律责任和附则5章,对洱海湖区和径流区分别明确了范围,规定了保护管理的措施,加强了径流区的保护。解决了保护管理范围过小、管理体制机制不顺、生态补偿机制不健全、渔政管理模式僵化、处罚标准低力度弱等问题。同时,将中共州委、州人民政府2012年提出实现洱海Ⅱ类水质目标三年行动计划的一些要求和目标上升为法律规定,进一步凸显了"保护第一"的原则,体现洱海的保护与治理是一项长期的、系统的、庞大的工程。

《洱海保护管理条例》从修订思路的提出到审议通过、公布施行历时仅2年。在大理州人大任期更替、立法规划正在论证之间的关键时刻,将《条例》修订作为一项重要的立法任务完成,充分凸显大理州对民族立法工作的重视,对自然生态保护的紧迫愿望。《条例》修订历经政府规范起草,常委会三次审议,期间就相关重大问题并两次提请州委常委会研究决定。根据州委决定、州人大常委会和主任会议的审议意见,《条例》修订草案修改历经常委会主要领导和相关领导8次专门研究、修改小组 32 次研究、州、县(市)分级分部门 9 次会议研究。修改工作曾经大到对结构、原则、重要措施的论证修改,小到对一个词、一个字的反复推敲确定,修改稿共 27 稿,其中全面梳理 11 稿,最终提请审议的《条例》修订草案,由七章五十八条,修改为五章四十三条,实现了《条例》体例结构的完整规范、条文规定的简洁简明,严谨周详的立法程序和立法工作为大理州民族立法有力推进做了创新实践。

云南省人大民族委员会于 2014 年 3 月 13 日举行第 13 次会议,审议了《云南省大理白族自治州洱海保护管理条例(修订)》,审议结果报告对《条例》作了如下评价:

民族委员会认为,良好的生态环境是大理核心竞争力所在,也是大理人民赖以生存和发展的基础。洱海是大理人民的母亲湖,是大理可持续发展的根基,保护好洱海责任重大、意义深远。《云南省大理白族自治州洱海管理条例》是云南省第一个单行条例,制定于 1988 年,并先后在 1998 年、2004 年进行过两次修订,为洱海保护管理提供了有力的法律保障,取得了良好的社会效果。然而,随着经济社会的快速发展,洱海保护管理任务日趋繁重,《条例》规范中存在的诸如保护管理范围过小、管理体制机制不顺、保护治理的目标不明确等不足也逐渐显现出来。因此,为了加快生态文明建设,加强洱海的保护管理,修订后的条例将洱海径流区及整个生态系统纳入了保护管理范围,并规定了更为严格的保护措施,将为确保实现洱海 Ⅱ 类水质目标提供强有力的法制保障。

云南省人大民族委员会审议认为,条例修订的内容以科学发展观为指导,符合法律、行政法规的基本原则,符合自治州加强洱海保护管理的要求,切合大理实际,富有地方特色,有较强的针对性和可操作性。

在审议中,民族委员会对个别内容、文字进行了修改完善。认为,条例已基本成熟,建议本次常委会会议予以批准。

总之,《洱海管理条例》1988 年制定,之后经过三次修正。这是十分特别的民族立法实践经历,它充分表明我们对洱海保护重要性的深刻认识,是对洱海保护与自治州发展重要内涵的科学定位。

尚榆民在《洱海立法实践的探索》一文中说:"一部好的条例公布后,必须有若干配套的行政规范性规章,作针对性强、可操作的、更具体的规定,才能保证法律法规的有效施行和日常管理。"

1983 年,《大理白族自治州洱海管理暂行规定》下发后,州政府办公室制订了《实行洱海水费征收、使用和管理的暂行规定》及《洱海渔政管理实施办法》。

1989 年,条例正式施行,相继出台了《大理州洱海滩地保护管理办法》《大理州洱海水费征收标准及管理办法》《大理州洱海渔政管理实施办法》《大理州洱海银鱼管理暂行规定》《洱海区域山坡绿化、河道治理工程及财务管理的有关规定》《洱海机动船舶管理费征收使用办法》《洱海自然保护区环境保护暂行规定》和《洱海船舶管理规定》等 8 个行政文件。1998 年条例修订后,州人民政府对配套文件进行清理规范,除《大理州洱海水费征收标准及管理办法》继续使用外,其余均予以废止。1999 年 12 月 12 日,重新制订或修改了《大理州洱海水政管理实施办法》《大理州洱海渔政管理实施办法》《大理州洱海水污染防治实施办法》《大理州洱海航务管理实施办法》。2003 年,相继下发了《大理州洱海滩地管理实施办法》《关于加强洱海径流内农药化肥使用管理通告》和《洱海流域村镇、入湖河道垃圾污染物处置管理办法》等七个规范性政府文件。

1987 年 7 月,《大理市城市建设总体规划》划定全市 6 个功能分区,并对各功能分区分别提出环境质量控制标准。其中"洱海水域保护区"的"规划目标要点"如下:"确保地面水环境质量标准Ⅱ类,争取大部分指标达到Ⅰ类。最低水位控制在 1962.84 米以上。合理开发利用水资源。减少入湖河的含砂量,防止富营养化。严禁含重金属、氧化物等有毒有害废水排入洱海。湖泊区大气控制在大气环境质量标准一级。洱海周围风向工业企业废气不得对本区大气产生明显影响。湖滨森林覆盖率近期达到 10%～15%、远期达到 20%～30%,逐步营造环湖绿化带。保护鸟类和水生动植物,严禁酷渔滥捕,科学地发展淡水养殖业。湖滨区推广生态农业,合理使用农药化肥,防止水土流失,保持洱海自净能力。严禁在湖泊周围新建、改建、扩建有严重污染的工业企业和事业单位。对污染大,无力治理的工业企业执行限期关、停、并、转、迁。现有工业企业、事业单位以及乡镇企业废水未经处理或达不到排放标准要求的一律不准排入洱海。水上运输和旅游活动不得污染水体。"

1988 年的《洱海管理条例》划定了洱海管理范围和水源保护区。1998 年的《洱海管理条例》超前性地跳出洱海管洱海的局限,在施行中对于这两个概念是通过"洱海管理区域"和"洱海保护区域"的描述与界定来进行区分的,这个区分涉及洱海管理与保护治理理念的转变、洱海流域行政区属地关系的变革、洱海水位调整、洱海管理机构变革、洱海保护治理职能的加强与转变等一系列体制和机制因素。2004 年洱海管理条例的修订与修正之前,一般只注重"洱海管理区域"的管理,之后才突出"洱海保护区域"的治理保护。这种转变实际上是表明洱海已经从"湖泊水面和沿湖的管理"向"全流域治理与保护"的转变。而这正是政府和专家共同制定《云南大理洱海流域保护治理规划 2003—2020》的核心思想。

《洱海管理保护条例》的最近一次修订是 2019 年。《洱海管理保护条例》于当年 9 月 12 日大理白族自治州第十四届人民代表大会第三次会议通过,9 月 28 日云南省第十三届人民代表大会常务委员会第十三次会议批准,从 2019 年 12 月 1 日起施行。

修订后的《洱海管理保护条例》全文分为总则、保护管理职责、综合保护管理、一级保护区管理、二级保护区管理、三级保护区管理、法律责任、附则等 8 大章节、计 60 条管理条例。对于洱海保护范围、大理州政府为保护主体责任人、洱海保护各项细则等均做了详细明确,诸如人们关注的热点:洱海里洗车、洗宠物、洗农产品的此类行为不仅明令禁止,对当事人还将处以 200～1 000 元罚款;情节严重者,将处以 1 000～5 000 元罚款;洱海一级保护区禁止新建、改建、扩建与洱海生态保护无关的建筑物、构筑物。

此次修订:一是将整个洱海流域全部纳入保护管理范围,推动洱海保护治理模式由一湖之治向全流域防治、生态防治转变,强调了对洱海流域实施综合治理,突出了生态系统修复与污染防治同等重要的地位,推动洱海保护治理模式的变革。二是强调分区管控,洱海流域划分为一、二、三级保护区,并对各级保护区的保护管理分章做了规定,提升洱海保护治理的精准化程度。如对海东片区洱海最高运行水位水平向外延伸 30 米以内的区域以及海南片区洱海最高运行水位水平区向外延伸 15 米以内的区域,作为一级保护区,实行最严格的保护,这充分考量了海东临山的地形地貌和海南紧挨城市规划区的现状。另外,上游来水水质对洱海水质起着决定性作用,将洱海主要入湖河流及堤岸内侧水平向外延伸 30 米、洱海流域其他湖(库)水域及其最高运行水位水平向外延伸 50 米以内的区域,纳入二级保护区,也是"源头护水"的必然要求。对重点区域实行了特殊保护。如一级保护区除遵行二、三级保护区的禁止行为之外,还禁止在洱海湖区和湖滨带范围内野炊、露营、垂钓、清洗车辆、宠物、畜禽、农产品、生产生活用具,以及擅自搭棚、摆摊、设点经营等。三是突出了规划的重要引领作用,以洱海保护治理统领经济社会发展全局。肩负洱海流域"调结构、促转型"重任。四是牢固树立"一盘棋"观念,强调洱海保护管理规划应符合正在编制的大理州、大理市、洱源县的国土空间规划,并着力提升其与苍山洱海国家级自然保护区、大理国家级风景名胜区、饮用水水源保护区、旅游发展等相关规划的衔接度;五是切实维护规划的权威性、严肃性。如第四十一条增加规定旅游观光项目应当符合洱海保护管理规划的要求。六是落实治理责任,形成洱海保护治理的强大合力。

《洱海管理保护条例》新增综合保护管理职责一章,强调州人民政府承担洱海保护管理的主体责任,进一步明晰了大理州、大理市和洱源县、流域各乡镇人民政府洱海保护管理的工作职责,增加了州级、洱源县洱海保护管理机构职能职责的规定。此外,基层群众自治组织、公民、法人和其他组织保护洱海的义务也得到了强化。六是体现"史上最严"的特点,坚守洱海生态保护红线,实行最严格的监管。周边建设控制方面,要求逐步拆除一、二级保护区内原有的建构筑物,拓展湖滨生态缓冲空间。项目开发控制方面,要求采取措施切实降低洱海流域开发强度。如对餐饮客栈经营者在排污设施配置方面做了明确要求,规定对一级保护区内的餐饮客栈实行严格管控,且全面禁止了湖区和湖滨带范围经营餐饮客栈的行为。产业结构方面,要求加快转型升级的步伐,大幅降低洱海流域污染负荷。如控制洱海湖区、二级保护区船舶的总量;在二级保护区内禁止建设畜禽养殖场、养殖小区,以及从事餐饮具和被服消毒、洗涤等经营性活动;全面禁止生产、销售和使用剧毒、高毒农药、含磷洗涤用品、不可降解的泡沫塑料餐饮具、塑料袋,并对种植业、养殖业等规定了相应的水污染防治措施。七是实行最严厉的处罚。对违法行为处以较高的罚款额度,使《洱海管理保护条例》成为真正有效的"硬法",能严厉打击破坏洱海流域内的生态环境的违法行为,将实行最严肃的问责。《洱海管理保护条例》规定有违法失职行为的公职人员将被依法给予处分;构成犯罪的,依法追究刑事责任。八是严密的制度设计,致力于为洱海保护治理提供全面具体明确且合理的行为规则。运用法律适用性条款,织密了法网。鉴于洱海流域内多种保护地在空间上重合的现实,强调"一、二、三级保护区内涉及自然保护区、风景名胜区、饮用水水源保护区和历史文化名城名镇名村保护的,还应当执行有关法律法规的规定",既可以最大限度地避免重复上位法的规定,又能有效防止立法放水。九是区别对待一、二级保护区原有的建构筑物,守住了民族优秀传统文化的根脉。《洱海管理保护条例》修订统筹洱海生态保护与民族文化传承的关系,保留了文物保护单位和历史文化名镇、名村、传统村落保护范围内依法应予保护的建构筑物,确保"守住洱海绿水青山"与"保护古村落记住乡愁"两者可以兼得。水量和水质保护目标的法定化,设置了洱海保护治理的基本目标。洱海是人工调控水位的多功能高原淡水湖泊,《洱海管理保护条例》修订明文规定洱海最高运行水位、最低运行水位,并对特殊年份调整洱海最低运行水位做了程序性的要求,即由自治州人大常委会行使重大事项决定权加以决定,保证了洱海生态环境需水量。十是"以人为本",彰显法治的温度。《洱海管理保护条例》修订在践行最严格生态环境保护制度的同时,也注重关切周边群众的利益。诸如"除历史文化名镇、名村、传统村落原有居民以外的其他居民应当逐步迁至二级保护区外进行妥善安置"之类的规定，要求政府在实施生态搬迁时审慎推进，不仅要狠抓落实，制定清晰的时间表、路线图，而且要切实解决好移民的生产生活问题，着力体现人文关怀。

五、猛药治疴

人们原本希望通过立法措施就解决了洱海的日常管理和保护，但社会经济发展的事实和蓝藻的暴发表明，仅仅停留在立法层面的理念，已经不能保护洱海的水质安全，从立法到大规模治理行动成了最佳的选择。

从 1996 年洱海第一次出现蓝藻水华开始，大理的各级党委政府就认识到洱海保护问题的严重性和迫切性，连年不断地采取了多种手段及措施进行治理与保护。多年来，特别是 2012 年云南省九大高原湖泊水污染防治领导小组会议暨洱海保护工作会议以来，大理州把洱海保护治理放在重中之重的位置。在国家和云南省的支持下，科学规划、综合治理，明确责任、常抓不懈，全民参与、立法保护。然而任重道远，消除洱海每况愈下的危机，绝非一蹴而就的轻易事，就如一个人病入膏肓，非猛药攻治是难以根治沉疴痼疾的。

富营养化的实质是由于湖水内营养盐的输入、输出失去平衡，从而导致水生态系统物种分布不均匀，致使单一物种疯长，破坏了系统的物质与能量的流动，使整个水生态系统逐渐走向灭亡。湖泊治理就是要采取措施，使水中营养盐含量达到最佳状况。

1996 年 9 月 4—10 日，云南省人大环保执法检查组到大理州检查洱海水的现状，包括资源、网箱养鱼、机动船只和引洱入宾工程。听取了有关部门的汇报后，检查组指出："洱海水质恶化，污染的治理已迫在眉睫，刻不容缓。网箱养鱼和机动船只突飞猛进地发展以及城市污水的排放是污染的关键，必须采取果断措施，加快治理。"大理州表态："一定要像保护眼睛一样保护洱海。环保工作和洱海的治理一定要有紧迫感，没有具体的治理措施，洱海将成为第二个滇池；一定要贯彻综合治理的方针，正确处理好经济建设和环保的工作关系；一定要齐抓共管，把环保工作真正落到实处。"并表示："1996 年四季度以前做好宣传和准备，1997 年 6 月以前坚决取缔洱海的网箱养鱼，上半年取缔机动渔船；尽快启动人纤厂制浆及二硫化碳车间的搬迁，同时考虑大理造纸厂制浆车间的迁移。继续增加投入，加强洱海源头和环湖的绿化和治理；强化旅游业管理，减少各种废弃物对洱海的污染,加大检查力度。"

　　从此,政府采取了"双取消"(取消网箱养鱼、取消机动渔船)、"三退三还"(退塘还湖、退耕还林、退房还湿地)、"三禁"(禁磷、禁白、禁牧)等果断措施,以及后续的洱海流域水污染综合防治"十二五"规划和"2333"行动计划,都体现了"猛药治疴"的决心。2017 年 1 月 19 日,大理自治州开启了洱海抢救模式,打响洱海抢救"七大行动"的攻坚战,内容包括流域"两违"以及村镇"两污"整治、面源污染减量、节水治水生态修复、截污治污工程提速、流域执法监管,全民保护洱海,大理迎来历史上最严厉的洱海治理令。2017 年 4 月 5 日,云南省人民政府第 109 次常务会议强调,洱海保护治理形势严峻、任务艰巨,必须按照云南省委、省人民政府决策部署,全力推进洱海保护治理工作;要坚守生态保护红线,全面科学划定保护治理范围,并通过有关立法程序固定下来,一以贯之加以执行;要加快截污工程建设,在确保质量和安全的前提下实现 2018 年 6 月底前全面截污;要严格执行河长制,确保入湖水质全面达标;要坚持洱海水质好转与逐步恢复水生态相结合,提高湖泊自身净化能力;要依法开展洱海流域水生态保护区核心区及周边违规排放专项整治,加强宣传引导,发动群众广泛参与洱海保护治理。国家生态环境部中国环境监测总站反馈,2018 年 11 月份洱海湖心断面水质为Ⅱ类;另据大理州环境监测站监测结果,2018 年 11 月份洱海全湖总体水质为Ⅱ类。这是自 2015 年以来,首次实现 11 月份洱海全湖总体水质Ⅱ类的指标。洱海保护取得明显成效。

(一)"双取消"

1. 取消网箱养鱼

　　2001 年至 2006 年,考古工作者对大理市海东银梭岛进行了考古发掘。出土了 5 000 多年前新石器时代的遗物,获陶片约 30 吨,其中网坠占了很大的数量。由此可知,当时洱海居民已经广泛地从事渔业活动,而这些活动主要都是以自然捕捞为主。新中国成立以后,渔业养殖从无到有逐步成为渔业主体。1958 年,大理州首次引进"青、草、鲢、鳙"四大外来鱼种,改变了数千年来洱海鱼种的稳定格局。

　　十一届三中全会以后,大理州人民政府制定了"以养殖为主,小水面为主,精养高产为主;养殖、捕捞、加工并举;国家、集体、个人一起上,大、中、小水面一齐利用,因地制宜,各有侧重"的方针,促进渔业生产的发展,网箱养鱼就是鱼类养殖业的延伸。网箱养鱼是将由网片制成的箱笼,放置于一定水域,进行养鱼的一种生产方式。网箱多设置在有一定水流、水质清新、溶氧量较高的湖、河、水库等水域中。可实行高密度精养,按网箱底面积计算,每平方米产量可达十几千克。主要养殖鲤、鲫、虹鳟以及鲢、鳙、草鱼、团头鲂等。网片用合成纤维等制成。箱体以长方形较好每只网箱面积为数十平方米,箱高 2~4 米。设置方式有浮式、固定式和下沉式 3 种,以浮式使用较多。实际上,渔业对水体的过度利用是重要污染源之一。因此,网箱养鱼弊多利少。近年来,我国淡水渔业的养殖模式普遍以追求经济效益为主,造成对江河湖泊和水库的过度利用,导致水体富营养化和水环境质量下降,如追求高产而实施的化肥养鱼直接增加了水体氮、磷含量,为提高"家鱼"成活率而过量捕捞食鱼性鱼类导致生态系统失衡等。据统计,我国淡水渔业的收入每年仅 80 多亿元,而天然湖泊和水库(即人工湖)的水体污染所造成的损失却远高于此。

投饵式网箱养鱼在单纯追求经济效益的同时,对水域水质的影响更大,成为众多湖泊水体富营养化的重要因素之一,给养殖水域带来灾难性的后果。根据测算,养殖一吨淡水鱼,产生的粪便相当于 20 头肥猪的粪便量,其中污染最重的是投饵式网箱养鱼,例如北京的密云水库发展网箱养殖鲤鱼,亩产在两万公斤以上。网箱养鱼对局部水域污染的影响率达到 31.3%,对湖泊、水库潜在富营养化的影响率达到 32.1%。

1984 年,洱海管理局承担云南省农业厅洱海网箱养鱼项目,并在洱海试养。由二户试养一亩网箱开始,洱海网箱养鱼迅速发展。开始时投放草鱼,捞取洱海天然水草喂养,亩产成鱼 6 613.76 公斤,取得较好效益。1986 年,推广面积 50亩,亩均单产 3 054.4 公斤,并获得大理州人民政府 1987 年度科技进步二等奖。针对发展状况,大理州洱海管理局成立了水产技术推广站(初为网箱养鱼工作站),负责网箱养鱼的技术指导、培训。同时建立了海面审批、使用许可证制度。通过在资金、渔需物资供应等方面开展服务,促进了洱海网箱、拦网养鱼的大面积推广和发展。为充分利用水体的自然优势,开发水域再生产的潜力。到 1996年,据验收显示洱海网箱养鱼的面积已发展到 150 亩,产量达 1 021 吨(7 吨/亩),取得了较好的经济效益。

对此举措,早在 1992 年和 1994 年的《大理市年鉴》"渔业"和"洱海管理"部分就大力给予肯定。1991 年条说:"洱海网箱养鱼自 1984 年由二户试养一亩网箱开始,至 1990 年末已发展到 110 亩,养殖方式主要是以固定式网箱养鱼为主,有网箱面积近 90 亩,其中:有成鱼箱 76.5 亩、鱼种箱 12.5 亩,还有 20 亩围栏养鱼。20 世纪 80 年代末湖内从事网箱养鱼者达 380 户,遍及沿湖 9 个乡(镇),养殖水域以金河海舌附近的洱海西岸湖湾为主,占用水面约2000余亩。采用捞取湖中水草来饲养草鱼,经测算一个全劳动力通过网箱养鱼可获利润2500~3000元/年,洱海网箱养鱼为沿湖群众找到了一条从速致富的好门路。1990年期间网箱养鱼共产出商品鱼450吨,比1989年递增12.5%。当前为保护好洱海水草,主管部门正积极着手鱼用颗粒配合饲料的研究试验工作,以指导洱海网箱养鱼稳步发展。"1993年条说:"大理州网箱养鱼在洱海取得一定效益后,现已扩大到西湖、剑湖等湖泊库塘养殖,面积扩大到120多亩。仅洱海网箱投饵养草鱼的面积就达102.5亩,总产558.8吨,成鱼网箱88.08亩,平均亩产6287.5公斤。其中投喂配合饲料的8.85亩,经省、州有关专家和领导实地验收,平均亩产18457.7公斤。每亩扣除鱼种、饲料、工资、折旧费和特种税等各项开支,获纯利56866.95元,投入产出比为1:2.2,获得显著的经济效益。"1994年条说:"洱海网箱养草鱼,到1993年底已发展到635户,养殖面积为141.52亩,产量高达715吨(5吨/亩)。使沿湖城镇菜市天天有鱼,鱼价出现稳中有降。为了促使洱海网箱养鱼健康发展,洱海管理局专门设置水产技术推广站,配备人员12名,以科技为龙头,完善服务体系为保证,推广为重点,进行全方位配套服务。上年共为养殖户从德宏州、渡口市等热区组织草鱼鱼苗、鱼种460万尾,发放养鱼饵料周转金35万元,委托大理市兴业总公司提供粒料208吨。再加上技术指导、科技示范推广、核发养殖水面许可证等措施,保护了养殖生产者的合法权益,改善了水草资源,调整了产业结构,提高了水域生产力。洱海网箱养鱼遍布11个乡镇、28个村公所、43个自然村,养殖户已发展到767户,网箱面积为154亩,比上年递增8.81%;共布网箱3256只,年产量1015吨(6.59吨/亩),比上年增长30.5%,占洱海水产品总产量的16.5%。为保护洱海水草资源,减轻污染,提高效益,除大力推广鱼用饵料饲养草鱼外,还积极引进新的饲养品种——建鲤,经1.57亩网箱进行科技示范,亩产高达6万公斤以上,为网箱养鱼精养高产,探索出一条新的路子。"然而,随着网箱养鱼的大量发展,其弊端逐渐显露。洱海的水草资源因过量开发而急剧下降,虎鱼、麦穗鱼等小杂鱼吞食鱼卵影响鲤鲫鱼类资源的繁殖。另外,网箱养鱼没有统一规划,放任自流,布局不合理,有的乱占航道,有的布在旅游景点。而且,鱼类及水草残骸污染水域。

《云南省大理白族自治州洱海管理条例》于1989年3月实施后,大理州人民政府开始重视对洱海的合理开发、利用和保护,以法治水管水。同时,投资322万元完成截污工程。据1990年监测资料表明,西洱河排污干管通水口上段由泡沫覆盖的严重污染水质恢复到洱海水质。1989年4月,为了有效管理洱海法定区域,洱海管理局投资 4 万元,勘测建竖了洱海界桩,在沿湖岸 1974 米高程水位线共建立 231 棵界桩(每隔 500 米设一棵),埋设砼桩 194 个、岩石标准 37 个,完成Ⅳ等水位基点 85 点。1992 年,大理州人民政府决定每年从财政专项经费中拨出 350 万元(包括东面山坡绿化 150 万元,弥苴河治理 100 万元,苍山十八溪治理 100 万元),用于洱海东面山坡绿化以及弥苴河和苍山十八溪的河道治理,并成立洱海区域山坡绿化和河道治理领导小组。这些措施成效显著,洱海水质总体上保持了国家地表水Ⅱ类标准。

但脆弱的环保已经引起当局的警惕。"双取消"是 1996 年洱海水环境污染和"水华"暴发的危机促使地方政府做出的迅速政策响应和相对"理性"的决策。这是 20 世纪 90 年代洱海保护首先推出、反响比较大的专项政策。1996 年 9 月,措手不及的"水华"暴发后,大理州人民政府立即下发《关于取消洱海机动船动力设施和网箱养鱼的决定》。

1997 年 3 月 20 日,在大理州第九届第五次人代会的政府工作报告中,提到 1997 年的工作时强调:"适时出台保护洱海的一系列行政规范性文件,开展取消洱海网箱养鱼和机动渔船动力设施的工作,加强对其他船舶的管理,积极治理污染源,切实保护好洱海。"并说:"要像保护眼睛一样保护好洱海,如期完成取消网箱养鱼和机动渔船动力设施的工作,切实加强对其他机动船舶的控制和管理,严禁围海造鱼塘和占用滩地建房,采取综合治理措施,使洱海永保碧水清波。"

这是一种深刻的教训,是人们积习难改,顾此失彼,面对新问题的困惑。

1992 年 11 月 1 日,大理州人民政府果断地取消网箱养鱼设施。首先在影响饮用水的洱海团山取水口和桃源旅游码头附近的 308 个网箱实行;1993 年 3 月 1 日,又在喜洲沙村和上关一带动员养殖户将网箱养鱼设施全部撤除;1996 年,进一步取消了洱海水域内以及洱源西湖水域内设置的网箱养鱼设施。据统计,洱源、大理两县市取消网箱养鱼设施共计 11 180 箱,涉及 2 966 户,其中洱海水域为 9 507 箱,总计拔除竹、木杆 12 万根。同时,还取缔严重破坏渔业资源的"迷魂阵"上千个。

但此时,喜洲镇、沙村、上关仍有 400 多个网箱设施未撤除,为确保政令畅通,州委、州人民政府于 1997 年 3 月 10 日给市委、市人民政府发出督查通知,请大理市执行州委、州人民政府把关于"双取消"决定执行的情况于 11 日下午 3 点前向州委、州人民政府提供书面报告。当晚,大理市委、市人民政府召开紧急会议研究部署,决定采取果断措施,限 3 月 15 日前必须取消完毕,限期内仍未取消的,将强制执行。养殖户出现的实际困难,由大理市人民政府帮助解决。

1998年7月4日,大理州第十届人代会第一次会议通过的《洱海管理条例(修订)》第七条规定:"在洱海管理区域内禁止从事网箱网养殖活动。"从此,取消网箱养鱼有了法律依据。

2. 取消机动船

过去,洱海帆船是一道亮丽的风景线。前面提到,元代李京关于洱海天镜阁"银山殿阁天中见,黑水帆樯镜里过"的诗句,这使古往今来的人们对洱海产生无限的遐想。洱海的白帆顺着风儿,在明镜般的黑水(澜沧江水系)里悠游,这是多么优美的意境! 这种景致总是与一个民族息息关联,几千年他们作为"洱滨人群"在洱海代代生息。初唐使节梁建方给王朝的报告中记录了这个族群,说他们"人众殷实,多于蜀川",但却"有船无车",虽然崎岖的山路不宜驱车,但船成了人们须臾不可缺的交通工具。他们自称"杲弥苴"(湖边的人),呼船为"彝",这是古汉语"船"的读音。总之,自古以来,船与洱海边上的人有着不解之缘。这种船民的生活很富有特色。

那时候洱海还没有机动船,行船主要观风向,无风时划桨,大风起时掌舵。机动船的出现是20世纪70年代的事,但那时极为罕见。

到20世纪90年代,随着造船工艺的进步,洱海机动船开始长足发展。据《大理州年鉴》统计,1994年洱海有各类船只4 453艘,比1993年增长24%,每百亩水面平均有1.22艘,密度之高为其他湖泊所罕见。尤其令人叹为观止的是机动船只发展迅速,1985年洱海机动船仅有519艘。到1993年为1 830艘,后经仅一年多的时间,增长达2 625艘,比1985增加4倍多。洱海湖内每百亩水面的船只密度已高达1.52艘,为全省湖泊之冠,在全国湖泊史上也属罕见。而且小船改大船、木质改铁质、人力改机动。因此船只盲目增长,严重失控。1991年,在洱海银鱼捕捞的高额效益刺激下,造船业应运而生,沿湖60多家非法造船厂,10多吨吨位的船只一个月就能下水。船只过量,加重了洱海的负荷,后患应运而生:一是捕捞强度增大,酷渔滥捕对资源破坏严重;二是随意抛丢废弃物污染环境,特别是机动船跑、冒、滴、漏油料已对水质构成威胁;三是船只多,行走拥挤,留下隐患。船只的盲目增长,形成失控状态,引起社会各方面的强烈关注。大理州人民政府决定综合整治洱海船舶,由州环保、洱管、公交、公安等部门抽调人员成立临时机构"大理州洱海船舶综合整治办公室",发布第一号公告,着手控制船只增长、清查整顿现有各类船舶,按规范管理排放废弃物,取消机动渔船,为保护洱海生态环境和自然资源打下基础。

1996 年底，大理州人民政府着手实施取消洱海机动渔船动力设施和网箱养鱼工作。通过宣传动员、登记复核、清理检查等阶段的工作，6 月 3 日，由"双取消"领导组办公室发布《关于立即组织实施取消洱海机动渔船动力设施的通知》，在洱海渔政、公安、航务与沿湖各乡村密切配合下，取消机动渔船动力设施。至 1997 年 7 月 25 日止，2 574 套机动渔船动力设施全部取消，并集中运送、统一保管。至此，洱洱"双取消"工作顺利完成，消除了污染洱海的一大隐患。

"双取消"后，洱海、西湖水域的水质明显改善，透明度大大提高。1997 年 11 月 20 日，大理州人民政府在下关召开了总结表彰大会。

"双取消"可以称得上是洱海治理"猛药治疴"的先声。至今，人们提起这一创举都认为："双取消"是针对 1996 年洱海水环境污染和"水华"暴发的危机，地方政府做出的迅速的政策响应和相对"理性"的决策。这是 20 世纪 90 年代首先推出的反响很大的洱海治理专项行动。

(二)"三禁止"

"三禁止"是洱海管理当中的另一项措施，它有两种含义。一是指禁磷、禁白、禁牧等"三禁止"。首先是"禁磷"，重点是在洱海流域地区禁止销售含有磷的洗衣粉。20 世纪 80 年代开始，洱海流域农业快速发展带来了磷、氮等化肥大量使用以及周边地区工业化、城市化进程快速推进，各种生活及工业污水垃圾得不到及时有效处理，引发了农田径流、乡镇企业及村落污染一系列生态环境问题。尤其是洱海的北部主要河道弥苴河、罗时江、永安江等向洱海输入的氮、磷，入水量约占入洱海总量的 50% 左右，成为洱海最大的营养污染源。另外，东部入海河主要为海东、挖色村镇的生活污水；西部有苍山 18 溪，面源污染主要为大理古城、周城、喜洲镇的乡镇企业、村镇和旅游景点污水及低地坝区农田等方面；工矿企业主要集中在出水口西洱河流域建筑、金属、水泥、石灰、造纸、印染、化工、酿酒等行业排出的污染，这些设备简单、工艺落后的中小型企业，年排放工业废水废气使洱河的水质严重污染。特别是随着居民生活习惯的改变，含磷洗涤用品被广泛使用。据测算洱海的氮、磷每年允许负荷（WS）约为 1 254.8 吨和 62.72 吨，但实际数字远远超此。1997 年 12 月，为控制磷对洱海的污染，大理州人民政府颁布了《关于在洱海汇水区内禁止生产、销售和使用无磷洗涤用品的决定》，明确规定从 2018 年 2 月 1 日起在洱海汇水区（两城区及 18 个乡镇）内禁止生产、销售和使用含磷洗涤用品，对违反本规定具有五种行为之一的由环保、工商、技术监督等部门依法给予警告、罚款和没收等处罚，并两次召开了新闻发布会。

多次统一检查。行动结束后,日常管理由工商行政部门负责检查执行。其次是"禁白",即禁止生产、销售、使用一次性发泡塑料餐具和有毒有害不易降解的塑料制品(即白色塑料用品,主要通过工商行政管理方式实施洱海流域水环境保护措施,从 2006 年 9 月实施)。第三是"禁牧",主要是禁止在苍山上放牧牲畜,重点是山羊的放养。按照 2007 年初当地居民与大理市人民政府签定的《大理市洱海综合治理保护目标责任状》的要求,结合《大理市山羊禁牧工作实施方案》和全年的洱海流域山羊禁牧工作,与市森林公安、洱海管理、环保等成员单位形成合力,认真开展禁羊工作。此次山羊禁牧工作共涉及 9 个乡镇 525 户。截至 2007年 12 月,完成禁牧的走访调查、动员农户进行出售淘汰等工作。经调查,全市共涉及山羊禁牧淘汰的农户共 525 户。全市共淘汰羊 17596 只,毛重 493327.9 千克,经济补偿 1479983.4 元;羊厩面积 12864.4 平方米,经济补偿 643220 元;涉及拆迁评估的羊厩面积 132.89 平方米,经济补偿 31338 元;总共补助人民币2154541.4 元。

另一个"三禁止"是指在洱海治理中禁止的三种行为,即禁止在洱海流域内新建有严重污染的企事业单位,禁止非法侵占滩地、湖内建鱼塘、宅基地、造田等蚕食水域和禁止生产销售和使用含磷洗涤用品。早在 1980 年,大理州人大常委会就曾作出"现有洱海周围的厂矿企事业单位,凡有污染的要限期治理"的决定。1989 年实行的《洱海管理条例》第十一条规定"严格禁止在洱海周围和水源附近新建、扩建污染环境、破坏生态平衡和自然景观的厂矿、企业",第十二条规定"禁止直接或间接向洱海水域排放工业废水、生活污水""禁止向注入洱海的河流沟道和海域倾倒工业废垃圾、畜禽尸体和其他废弃物",第十四条规定"严禁在洱海岛屿和景点开山炸石、砍伐树木、违章建筑和污染环境"。每年 4 月 1 日—7 月15 日为洱海禁渔期。

为了保护洱海界桩内的滩地,1991 年大理州人民政府发布了《洱海滩地保护管理办法》。同时对一哄而起乱占滩地建鱼塘的现象,大理州人民政府又下发了《关于处理和制止违法占用洱海滩地问题的批复》。1994 年,对违法填湖造地、建码头、占滩地建房、挖沙取土、围湖造鱼塘的个人和单位进行了查处,对部分不服处罚又不依法行事的案件,申请人民法院进行了强制执行。2001 年 6 月起对洱海滩行整治,收回 1971～1974 米范围内滩地的国有土地所有权,拆除鱼塘和违法建房,建设洱海湖滨保护带。

（三）"三退三还"

"三退三还"的水环境规制政策对于相关居民生产与生活的影响和代价很大,它明显地反映出农村水环境政策与农业政策之间的历史矛盾以及地方政策的根本转向。所谓的"三退三还"就是将原先海边的鱼塘退塘还海,围湖而造的农田退耕还林和与洱海争地而建的房舍退房还湿地。"三退三还"是洱海湖滨带生态恢复建设工程的重要组成部分,是洱海湖滨带生态恢复工程最基础性的工作。作为洱海水位调控政策和湖滨带恢复工程的重要基础和支撑,对保护洱海具有重要的意义,如果没有"三退三还"的完成,洱海湖滨带生态恢复工程就不可能顺利实施。

从1999年开始,政府主导的洱海流域水环境治理进一步加强。旨在从流域水土保持和洱海湖滨带生态系统建设入手的"三退三还"系列政策,反映了大理市1993年曾实施的"菜篮子工程"和"四荒开发"两项农业政策(即荒山、荒坡、荒湖、荒地的开发利用),对水环境造成的严重不良影响。

经调查,在洱海管理区域内,历年海滩地内建鱼塘面积为4 324.84亩,建房屋1 209户、616.8亩,建沙场11户、73.7亩。20世纪60年代划定的自留地及80年代土地承包到户的农田12 589户、4 554.53亩及自发开垦农田2 500亩。2001年10月10日,大理州委、州人民政府召开洱海湖滨建设滩地保护工作动员大会,出台了相关配套政策,计划于2002年4月底完成退田退房退鱼塘、还林还湖还湿地的工作。5月已组织环湖群众在海拔1 973.5～1 974米滩地上种植了柳树等树种。由大理州环境保护局、州水电局共同委托中国环科院对项目建议书中的环境影响论证部分已经完成上报,正加紧同步进行可行性研究阶段的环境影响评价工作。由中国环科院开展的《云南洱海湖滨带(西区)生态恢复建设工程可行性研究报告》也于2001年3月通过了大纲审查,8月省计委和省环保局组织专家对可行性研究报告进行了审查。

2001年,大理州人民政府投资1 300万元,对历年侵占洱海1 974米(海防高程)以下总面积为12 334.98亩滩地,实施退耕还林、退塘还湖、退房还湿地的"三退三还",全面恢复洱海生态。洱海"三退三还"共投入劳力15 000多人、资金1 300多万元(洱源、大理两县市投入30万元),实施退塘还湖4 324.84亩、鱼塘开口1 500个、开挖土石36 000立方,撤除增氧机、电杆电线等鱼塘附属设施510多套,撤除鱼塘看守房347间、面积6 940平方,占应退面积的100%;实施退耕还林7 274.52亩,其中承包地面积3 621.9亩、自留地面积1 164.3亩,占应退面

积的 100%；签订《解除承包合同关系书》8 315 份，注销《土地承包合同书》8 313
份，签订《补偿协议书》11 074 份；完成植树造林 500 亩，种植柳树 48 万株，占应
植树面积的 100%，收回的耕地面积全部做到了"三对证"；退房还湿地 616.8
亩，占应退面积的 100%，对已批准建盖成型的 580 户、384.87 亩换发了《国有土
地使用证》，其他未建成型的 409 户、231.93 亩全发出《限期撤除通知书》，2002
年 7 月底以前已全部拆除。大理州各级人民政府从 1999 年开始实施"三退三
还"政策。第一轮实施"三退三还"政策的范围包括洱海 1974 米高程范围内的滩
地 12 334.98 亩，约占滩地总面积 21 000 亩的 58.7%。后因当时农业政策的制
约，即 1998—2003 年粮食产量连年波动性下滑，粮食安全被列入 2003 年修订的
《中华人民共和国农业法》。政府为确保粮食安全，重点从耕地、主产区和种粮农
民三方面着手制定政策。而这些政策会和"退耕还林""退耕还草"等生态建设工
程产生矛盾和冲突，第一轮洱海"三退三还"政策的实施只好截止于 2002 年
9 月。

2004 年，新修订的《洱海管理条例》对水位进行重新调整。根据重新确定的
洱海水位高程。2007 开始实施的大理市环洱海"三退三还"工程的范围修改为：
洱海东岸 1974.31 米高程内的农田及环海公路以西超过 1974.31 米高程，且连
片 50 亩以下的农田；海南片金沙洲以外，机场公路以北的区域；海西海北片
1974.00 米高程以内的农田；高程在 1974.00 米以内的全部房屋。新一轮"三退
三还"工程配合湖滨带恢复工程，在更高的水位范围内实施，对洱海的保护会产
生更为积极的影响。实施"三退三还"可以将被水淹没的鱼塘、房屋和树林实施
补偿，实现水位提高的目标。而"三退三还"也有水位调控政策支持和法律支撑，
可以更好地实现其恢复洱海生态环境的目标。

洱海流域水规制的变迁是地方政府与专家互动的过程。洱海流域水规制尤
其是洱海管理条例的立法规制、水位政策和流域规划方案的制定与修改都是地
方政府与专家互动的结果。通俗地讲，洱海流域水规制的产生也是地方公共决
策科学化和民主化的过程。这一点从以下几个方面政策之间的关系可以更好地
予以理解。比如洱海"三退三还"政策是水位调控政策的延续和支撑。有关部门
和专家达成共识，认为长期以来低水位运行和大量污染物排放进行入洱海是造
成洱海水质恶化的主要原因。洱海水位规制政策的实施对洱海保护起到了极为
关键的作用。大理《洱海管理条例》在水位的调控方面做了法律规定，使洱海水
资源调度运行有法可依。此外，"三退三还"政策还是《洱海流域保护治理规划
（2003—2020）》中的"六大工程"之一，是"洱海湖滨带生态恢复工程"的重要组成

部分和基础。这些无疑更多地体现了专家参与决策的机制以及先进的规划理念和技术思路的渗透，而地方政府与专家的互动是国家水资源环境科技政策的深度介入。20多年来，国内开展的"七五"洱海富营养化调查研究、"八五"系统的外源污染控制方案的研究、"九五"攻关课题污染源控制与生态修复技术的研究、"十五"洱海流域保护治理的各项工程技术研究、"十一五"期间国家水体污染与治理专项洱海项目研究。与此同时，当地环保与监测部门也对洱海进行了科学和精细化的监控，是洱海"三退三还"政策水位调控政策的延续和支撑。《洱海管理条例》水位调控政策的实施对洱海保护起到了极为关键的作用。

从社会学意义讲，洱海流域"三退三还"的水环境规制政策的实施也是一场新的移民。"三退三还"的水环境政策不仅关系到农村社区的迁移与重建，失去土地、房屋、鱼塘的农村居民因而也会改变传统的生产、生活、就业和谋生方式。

(四)"三禁四推"

洱海流域水土资源丰富、气候温和、农业生产条件优越，是大理州重要的粮经作物主产区。但长期以来，粗放的生产方式，过量使用化肥和农药，导致土壤退化的同时，过量富集在土壤中的氮磷随地表径流、壤中流、农田尾水和地下渗漏，进入河道后直接流入洱海，导致洱海水质中氮磷负荷加重，成为加剧洱海水质恶化的元凶之一。

"三禁四推"，即在洱海流域禁止销售使用含氮磷化肥和高毒高残留农药、禁止种植以大蒜为主的大水、大肥农作物，大力推行有机肥替代化肥、病虫害绿色防控、农作物绿色生态种植和畜禽标准化及渔业生态健康养殖。这是大理州农业转型升级的重要举措，更是推进洱海保护治理工作的现实需要和推动洱海流域可持续绿色发展的必然要求。

治湖先治污，治污先治源。洱海流域种植的主要农作物有11种，其中2017年大蒜种植11.67万亩，大蒜化肥亩均用量是蚕豆、水稻、大麦、马铃薯等其他作物的2至3倍。大蒜种植对洱海水质的影响越来越严重。洱海保护治理"七大行动"开展两年来，已初步构建起洱海流域截污治污工程体系，生活污水得到有效收集和处理。在巩固提升各种前期措施、成效的同时，持续推进洱海保护治理的当务之急，是要全面打响洱海流域农业面源污染综合防治攻坚战。

洱海流域农业面源污染综合防治攻坚战，必须坚定走绿色生态农业之路，禁止销售使用含氮磷化肥和高毒高残留农药，大力推行有机肥替代化肥和病虫害绿色防控，促进农业生产绿色化、特色化、优质化和品牌化，实现农业绿色发展与洱海保护治理协调统一。

同时必须走农业转型升级之路,摆脱单纯依靠农药化肥来增产增收的粗放模式,加快土地流转,推进适度规模经营,调整产业结构,发展绿色生态种植和畜禽标准化及渔业生态健康养殖,发展新业态,大力发展休闲农业、生态循环农业,建设稻田综合种养示范基地,打造世界一流"绿色食品牌",以品质促农增收,实现农民致富与洱海保护治理的共赢。

(五)"四治一网"

"四治一网"是指洱海治理中的科学治湖、工程治湖、依法治湖、全民治湖和网格化管理工作。即实施科学规划截污治污、入湖河道综合治理、流域生态建设、水资源统筹利用、产业结构调整、流域监管保障"六大工程",推动洱海保护治理从"一湖之治"到"生态之治"转变,保护方式从"保护为主"向"防治结合"转变。保护主体从"部门为主"向"全民共治"转变。网络化管理是指通过先进的现代化设备将原本分散开来的单体通过技术手段,组建成一个网络来进行管理的一种管理模式。

2015年,大理州制定出台《洱海流域保护网格化管理责任制实施办法(试行)》。按照"党政同责、属地为主、部门挂钩、分片包干、责任到人"的原则,建立州、县市、乡镇、村(居)委会、村组长等"五级网格化"管理责任体系。将流域的16个乡镇、2个办事处、200个村委会(社区)、29条主要入湖河流,划分为网格责任区,由州委书记和州级领导负责包乡镇,县市委书记和县市级领导包村,乡镇书记、村总支书记、村支部书记分层负责,1 266名河道管理员、滩地协管员、垃圾收集员分区管理,形成"五级网格化"保护治理洱海的责任体系。五级书记成为保护治理的责任人,各级班子同担责、同行动、同落实,实现党的建设与洱海保护治理双推进,充分发挥村党总支战斗堡垒作用,实行"村党总支包组、村党总支委员挂钩联系村民小组党支部"制度;村民小组划分党员责任区,建立党员带户制度,党员干部成为洱海保护治理的带头人。坚持以党组织带动群团组织,党员发动群众,人民群众成为洱海保护的主力军。全方位实现洱海流域主要入湖河道、沟渠、村庄环境综合治理责任制的全覆盖。这一管理制度认真落实依法治湖、工程治湖、科学治湖、全民治湖和推行网格化管理责任制的"四治一网"工作,洱海水质总体稳定在Ⅲ类,2015年有6个月达到Ⅱ类,6个月为Ⅲ类,平均透明度1.9米。

2016年,从"十三五"开始大理全力推进洱海保护治理"四治一网"工作,这是针对洱海水质现状及洱海流域截污治污工程的措施。大理州在洱海保护治理中坚持"山水林田湖草"全流域综合治理,提出的"四治一网"是全民参与治湖的举措之一,即坚持依法治湖,强化工程治湖,推进科学治湖,突出全民治湖,构建州、市、乡镇、村、组五级网格化管理的格局。网格化保护管理就是要确保一条沟、一条河、一块田都有人管,让污染不进洱海。让洱海水质总体稳定保持Ⅲ类,确保 5 个月、力争 8 个月达到Ⅱ类的目标,把大理建设成为全国生态文明的示范样板。

(六) 五大体系

经过探索和努力,在洱海 2565 平方公里的流域内初步构建起五大截污治污的"五大体系",规划治理河道长度 201.32 公里,同时还规划新建 286.04 公里堤防或护岸工程,对 35.92 公里的河道进行清淤,对 15.66 公里河道的已建堤防进行修复。建立流域管理机制、构建完整防洪体系、打造清水通道、增加入湖清水量以及削减入湖污染物总量,为洱海的污染防治构建了一个坚实的屏障和保障。同时,先后颁布和修订了 11 个地方性法规和 7 个配套规范性文件,从政策法规和具体措施上践行山、水、林、田、湖、草综合治理。加快产业转型升级,坚持绿色发展,力争打造云南高质量跨越发展示范区。

五大截污治污防控体系如下:

一是初步构建覆盖全流域的城乡一体生活污水收集处理体系。在 2002 年建成日处理 5.4 万吨的大渔田污水处理厂之后,2017 年建成城市污水厂 73 座,日处理污水 12.9 万立方米、年处理 4 058 立方米,年排水量 4 275 万立方米的 94.92%,排水管网长度 780 公里。工程于 2018 年 6 月 30 日闭合运行,新建和既有工程设施并网运行后,洱海流域共有城镇污水处理厂 19 座、分散型农村污水处理设施 135 座、污水收集管网 4 461.6 公里、化粪池 12.08 万个、尾水塘库湿地 92 座、生态湿地 2.76 万亩。流域 19 座污水处理厂累计处理污水 5 624 万吨,削减总磷 170 吨、总氮 830 吨、氨氮 850 吨,截污治污体系工程减排效益得到充分发挥。

二是建立生活垃圾收集处置体系。推行"户清扫、组保洁、村收集、镇乡清运、县市处理"的联动运行机制,利用生活垃圾焚烧发电,每天完成近 900 吨生活垃圾资源化处置,实现生活垃圾全收集、全处理和无害化处置、资源化利用。2017 年,生活垃圾处理率达 100%。

三是建立农业面源污染防治体系。致力于国家水专项洱海项目研究的上海交通大学环境科学与工程学院河湖环境工程技术研究中心教授孔海南曾多次呼吁:"农业面源污染和人类生活污水是洱海水质下降、富营养化的主要原因!"洱海流域水土资源丰富、气候温和、农业生产条件优越,是大理州重要的粮经作物主产区。20世纪80年代初实行包产到户以来,广大农民群众不断适应市场需要,不断调整种植结构,收益不断增加。但是,在"用水量越大、用肥越多、收成越好"的片面认识下,在"大水大肥"的粗放种植模式短期内为农民带来好收益的同时,面源污染也呈几何级数加剧,洱海保护治理负担的现实困境也不断凸显。中央第六环境保护督察组指出,以大蒜为主的"大水大肥"农作物种植面积居高不下,面源污染问题突出。2017年,洱海流域开展监测的12条农排沟出水总氮平均浓度超标4倍,其中团结沟总氮浓度最高达11毫克/升,超标21倍;纳入监测的12个主要入湖河流断面中,有6个不达标,严重影响洱海水质。但长期以来,粗放的生产方式,过量使用化肥和农药,导致土壤退化的同时,过量富集在土壤中的氮磷随地表径流、农田尾水和地下渗漏,进入河道后直接流入洱海,导致洱海水质中氮磷负荷加重,成为加剧洱海水质恶化的元凶之一。洱海流域种植的主要农作物有11种,其中2017年大蒜种植11.67万亩,大蒜化肥亩均用量是蚕豆、水稻、大麦、马铃薯等其他作物的2至3倍。大蒜种植对洱海水质的影响越来越大。2018年8月28日,大理州委、州人民政府正式出台在洱海流域实施"三禁四推"的政策。

四是环洱海生态保护体系。洱海生态廊道主线总长为129公里,其中,海西段46公里,海东、海北段69公里,海南段14公里。计划2019年底完成50公里环湖生态廊道建设,2020年底完成129公里全线生态廊道建设工程。通过实施洱海生态廊道建设工程,修复和完善已受损的湖滨缓冲带,形成环洱海连续污染拦截带以及建设生态监测廊道,发挥监测管理作用,从而打造一个集生态、环保、康养、智慧于一体的环湖慢行绿道系统。构建环湖生态防护体系。环湖1806户7270人的生态搬迁如期全部完成拆除任务,拆除建筑面积约64.8万平方米,围绕"上档次、上水平、新景区、高端旅游小镇"的目标,选址4个片区5个安置地块,启动了"1806"小镇建设,开创了洱海"人退湖进"的先河。围绕"一流标准、一流品质"的目标,启动环湖湖滨缓冲带和129公里生态廊道建设,2019年完成了50公里生态廊道建设任务,全部完成建设后将增加762.96公顷生态湿地和湖滨缓冲带,为洱海构建起一条物理隔离生态屏障。把面山绿化作为"造福子孙后代、改善流域生态"的历史性工程来抓,坚持"林水结合、水利先行"的原则,把"自然修复和生态修复""生态功能和景观功能"相结合,加快推进海东面山绿化、洱源县洱海流域森林生态质量提升工程建设,完成海东面山绿化6.4万亩,流域森林覆盖率提高了3个百分点。

五是构建清水入湖工程体系。治湖先治污,治污先治源。持续推进大理市无序取水整治,实施统筹供水工程建设,封堵地下井1742口、封堵及提升改造苍山十八溪人饮及农灌取水口108个;采取超常规措施,超常规施工,仅用不到3个月的时间建成了流域内"三库连通"清水的直补一期工程,每年直补洱海Ⅱ类水6000万立方米左右;建成13座大理市城乡自来水厂,实施了27条主要入湖河道生态化治理、洱海海西五镇清水疏导、农业面源污染末端拦截消纳等工程建设,实现了亿方清水入湖。

自2015年以来,系统实施山水林田湖草综合治理,强力推进洱海保护治理工作,取得阶段性成效。据统计,2017年洱海全湖水质实现6个月Ⅱ类、6个月Ⅲ类,2018年、2019年洱海全湖水质连续两年实现7个月Ⅱ类、5个月Ⅲ类,未发生规模化蓝藻水华,主要水质指标变化趋势总体向好。

(七) 六大工程

2003年9月28日,云南省人民政府在下关召开大理城市建设现场办公会,正式确定了洱海保护治理的六大工程项目。此项工程总投资达到上亿元。10月8日,大理州委召开常委扩大会议,对洱海保护治理六大工程作出具体实施意见和建议。同时,大理州还据此编制出台了《大理白族自治州人民政府洱海保护治理规划(2003—2007年)》,将六大工程项目列入规划全面实施。

1. 环海生态工程

实施洱海"双取消",实施环洱海"三退三还"工程,共退出耕地12 247.72亩,其中退塘还湖4324.84亩,退耕还林7274.52亩,退房还湿地648.36亩;完成环洱海生态湖滨带58公里,恢复湿地面积15 601.5亩,种植植物170多万株;实施洱海全湖半年休渔和渔船入港集中管理制度,入港率达99.1%以上;实施洱海鱼种投放,改善洱海鱼类区系结构;实施洱海南部湖心平台1平方公里的沉水植物恢复实验工程;在洱海北部建立2.7万亩水生野生动物自然保护区;全面实施洱海生态湿地和沉水植物恢复建设工程;东区70公里湖滨带生态修复工程全面启动。

2. 污水处理和截污工程

完成49.74公里的大理至下关截污干管工程、凤仪片区综合管网(一期)工程、环洱海截污干渠(一期)工程、洱河南路排污干管工程、银桥至大理截污干管工程,完成 153.9 公里污水收集管网、东城区综合管网、大理旅游度假区排污管网建设;日处理 5 万吨的大渔田污水处理厂和日处理 5 千吨的庆中污水处理厂建成投入使用;建成日处理 5 吨、占地面积为 7.31 亩的大理医疗废弃物集中处理场;目前正抓紧建设北五里桥至上关综合管网、环洱海截污干渠和喜洲、上关、双廊、海东、周城五个污水处理系统。

3. 洱海流域农业农村面源污染治理工程

农业农村面源污染包括农村畜禽养殖污染、农田种植面源污染和农村生活污染。通过对洱海流域污染物入湖综合分析,农村畜禽养殖污染、农田种植面源污染和农村生活污水是洱海 COD 入湖负荷的主要贡献源,这三部分占 COD 入湖总量的 90%,其中农村畜禽养殖污染和农田种植面源污染两项占入湖总量的 65.1%。

4. 主要入湖河道和村镇垃圾、污水治理工程

该工程已实施完成白塔河、弥苴河、永安江拦污闸工程建设和白鹤溪综合治理工程;启动实施灵泉溪、阳南河、莫残溪、黑龙溪、中和溪和菠罗江综合治理;为沿湖各镇和开发区配备垃圾车 39 辆;建成垃圾收集池 1450 口、乡镇垃圾中转站 10 座、农村公厕 115 座、尿粪分集式生态卫生旱厕 1600 个;在环湖各村聘请 966 名滩地协管员、河道管理员和垃圾收集员,对洱海滩地、入湖河道和村庄进行常年管护和保洁;建成上关镇大营中温沼气站,对禽畜粪便进行再利用处理;建成 39 个村落污水处理系统。

5. 洱海流域面山绿化和水土流失治理工程

该工程已实施完成 15.2 平方公里的向阳箐和 9.5 平方公里的天镜阁小流域水土流失治理;完成公益林建设 3.5 万亩;配备管护人员 609 名,对 97.1 万亩森林进行管护;在洱海东面山播种云南松籽种 11 吨,完成造林面积 11000 多亩;完成退耕还林建设 5.2 万亩;在 2700 亩的洱海滩地上种植和补植补造柳树 70 万株;开展流域禁羊工作,共取缔养殖户 525 户,处置山羊 17.6 万只,有效地改善了洱海流域的生态环境。

6. 洱海环境管理工程

该工程包括建立洱海地理信息系统,实行高水位运行,科学调度洱海水资源;严格执行《洱海管理条例》;制定《大理州洱海滩地管理实施办法》等 6 个规范性文件,依法治海、管海;积极探索洱海环境管理机制体制,建立环保、渔政、水政、林政、公安联合巡逻综合执法机制,加大洱海监管力度;全面取缔洱海湖内挖沙船 9 艘、机动运输船 127 艘和渡口船 17 艘;全面取缔洱海面山采砂、取石 640

户;实施流域"禁磷";启动实施了由 179 家州、市党政机关、学校、企事业单位、群团组织共同参与的"洱海保护月"活动,实施生态环境建设公众参与机制;坚持不懈地利用广播、电视、报纸和制作专题片、幻灯片、展板、宣传单以及聘请白族艺人以唱大本曲的方式,宣传洱海保护治理工作,提高环湖群众的环保意识、法制意识和参与意识。

(八)"七大行动"

2019 年 3 月,《中国环境报》以《大理全力推进洱海治理七大行动》为题报道了洱海治理的情况。

2017 年初,面对洱海保护治理的严峻形势,云南省委、省人民政府作出"采取断然措施,开启抢救模式,保护好洱海流域水环境"的决策部署,打响了洱海保护治理攻坚战和持久战,力争从根本上治理洱海水污染、修复水生态、改善水环境。随后,大理州迅速启动洱海保护治理"七大行动"。为确保洱海保护治理取得实效、精准治污,大理州及时调整充实以州委书记、州长任组长的洱海流域保护治理领导小组,成立了州级和大理市、洱源县洱海保护治理"七大行动"指挥部和 10 个工作队,共同全力推进洱海保护治理"七大行动"。首先选派 16 支"七大行动"工作队进驻洱海流域各乡镇开展工作。同时组建科研团队,建立专家联席会议制度。在健全完善技术服务体系方面,大理州组建了洱海抢救性保护行动科研团队,由云南省环科院牵头,上海交通大学、中国环科院、中科院水生所、华中师大、中国农科院、云南省环境监测中心站、云南省水文水资源局、云南省水勘院等共同组成科研团队,对洱海水资源和水环境现状进行定期监测评价,提出相应对策措施,为行政决策提供技术支撑;组建由中国环科院原院长、中国工程院院士孟伟,中国水利水电科学研究院教授级高工、中国工程院院士王浩为组长,中国环科院副院长郑丙辉、云南省环保厅副厅长贺彬为副组长,相关科研单位代表为成员的专家咨询组。在健全完善监测评价体系方面,进一步加密布局重点区域的监测站点,实行联合联动监测、网格化监测,跟踪服务。洱海湖区水质监测点从 37 个增加到 55 个,主要入湖河流水质监测点从 78 个增加到 93 个,新增环湖重点沟渠水质水量监测点 38 个,水量监测点从 37 个增加到 39 个,水文、气象、水质、水生态和蓝藻水华等生态环境监测网络得到健全完善。洱海流域水质监测体系全面运行,实现了用水质倒逼"七大行动"落实、以水质检验工作成效的目标。同时,大理州结合开启抢救模式、全面加强洱海保护治理的实际,对《洱海保护治理与流域生态建设"十三五"规划》进一步修改完善,"十三五"期间,大理

州将实施 110 个项目,完成投资 199 亿元,2018 年底完成规划总投资的 80%
以上。

"七大行动"是为实现"洱海水质持续向好"和"努力争取不暴发大规模蓝藻"
两大目标,大理州采取史上最严措施,坚决打好洱海保护治理攻坚战。

1. 流域"两违"整治行动

按照"管住当前、消化过去、规范未来"的要求,强化源头管控,采取疏堵结合
的方式,在洱海流域全面开展"两违"(整治流域违章建房、整治流域餐饮客栈违
规经营)整治行动,实现洱海周边农村建房规范有序、餐饮客栈等服务业得到有
效管控。

洱海流域餐饮客栈等经营户共建档立卡 9 236 家(大理市 8 575 家、洱源县
661 家),其中餐饮 5 383 家(大理市 4 907 家、洱源县 476 家),客栈 3 657 家(大理
市 3 492 家、洱源县 165 家),其他服务业 196 家(大理市 176 家、洱源县 20 家);
核心区餐饮客栈等经营户共建档立卡 1 494 家(大理市 1 397 家、洱源县 97 家),
其中餐饮 575 家(大理市 524 家、洱源县 51 家),客栈 915 家(大理市 873 家、洱
源县 42 家),其他服务业 4 家(洱源县 4 家)。投资 5 012 万元实施海西高效节水
减排项目,2018 年完成节水减排面积约 3.25 万亩,全年农业灌溉用水量较去年
同期下降 20% 以上;严格落实"河长制",新增河道断面水质监测点 141 个,建成
入湖河道自动监测站 31 座,临时封堵入河入湖口 178 个,有效防止沟渠水、农灌
水直接入湖;加快推进统筹供水工程,7 座自来水厂开始试供水;开展非煤矿山
(区)地质灾害治理、植被恢复工作,实施凤尾箐等 14 个矿点(区)生态修复工程,
完成普和箐第三期修复;全面加快推进海东面山绿化工程,绿化造林 1.47 万亩,
退耕还林 0.39 万亩。

(1)划定洱海流域水生态保护区核心区。将洱海海西、海北(上关镇境内)
1966 米界桩外延 100 米,洱海东北片区环海路(海东镇、挖色镇、双廊镇境内)临
湖一侧和道路外侧路肩外延 30 米,洱海主要入湖河道两侧各 30 米,划定为洱海
流域水生态保护区核心区(以下简称"核心区")。在"核心区"内,禁止新建除环
保设施、公共基础设施以外的建筑物、构筑物,实行只拆不建,禁止拆旧建新,对
确属住房困难的农户和危房改造户,统一集中到城镇、中心集镇或村庄规划范围
内妥善解决。

(2)开展违章建筑整治。全面暂停洱海流域农村建房审批,对农村建房实
行"乡镇初审、市级复核、乡镇审批",严控环洱海农村建房增量、体量和风貌,并
严格用途管制。

（3）开展餐饮客栈服务业违规经营整治。一是编制全市餐饮客栈等服务业发展规划，在"核心区"内实行"总量控制、只减不增、科学布点、计划搬迁"；二是对洱海流域餐饮客栈等服务业一律暂停审批，对现有餐饮客栈等服务业进行拉网式排查，2017 年 1 月 31 日前完成全流域内建档立卡，定位标识；三是对违规经营、违章建筑和违法排污行为实行"零容忍"。未取得排污许可证、营业执照及国土规划手续不完善的客栈餐饮经营户，一律关停，限期整改；对污水直排洱海及入湖河道的，一经发现，永久关闭。

2. 强化村镇"两污"整治行动

通过强化管理措施，认真排查摸底，全面查缺补漏，在环湖截污工程未建成前，采取新建环保设施、库塘及污水外运等"土洋结合"的应急抢救方式，不断健全完善城乡污水收集、垃圾收集清运处置工作机制，确保全市村镇污水、垃圾得到有效收集处理。

在加强已建环保设施运行监管的同时，整治村镇排污。各镇负责全面排查已建环保设施和污水收集处理设施管网，对检查出不完善和处理不达标的，要及时整改。要开展城乡环境卫生综合整治。加大生活垃圾、建筑垃圾、畜禽粪便收集清运力度。

加快推进村镇污水应急处理项目建设，做到"精准到户、污水全收、雨污分流"，解决村落污水收集"最后一米"的问题。大理市建成 50 个农村客事办理场所污水处理设施、19 所中小学校建成污水处理设施；新建生态库塘 139 个；146 个村落污水处理设施收集管网工程提升改造中；7 镇 19 个环保设施及管网不配套村庄的污水处理设施完善工程，挖色、康廊两个站点已通水，苏武庄、大庄站点已完成设备安装，洱滨、大宁邑站点进行基础养护，其余站点正在进行设备安装调试；"三清洁"活动累计清理沟渠 2 390.04 公里，清理淤泥和垃圾 11.37 万吨。农村住户化粪池建设 903 万口；洱源县 500 亩表流湿地 47 块湿地租地工作已完成，开工建设 28 块，面积 296.39 亩；县城第一污水处理厂、凤羽、牛街、三营集镇污水处理厂及配套管网提升改造工程已开工建设；45 个村落污水处理系统提升改造和 28 个氧化塘建设项目有序推进，大旺村氧化塘已完成建设，三营新龙、上邑、海西已完成征地工作；邓川右所片区垃圾中转站建设已经完成选址；"三清洁"活动共清运垃圾 2.52 万吨。围绕面源污染减量，编制了《大理市生态农业发展和农业面源污染防治规划（2018—2025 年）》，全力推进"三禁四推"工作。2018 年投资 1 316.87 万元，回收蒜种 5 995.45 吨，大蒜种植面积从 2.91 万亩压缩到 0.49 万亩。印发《大理市开展洱海流域农业面源污染综合防治打造"洱海绿色食品牌"实施方案(2018—2020 年)》,积极开展"三品一标"认证工作,认证无公害农产品产地 6.2 万亩、绿色食品生产基地 0.6 万亩,无公害农产品 37 个、绿色食品 9 个,涉农中国驰名商标 6 个;关停、搬迁了规模化畜禽禁养区内 43 户规模化养殖场。

3. 面源污染减量行动

大力整治农田面源污染,洱海流域核心区及周边应流转土地面积为 2.73 万亩(大理市 1.65 万亩、洱源县 1.08 万亩),累计完成流转土地 2.64 万亩(大理市 1.51 万亩、洱源县 1.13 万亩);大理市编制了《洱海"七大行动"流转土地生态种植实施方案》,对流转土地进行规模化经营和生态种植;洱源县完成永安江两侧 50 米范围内 1200 亩土地流转和 5 万株木瓜种植,建成 11 个库塘和 15.6 公里生态截污沟;印发了《洱海流域 3 万亩化肥农药减量示范区建设项目实施方案》,已设置了 800 个化肥农药使用量调查监测点,发放有机肥 3 050 吨;大理市洱海海西、西北部入湖口区域两个农业面源污染综合治理试点项目分别完成投资 1 500 万元、1 401.96 万元。

按照"源头控制、调整结构、过程阻断、末端消纳"的治理思路,构建农田生态系统,发展生态高效农业,实现化肥、农药施用量负增长,有效削减面源污染。

(1)划定禁种禁养区,大力整治畜禽养殖污染。针对洱海保护治理工作实际,将城市建成区和洱海周边 500 米、流域主要入湖河道周边 200 米的范围划定为规模化畜禽禁养区(以下简称"禁养区")。"禁养区"内对手续齐全的养殖场,确保在 2018 年前完成搬迁,对手续不齐全的一律取缔;其他区域为限养区,限养区实行总量控制,只减不增,推行适度规模化集中养殖,按规定配套污染收集处理设施,发现违法排污的,一律关停。大理市在禁养区规模养殖场已搬迁 1 家、关停 2 家,引导退出生猪养殖 726 头;洱源县禁养区规模化养殖场已关闭 1 个、正在关闭 1 个、搬迁 1 个;已完成畜禽粪便收集 4.96 万吨。7 万亩高效节水灌溉项目已完成流转土地 2.67 万亩。

(2)发展高效生态农业。加大农业产业结构调整力度,积极发展绿色生态、观光休闲农业,把洱海流域建成高效生态农业示范区、农业面源污染防治示范区。进一步加大土地流转、新型农业经营主体培育、农村集体产权股份制改革等工作力度,促进农业产业转型升级。鼓励支持各镇采取积极有效措施,禁止或减少大蒜等高水高肥农作物种植。加快有机肥替代化肥进度,每年推广施用有机肥不少于 1 万吨,实现流域化肥、农药施用量负增长。

(3)加快实施农业面源污染综合治理试点示范项目。扎实抓好两个国家级洱海流域农业面源污染综合治理试点项目。2017年12月31日前完成喜洲镇和上关镇种养一体化示范区建设,使示范区畜禽粪便处置率、资源化利用率达90%以上;完成大理镇、银桥镇3.2万亩水肥一体化高效生态农业示范区建设,使农药、化肥用量逐年减少,农业灌溉用水得到高效循环利用。启动湾桥镇农业面源污染综合示范区建设和洱源县罗时江、永安江流域2个农业面污染项目建设;开展有机肥替代化肥生态种植,大力整治畜禽养殖污染。

4. 节水治水生态修复行动

严格水资源管理,开展无序取水整治,增加清水入湖补给量,推进河道生态治理、湖滨湿地恢复、面山绿化等生态系统建设,增强水源涵养保持能力,促进流域生态环境得到根本改善。

(1) 推进节水灌溉工作。结合大理市工作实际,制定水资源管理实施办法。全力推进以水价改革为核心的农田水利改革,落实农业用水有偿使用制度,成立用水户协会统一管水,禁止农田大水漫灌,逐步采取管灌、滴灌等高效节水措施,建立健全农业灌溉节约用水机制。

(2) 整治无序取水。实行最严格水资源管理制度,全面排查市域范围内地下取水及苍山十八溪人畜饮水取用水情况,并建档立卡;进一步加强供水基础设施建设,提升城市供水能力,有效保障居民生活用水,分期分批对城市建成区地下取水进行封堵。

(3) 实施环洱海流域湖滨缓冲带生态修复与湿地建设项目。对洱海1966米界桩以内未清退的2900亩农田、130院房屋、42院客栈、20亩鱼塘进行清退,实施湖滨带生态修复及湿地建设,优化湖滨带生态系统结构,完善和提升湖滨带生态功能。

(4) 实施封湖禁渔。根据洱海保护实际,科学论证,确定封湖时限,制订年度捕捞计划,科学捕捞,让湖泊休养生息。

(5) 提升流域水源涵养功能。巩固非煤矿山专项整治成果,对洱海流域挖砂采石矿山一律关停,以凤仪、海东、挖色、双廊等为重点,全力推进退耕还林、陡坡地生态治理、水土流失防治及面山生态修复治理。

(6) 合理调度洱海水资源。以恢复洱海生态系统、提高湖泊自净能力为目标,2017年1月31日前科学编制洱海水位调控方案,经专家论证按程序报批后实施。

(7) 实施洱海蓝藻控制与应急处置工作。2017年5月31日前完成洱海蓝藻水华控制工程,开展洱海死亡水生植物收割打捞,购置除藻、除草及抽吸藻类设备,提高蓝藻应急处置能力。

此次行动共治理生态河道 187.2 公里,恢复非煤矿山植被 42 亩。启动新一轮"三退三还"工程建设,完成退耕还林 1831 亩、油橄榄引种实验基地 2 000 亩和华山松营养袋育苗 1768 亩,水产养殖库塘清退 1 030 亩,退塘还湿 700 亩。完成洱海水域海菜种植 30.18 万株、荷花 9 万株、苦草 12.6 吨、轮叶黑藻 15 吨,覆盖面积达 3 万亩。投资 1.07 亿元的洱海源头万亩湿地建设工程中的三南、马爷河、米汤沟及高三营湿地已基本完成土建施工,正在开展植物配置及栽种;跃进河、团山湿地正在抓紧推进,完成投资 7 750 万元。投资 9.5 亿元的环洱海流域湖滨缓冲带生态修复与湿地建设工程完成前期工作并挂网招标。启动实施罗时江入湖河口环保疏浚生态修复项目。另外,"三库连通"洱海应急补水工程已全面进入扫尾阶段,管道累计安装 41 961.987 米,占计划的 99.73%。大理市非煤矿山生态修复工程稳步推进,四水厂厂区与取水泵站施工已经完成,六水厂二期厂区已完成了初步验收,银桥水厂、双廊水厂、喜洲水厂厂区主体工程已全部建设完成,挖色水厂、上关水厂、海东水厂正在进行 EPC 公开招标;凤仪工业园区污水及再生水工程完成厂区土建工程,海东片区上吨污水处理及再生水厂完成三通一平及进场道路建设;流域泥石流灾害防治工程阳溪项目已完工,万花溪项目已完成总投资的 70%,清碧溪、葶溟溪、隐仙溪项目已完成 55%,其他项目正在进行前期工作;海东面山植树造林工程和海东面山生态灌溉工程"二规合一"已完成规划编制;洱海主要入湖河道生态治理工程已完成投资 8 320 万元。洱源县海西海水源地保护工程完成初步可行性研究设计,编制完成了节水奖励和精准补贴方案及凤羽镇高效节水示范镇实施方案;退耕还林完成 231.2 亩,依法拆除三营镇打砂洗砂厂 32 家,三营镇菜园村沙场、二南沙场恢复治理工程正进行勘察设计招标;马爷河、米汤沟、三南、团山、跃进河等湿地有序推进相关工作;完成茈碧湖周边退溏还湿 700 亩,西湖国家重要湿地保护与恢复建设工程已开工建设;东西湖连接线一级公路建设工程目前完成投资 3 360 万元。河长制全面推行,大理市制作完成河长、沟渠长公示牌 330 块,正在制订河长制考核办法;洱源县组建县、镇两级"河长制"办公室,各级河长累计巡查 4 246 人次,安装了公示牌,基本完成河湖库渠塘名录,正制订考核办法。

5. 截污治污工程提速行动

为进一步全面实施洱海保护治理截污治污工程提速行动,确保 2018 年 6 月底前实现全面截污治污。2017 年 4 月 7 日召开了洱海保护治理"七大行动"截污治污工程提速行动推进会,明确了 2017 年 8 个重点截污治污工程的提速目标。截至 2018 年 7 月 15 日,总投资 199 亿元的"十三五"规划 110 个项目,有 16 个项目完成主体工程建设,有 66 个项目正在抓紧推进,28 个项目正在开展前期工作,累计完成投资 137.82 亿元,占规划总投资 69.25%。按照"2018 年上半年实现全面截污、年底完成十三五规划总投资 80% 以上"的目标,出台了《大理州洱海流域保护治理应急性项目管理意见》,州、县市各级坚持突出重点、急用先行、压缩工期、全面提速的原则,全力加速实施"六大工程",尤其是与洱海水质改善直接相关的应急性工程。已累计完成投资 61.01 亿元,占规划总投资的 30.65%。其中,2017 年度投资任务为 49 亿元,已完成 18.35 亿元,年度投资完成率为 37.45%。大理市已完成 2 个项目主体工程建设,有 35 个项目正在抓紧推进,其余正在开展前期工作,累计完成投资 45.66 亿元,占规划投资的 33.04%。2017 年度完成投资 7.71 亿元,年度投资完成率为 26.21%。洱源县已完成 1 个项目主体工程建设,有 26 个项目正在抓紧推进,其余正在开展前期工作,累计完成投资 12.53 亿元,占规划投资的 22.11%。2017 年度完成投资 8.14 亿元,年度投资完成率为 44.65%。规划编制工作进展顺利,编制了《大理州洱海生态环境保护总体实施方案(2016—2018 年)》,筛选出总投资 70.41 亿元的 27 个项目申报进入中央水污染防治专项资金项目申请储备库;编制了《洱海山水林田湖生态保护修复治理实施方案》,共 26 个项目,总投资 143.64 亿元,目前方案已上报云南省财政厅争取纳入国家试点;编制了《"十三五"洱海流域水环境综合治理与可持续发展规划》,规划重点实施六大类 104 个项目,总投资 260.69 亿元。围绕流域"两违"整治,持续整治违章建筑、违规经营,下发《关于立即停止全市洱海流域农村个人建房的紧急通知》,叫停全市洱海流域范围内所有农村个人建房,按"一户一档"要求进行全面排查,分类梳理。"七大行动"实施以来,累计拆除违章建筑 1283 户、面积 11.84 万平方米。制定出台《大理市乡村民宿客栈管理办法(试行)》《大理市餐饮业管理办法(试行)》,对 2017 年全面叫停核心区内的 1900 户餐饮客栈进行复核,达到复业要求的有序开展恢复营业。目前,已恢复营业 1202 户。

按照"目标倒逼、工期倒排、挂图作战"的工作要求,通过细化工作任务,强化施工管理,全力加快实施《洱海保护治理与流域生态建设"十三五"规划》项目,争取提前实现截污治污全覆盖。

2017 年 4 月 7 日,大理州召开洱海保护治理"七大行动"截污治污工程提速行动推进会,明确 2017 年 8 个重点截污治污工程的提速目标。

(1)加快流域截污治污工程。洱海环湖截污工程一期 PPP 项目,建设工期从三年缩短至两年半,提前半年完工。

(2)加快入湖河道综合治理工程。实施洱海主要入湖河道综合治理工程,对洱海34条主要入湖河道实施河道截污、水土流失、农田面源污染、河道生态恢复等生态治理,改善河道生态环境。

(3)加快流域生态建设工程。"北三江"湿地恢复建设工程,提前半年至2017年1月31日前完成建设;罗时江入湖河口环保疏浚工程,力争提前1年完成,项目试验示范成功后将进一步推广实施,努力探索湖泊内源污染减量化措施。

6. 综合执法监管行动

全面开展洱海流域"山水林田湖"保护一线执法,严厉打击向洱海直排污水、侵占湖面滩地、破坏湖滨带等违法违规行为,全面关停洱海流域内采石、采矿等非煤矿山,办理了19个非煤矿山砂石厂注销登记手续,关停11家非煤矿山和55家水洗砂厂。开展联合联动执法检查8 700多人次,查处各类环境违法案件120件,罚款28.09万元。"禁磷""禁白"专项整治收缴违禁品13.8吨。共出动2 300多人次对流域的企业、客栈、餐饮进行了执法检查,开展了3次环保专项执法检查,进行夜间突击检查2次,对下山口、牛街乡的餐饮客栈及凤仪工业区企业进行了片区环保专项执法检查,共检查餐饮、客栈、企业294家,要求整改158家,共立案查处106件,已达到移送公安机关处理3件,查封扣押2件,共处罚金70.75万元。联合联动执法立案11件,案件移交1起,限期整改8起,出动人数12 214人次,检查污水处理设施521座次,宾馆客栈1 513家,餐饮娱乐231起,整治排污口188个,检查企业28家,督促检查河流河道490起,查处滩地违法107起,非法捕捞20起,行政处罚9.04万元。

突出各级党委、政府在洱海保护治理中的主体作用,严格落实洱海保护治理"党政同责、一岗双责",形成齐抓共管合力。严格执法监管,整合执法力量,对违章建筑、环保违法行为"零容忍",铁腕执法,确保洱海流域各类违法违规行为及时发现、有效处置。

(1)突出基层主体作用。结合自然村村民自治试点的深入推广,成立村民理事会和村庄规划建设管理促进会,建立环保片长、环保巷长、环保义工委派责任制,调动村民参与保护治理洱海的积极性。不断完善村庄土地规划建设专管员和垃圾收集员、滩地管理员、河道管理员管理机制,严格考核奖惩,不断压实基层管理员的责任,让环保违法行为有效遏制在萌芽状态。

(2)创新全民保护机制。制订洱海保护行动市民公约,健全完善村规民约,将节水减排、"门前三包"、卫生保洁、村庄环境保护和生产生活方式的转变等与洱海保护息息相关的内容纳入市民、村民行为准则，变"要我保护为我要保护"。

指导餐饮客栈协会、旅游企业制订行业公约，将垃圾收集清运、污水收集处理、"禁磷""禁白"和文明接待、守法经营等行为作为行业自律内容，教育引导行业经营者转变为保护参与者。通过旅行社、导游等旅游从业者加大宣传力度，倡导游客树立环保意识，文明出行，引导广大游客和经营户在使用优质环境资源的同时，自觉承担保护责任，逐步提高行业自律和广大群众自我教育、自我管理、自我监督的意识。

7. 全民保护洱海行动

充分依靠基层组织和广大人民群众，建立全民参与洱海保护治理机制，深入实施洱海流域保护治理宣传教育工程，动员全社会力量参与洱海保护治理，将"洱海清、大理兴"的理念变为自觉行动，提高全民生态环境保护意识，努力营造"保护洱海，共建生态文明"的良好社会氛围。

充分利用广播电视、互联网、手机短信、微信、公交车载视频、LED 大屏幕等平台，对洱海保护公益宣传片、文艺节目、歌曲等进行展播；开展"洱海保护大讨论"和洱海保护进村、进户、进校、进社区、进企业活动，在全市中小学开展以洱海保护为主题的"开学第一堂课""小手拉大手"和"洱海保护志愿者"等活动。充分发挥舆论引导和监督作用，建立举报奖励制度，鼓励媒体开展明察暗访，鼓励举报、曝光各种环保违法行为和违章建设行为，形成人人参与洱海保护治理的良好氛围。

2019 年 1 至 5 月全湖水质综合类别均为 Ⅱ 类。5 月份 22 个测点中有 14 个测点符合 Ⅱ 类，8 个测点符合 Ⅲ 类。主要超标项目是总氮（7 个测点超标）、总磷（1 个测点超标）。国控湖心点（284）水质综合评价符合 Ⅱ 类。全湖总氮为 0.48 毫克/升，与 4 月持平，比去年同期下降 8.7%，比多年平均同期下降 12.7%；总磷为 0.021 毫克/升，比 4 月上升 31.3%，比去年同期下降 24.9%，比多年平均同期下降 4.6%；COD 为 11.6 毫克/升，比 4 月下降 6.5%，比去年同期下降 22.3%，比多年平均同期下降 25.6%；藻类细胞数为 542 万个/升，比 4 月下降 22.6%，比多年平均同期下降 33.9%，但仍高于去年同期 42.5%。这是自 2006 年以来的 12 年中第 3 次（2012、2014 年）保持 5 月达 Ⅱ 类水质情况。总磷、总氮、COD 等主要水质指标呈不同程度的下降并保持在 Ⅱ 类水质限值范围内。

（九）八大攻坚战

2018 年 11 月，大理州全面开始洱海保护治理"八大攻坚战"，开启了洱海保护治理及流域转型发展的新征程。

1. 环湖截污治污攻坚战

抓实流域截污治污体系工程完善提升,洱海流域新建的 13 座污水处理厂和洱源县 53 座污水处理站完成环保验收,实现达标排放。新建和既有工程设施并网运行,洱海流域共有城镇污水处理厂 19 座、分散型农村污水处理设施 138 座、污水收集管网 4 461.6 公里、化粪池 12.08 万个、尾水塘库湿地 92 座、生态湿地 2.76 万亩,污水日处理能力达到 23.75 万吨,实现了洱海流域 2 565 平方公里范围内城镇和农村生活污水收集全覆盖,在国内尚属首例。为落实流域截污治污体系运营管理,大理市、洱源县成立了运营机构,制定了管理办法。2019 年 1 月,大理市启动了污水处理费征收工作;6 月洱源县开展污水费征收工作。同时,落实流域村镇雨污分流试点工作,大理市启动了 6 个试点村和古城西片区的雨水分流系统提升改造;并落实流域"三清洁"工作,在洱海流域内掀起了以清塘腾库、清沟清渠清河为重点的"三清洁"工作新高潮。共参与"三清洁"人数达到 7.24 万人次,清理湿地库塘 272 个、沟渠 1 254 条 1 390 公里、河道 29 条 134 公里,清运淤泥、垃圾 4.43 万吨。

2019 年,加快截污收尾工作,完成工程调试运行验收,实行市场化运营,规范化管理,推进雨污分流建设,确保洱海流域生活生产污水"一网收尽",达标排放。大理三峰再生能源发电有限公司大理市第二(海东)垃圾焚烧发电项目二期,计划投资 25 738 万元,在项目一期的基础上新建一条日处理垃圾 600 吨,年处理垃圾 21.9 万吨的垃圾焚烧处理线。设置 600 吨的机械炉持炉一台、定额蒸发量为 58.4 吨/时的余热锅炉一台、12MW 凝气式气炉发电机组一台,并配套完善厂内各工艺用相关系统设施。机组年运行时间为 8 000 小时,年发电量约 8 001 万千瓦时。截至 2019 年,完成投资 8 581 万元,正在进行主体工程建设。大理创新环保产业发展有限公司投资 31 714 万元,建设大理市上登工业园排水及再生水系统工程,建设上登工业园区污水处理厂一座(近期设计规模为 1.0 万立方米/日,远期总规模为 2.0 万立方米/日);污水管道总长 26.5 公里,雨水管道总长 23.5 公里,再生水管道总长 29.4 公里,雨水提升泵的设计规模为 6.0 立方米/秒,工程可满足上登工业园区近期发展再生水和污水处理的需要。截至 2019 年,累计完成投资 32 188 万元。

2. 生态搬迁攻坚战

划定及生态搬迁涉及环湖 1806 户 7271 人,已于 2018 年底如期全部完成拆除任务,拆除建筑面积约 64.8 万平方米,接着建筑垃圾清运工作和房屋基底修复工程已全部完成。加快"1806"小镇建设前期相关工作,"1806"小镇完成了规划编制单位招标和项目选址四个地块的土地测绘工作,启动了土地利用总体规划修编和征地前期工作及社会稳定风险评估。生态廊道建设总体规划完成专家审查,组建了由中水北方勘测设计有限责任公司、华东建筑设计研究院、北京正和恒基滨水生态环境治理股份有限公司 3 家组成的联合体,开展专项规划编制和设计工作,计划近期向云南省人民政府领导汇报建设总体规划和设计情况。海西 10 公里生态廊道示范段已完成初步设计和专家咨询,正在抓紧修改完善。向阳湾湿地、大理市委党校片区工程设计完成专家审查,即将进场施工。下关镇洱滨村北 1 公里实验示范段已于 2018 年 3 月 1 日进场施工。全面启动了绿线内征地、绿线至红线范围内土地流转工作,同步推进环洱海风貌整治工作和项目筹资融资工作。2018 年完成高标准 10 公里生态栏道建设,2019 年完成 50 公里高标准生态栏道建设目标。2020 年国庆节前,南阳村至才村码头 12.5 公里生态栏道开通电动车游试运营,共享单车、行人健步游热闹非凡。

3. 矿山整治攻坚战

全面彻底干净关闭退出洱海流域内除地热、矿泉水之外的所有矿山。洱海流域 57 个非煤矿山已全部关闭取缔,并完成了 42 个矿山采矿许可证的注销废止(大理市 32 个,洱源县 10 个)。此外,洱海流域还有 21 个矿权(大理市 3 个,洱源县 18 个)需要关闭退出,洱源县已完成生产生活设施拆除 10 个,正在拆除 3 个,其余 5 个正在开展评估工作。推进矿山生态修复项目实施,已关闭的 57 个非煤矿山中,2017 年实施的 10 个已进入养护阶段,2018 年启动实施的 24 个已完成 7 个,2019 年至 2020 年计划实施 23 个。预算投资 3.75 亿元,完成投资 2.5 亿元,到位资金 1.25 亿元。2019 年,加快实施生态修复二期工程,完成 30 个工程修复。加大矿山执法力度,将洱海流域列入一级巡查区,制订了年度动态巡查方案,向社会公布"12336"国土资源举报电话,开通了微信举报平台。2019 年以来,开展巡查 532 人次,查处矿产资源违法案件 3 宗。加快洱海周边 3 家水泥厂的关停和搬迁,滇西水泥、大理水泥、红山水泥 3 家水泥企业将整体搬迁至宾川县和祥云县,目前搬迁相关项目工作正在快速推进。2019 年,3 个水泥厂停产,并启动了拆除工作。矿山整治后,两县市加强了矿产资源和土地违法行为巡查的整治力度。

4. 农业面源污染治理攻坚战

巩固农业面源污染防控"三禁四推"工作,加快推进畜禽粪污处理及资源化利用,加快推进 10 个农业面源污染防治试点项目建设。

2018 年,洱海流域大蒜种植面积比 2017 年减少 10.18 万亩,调增低肥水作物种植 9.62 万亩,实现含氮磷化肥禁售、高毒高残留农药禁售禁用。2018 年,围绕"洱海流域大蒜实现全面禁种"的目标,持续加大宣传力度,积极争取群众的理解、支持和配合,坚定不移实施"三禁四推"工作。大理市已与 3 个冷库签订蒜种禁销、禁存、禁种承诺书,与 44 户经营户签订蒜种禁销承诺书;洱源县与种植户签订大蒜禁种承诺书 40 632 份。加快推进流域土地流转,大理市全面启动洱海"绿线至红线"范围内 6 000 多亩农用地的土地流转工作。洱海流域 16 个乡镇流转土地面积累计达 12.44 万亩,其中洱海流域水生态保护区核心区及周边流转土地 2.89 万亩,主要用于截污沟、生态库塘和生态隔离带等建设。积极培育流域新型农业经营主体,大理市加快推进银桥省级绿色现代农业产业园、荣江生态农业公司"国家级稻渔综合种养示范区"、汇源核桃综合产业园、欧亚有机奶业等龙头项目建设。洱源县引进云南滇本草药业有限公司、北京花木公司、益新硕庆公司、贵澳集团、丽江孝尊木梨公司,发展中药材、优质牧草、紫花苜蓿、花卉种苗、水苔、木梨等种植。扎实开展畜禽粪污处理及资源化利用,洱海流域累计建成有机肥加工厂 2 座、畜禽粪便收集站 25 个,流域每年 16 万吨畜禽粪便得到资源化利用。2018 年 1 至 4 月,已收集畜禽粪便 5 万多吨。支持欧亚乳业、来思尔乳业到流域外发展奶源基地建设。

2019 年,继续着力推进节肥、节药、节水的清洁生产,优化结构、发展绿色基地、建设高标准农田、加大限养使养殖业向域外发展。2019 年内,在流域内实现大蒜清零的目标。节肥方面,大理市全年化肥用量为 1 832.85 吨(纯量),比 2018 年的 6 506.38 吨减少 4 673 吨,下降 71.8%;施用农药 67.76 吨,比上年的 129.56 吨减少 61.86 吨,下降 47.7%;农业灌溉用水 2 810.7 万立方米,比上年 4 032.5 万立方米下降 30.3%。实施稻、豆、麦、蔬菜、中药材、花卉等绿色作物种植面积达到 5 654.67 公顷。统一由政府采购有机肥 3.16 万吨(比 2018 年的 1.5 万吨增加一倍多),使用资金 3 665.59 万元;还投入 1 696.4 万元,采购低毒高效、低残留农药、杀虫灯、生物农药、黄蓝板等提供农户使用,并提倡人工除草。全市获"三品一标"111 个、2.4 万个农产品农药残检合格率达 98.82%,大理市入选国家农业绿色发展先行区。着力推进末端拦截工程,新建调畜带 7.9 公里、回灌面积 3 113.3 公顷。农田灌水有效利用系数 0.56,43 个禁养场搬迁成果巩固,132 家限养厂已停养 15 家、搬迁一家,年内完成 8 万吨畜禽粪污染收集任务,综合利用率达到 100%。

5. 河道治理攻坚战

落实责任单位及河长挂钩责任,全力推进河道水质改善,建立 330 个水质监测点和 31 个入湖口自动监测站。构建清水入湖工程体系,持续整治大理市无序取水,封堵苍山十八溪无序取水口 106 个,对洱海流域 809 个入河(湖)排污口进行建档立卡,建成流域内"三库连通"清水直补工程,13 座大理市城乡自来水厂,实施了 27 条主要入湖河道生态化治理。抓实河长制工作,18 位州委、州人民政府领导担任 27 条主要入湖河道州级河长,30 家州级部门联系配合,制定洱海流域州级河长考核办法,全面压实河长责任。加强河道水质监测,利用流域行政村交界断面水质监测点和入湖口自动监测站,对入湖河道进行水质水量监测,增设了 51 个州级河长考核断面、10 个州级河长工作断面,监测结果一月一通报。抓实高效节水减排工作,编制完成了《洱海灌区工程规划报告》,完成 8.41 万亩洱海流域高效节水减排项目建设。开展"大理清水行动":2019 年洱海主要河流沟渠入湖污染负荷与 2018 年相比,COD 减少 6.9%、总磷降 52.3%、总氮降 41.4%。27 条入湖河道全面实现消灭Ⅴ类劣质水体目标,全湖 7 个月为Ⅱ类、5 个月Ⅲ类,没有发生规模化蓝藻水华。同时对 34 条入湖河道进行综合治理。新建护岸 162.8 公里,运营管护长度 319.4 公里,总投资 9.02 亿元,采取 PPP 模式施工。2016 年 11 月开工,2019 年竣工,完成 33 条河道治理,长度达 153.44 公里,累计完成投资 9.19 亿元。加快高效节水减排项目建设,完成洱海大型灌区前期工作,推进水价改革。消灭 27 条入湖河道劣Ⅴ类水体,完成入湖河道 809 个排污口整治,有 472 个接入村落污水管网,其余全部封堵。

6. 环湖生态修复攻坚战

加快洱海流域湖滨缓冲带生态修复与湿地建设工程,大理市环洱海流域湖滨缓冲带生态修复与湿地建设工程。预计投资 90 多亿元,环洱海全长 129 公里。PPP 项目已进入全国 PPP 综合信息平台项目管理库。

7. 水质改善提升攻坚战

梳理并全力推进实施与水质改善密切相关的 17 个重点项目,编制了 2019年洱海藻类水华预警及应急控制工作方案和蓝藻水华应急处置工作实施方案,2019 年 1 至 3 月洱海水质达Ⅱ类。抓实流域水质网格化管理,建立 18 个洱海水质网格化管理单位,采取常规监测与加密监测相结合,以监测结果倒推水质目标责任制落实。加强内源污染治理,开展湖区死亡水草、淤泥等清理工作,打捞清理死亡茭草、水葫芦、死亡水草和沉积物 9 500 多吨。加强流域水生生物资源保护和恢复,发布了 2019 年洱海全湖封湖禁渔通告,开展渔业增殖放流、渔业资源跟踪监测评估、生态捕捞前期方案编制、鱼类调查跟踪监测等工作。抓实流域蓝藻防控,制定蓝藻防控相关工作方案并通过专家论证,加大蓝藻防控设施设备建设,强化机械化除藻,新建一批蓝藻控制与处置设施。投资1.89亿元,建成才村、挖色、马久邑、桃园、大建旁等村5座藻水分离站,以及古生、龙凤大沟、罗时江下游及河尾等处4座湖湾生态改善工程。才村藻水分离站安装有日处理3万吨富藻水的设备能力,还有4台移动式藻水分离车、12套集装式组合藻水分离装置、6台YL500型仿生除藻设备、6艘打捞加压控藻船、31套62台水动力控藻器。2018年,共处理富藻水1629万吨、清除藻泥3997吨;2019年,共处理富藻水441万方、清除藻泥5832吨,并实行无害化处理以及资源化利用。2019年内大理市成立了蓝藻应急处理领导组,组建了300人的打捞队伍和811人的应急打捞队,共出动打捞人员6.4万人次,3千辆车次和船7000艘次,打捞蓝藻水4143吨、死亡水草13170吨。目前洱海和西湖蓝藻应急日处置能力达到35.5万立方米。

8. 过度开发建设治理攻坚战

开展国土空间规划编制,大理新区规划编制正在抓紧实施,暂停流域内重点区域内在建、拟建项目审批和实施,成立了由大理州委、州人民政府主要领导任双组长的停止海东开发建设处置工作领导小组,组建由州人民政府常务副州长任组长的工作专班开展停建处置工作,制定了农村建房分类处置意见。修改完善相关规划编制,大理州、大理市国土空间规划编制工作和资源环境承载能力、国土空间开发适宜性评价工作。开展洱海核心保护区划定及规划编制工作,初步划定洱海核心保护区的范围和面积。全面停止海东开发区建设,将规划区内已征未批、已批未供、已供未建的建设用地全部收回不再继续建设;已批建设项目除保留已建成和需完善的外,其余全部取消。加快推进大理新区建设,目前正开展大理新区生态本底调查,编制生态保护和绿色发展规划及水资源、交通、排水、地质等专项规划。

据生态环境部发布的通报显示,2018年Ⅱ类水质月份比2016年增加了两个月。蓝藻水华滋生势头得到控制,全湖没有发生规模化蓝藻水华。湖内水生态发生积极变化,全湖水生植被面积达到32平方公里,占湖面的12.7%,为近15年来最大面积。面对洱海保护治理的严峻形势,云南省委、省人民政府于2016年11月作出"采取断然措施,开启抢救模式,保护好洱海流域水环境"的部署,启动实施洱海保护治理"七大行动"。2018年11月,省委、省政府再次作出坚决打赢洱海保护治理环湖截污治污、生态搬迁、矿山整治、农业面源污染治理、河道治理、流域生态修复、过度开发建设治理、水质提升改善等"八大攻坚战"的决策部署。按照省委、省政府决策部署,大理州举全州之力,以构建七大体系(科学的规划体系、完备的工程体系、绿色的发展体系、规范的管理体系、高效的技术体系、严格的责任体系、健全的资金投入体系)为抓手,全面打响以洱海保护治理为重点的污染防治攻坚战。大理州精心编制洱海流域可持续发展规划、洱海流域空间规划。坚持一次规划、分期分块实施的原则,推进洱海生态环境保护水岸线、绿化线、禁建线"三线"划定工作,涉及生态搬迁的1806户房屋主体已全部拆除,全面启动水岸线、绿化线退房还林还湖还湿工作。投资78.05亿元治理面源污染,构建起覆盖2565平方公里洱海流域范围内,从农户到村镇、由收集到处理、尾水排放利用到湿地深度净化的污水收集处理系统,实现了生活污水全收集、全处理;并且在全流域建成城镇和农村雨污分流的截污体系,国内尚属首例。新建和原有的截污治污工程设施并网运行后,共有城镇污水处理厂19座,分散型农村污水处理设施138座,日处理能力达到23.9万吨;污水收集管网3064.58公里,化粪池12.03万个,尾水塘库92座,生态湿地2.76万亩。制定《关于开展洱海流域农业面源污染综合防治打造"洱海绿色食品牌"三年行动计划(2018—2020年)》等8项配套措施文件并严格实施。截至目前,减少大蒜种植10.18万亩,外调消化含氮磷化肥1.8万吨,推广商品有机肥2.3万吨,高毒高残留农药实现全面禁售禁用,推广绿色生态化种植20.54万亩。坚持依法治湖,启动洱海保护治理条例修订,制定出台洱海流域《餐饮服务业管理办法》《乡村民宿客栈管理办法》等政策措施。推行"乡镇初审、市级复核、乡镇审批"的农村住房联审联批制度,规范洱海流域农村建房审批,保住水生态用地。聘请中国科学院、上海交通大学等10个科研单位21名湖泊治理专家,组建洱海抢救性保护行动科研和专家咨询团队,建立洱海保护专家联席会议制度,开发建设大理洱海监控预警信息管理平台,为洱海保护治理决策提供科学的技术支撑。建立起州、县市、乡镇(街道)三级督察体系和州、县市、乡镇、村、组五级河长体系,因地制宜建立"双河长""沟渠长""岸线段长"制。制定出台12个河湖长工作制度和考核办法,对洱海27条入湖河道实行分段管理、分段考核、分段问责,以水质结果倒推河湖长制工作责任落实。成立由州委、州人民政府主要领导任双组长的领导小组,组建了州、县市一线洱海保护治理及流域转型发展指挥部,派驻16支驻乡镇工作队在一线开展工作。各级组织人事和纪检部门在指挥部设立专门工作组,对洱海保护治理工作进行一线监督执纪。派驻16支驻乡镇工作队,一线开展工作。坚持"政府主导、社会参与、市场化运作"的原则,积极争取国家支持,加大省、州、县投入力度,创新投融资机制向市场借力。"十三五"以来,累计投入洱海保护资金162.91亿元。通过坚持不懈努力,洱海保护治理初步取得了四个方面的成效：洱海水质总体保持稳定，洱海流域绿色发展模式初显雏形，生态文明建设稳步推进，全民生态文明理念进一步增强。

（十）PPP 工程

环湖截污是杜绝污水直接流入洱海的大工程，耗资大，需要大的融资渠道。2015 年 9 月 25 日，财政部公布了第二批 206 个 PPP 示范项目，总投资 6 589 亿元。云南省共有 18 个项目入选，总投资 732.31 亿元。大理州洱海环湖截污工程入选，项目投资 34.68 亿元。项目已于 2015 年 10 月 11 日正式开工建设，是云南省 18 个财政部示范项目中最早落地开工的、并作为成功案例于 2016 年 8 月 15 日在 2016 第二届中国 PPP 融资论坛上做了经验交流。

PPP(Public-Private-Partnership)即公私合作模式，是公共基础设施中的一种项目融资模式。在这种模式下，鼓励私营企业、民营资本与政府进行合作，参与公共基础设施的建设。

随着城镇化进程的不断加快，旅游业的快速发展，洱海流域产生的生活污水、垃圾和农业面源污染的控制难度逐年加大，污染的隐患依然存在，随时有暴发的可能。

大理州在科学论证和总结以往洱海保护治理经验的基础上，一致认为："当前保护治理面临重要'拐点'，如果继续按照传统方式，前几年保护治理将前功尽弃。污水问题没有解决，洱海就不可能治理好，只有环湖截污才能治标治本。"

2013 年 9 月，大理州人民政府决定实施洱海环湖截污工程并委托中国市政工程西南设计院进行规划设计。整个工程包含新建污水处理厂 6 座，设计总规模为日处理 11.8 万立方米，一期建设污水处理厂总规模为日处理 5.4 万立方米；新建截污干管（渠）320.3 公里，其中含十八溪河道截污管道 211 公里；干渠 8.1 公里；新建提升泵站 12 座，总规模为每秒 8.2 立方米；配套新建混合调蓄池 15 座，总规模为 8.66 万立方米。

洱海环湖截污工程规划概算投资约为 34.68 亿元，占大理州本级和大理市 2014 年财政支出 68.68 亿元的一半。然而，大理州全年 70% 的支出依靠上级转移支付，加之近年来公共财政建设要求全州 70% 支出用于保障民生，州、市两级全年除民生外可用财力仅为 10 亿元，3 年可用财力都无法满足洱海环湖截污工程。洱海环湖截污工程一时成了大理人民可望而不可即的梦想。

国家大力推进 PPP 的决策如一缕曙光，使梦想可能变为现实。因为在地方财力有限并且政府举债受限的情况下，可以通过政府与社会资本合作，缓解洱海保护治理的资金投入难题。2014年5月,大理州财政局向云南省财政厅正式提出申请运用PPP模式实施大理洱海环湖截污工程。主要运作方式如下:污水处理厂采用BOT(建设—运营—移交)模式,合作期限30年(含3年建设期),运营期内政府方按既定污水处理服务单价和处理量向项目公司支付污水处理服务费,期满项目公司将水质净化厂设施无偿移交给政府方。污水收集干渠、管网、泵站采用DBFO(设计—建设—融资—运营)模式,合作期限18年(含3年建设期),由项目公司负责截污干管(渠)工程建成设施的运营维护,自达到政府付费条件之日起,政府方将按年(分15年)依效等额支付政府购买服务费。经初步测算,项目在未获财政建设补助情况下,年付费总额为3.4亿元左右,扣除洱海资源保护费、项目自身收益等因素,市财政年付费在5900万元左右,占大理市公共预算支出的1.4%。

2014年9月,作为云南省首推项目,经云南省财政厅推荐,大理洱海环湖截污PPP项目参加了财政部首批PPP示范项目评选,同年10月财政部反馈了评选结果:项目缺乏长期的融资偿还能力,项目对投资人吸引力不够,这意味着大理洱海环湖截污项目没能成功入选。面对这样的结果,大理州各级各部门没有灰心气馁,反而是痛定思痛,认真查找不足和问题,严格按照财政部印发的《政府和社会资本合作模式操作指南》5个阶段19个环节,一步一个脚印地开始了项目的规范运作。从2014年11月开始至2015年9月止,为期10个月时间,大理州先后完成了成立大理洱海环湖截污PPP项目领导组、编制《洱海环湖截污工程专项规划》《大理市环湖截污工程可行性研究报告》进行物有所值评价和财政承受能力论证、公开招投标、云南省发改委立项、大理市人民政府与中信水务签订合作协议等工作。由于前期工作扎实,加之项目具有其必要性和可行性,2015年9月25日,大理洱海环湖截污PPP项目终于入选财政部第二批示范项目。此后16天,即2015年10月11日,大理洱海环湖截污PPP项目正式开工建设。开始后,工程进展顺利,当年计划完成投资14亿元,2017年将全面完工投入运营。项目还获中央、省、州财政补助资金6500万元,并成功争取到国家专项建设基金5.77亿元。

大理州洱海环湖截污PPP工程从梦想变为现实,从首批的落选到第二批的顺利入选,以及到财政部与上海金融业协会联合举办的论坛上做交流,其中的经验、诀窍在哪里,归纳起来就是12个字:"一需求、二关键、三原则、四保障。"

"需求"即必要性。大理州曾两次暴发蓝藻,给各级各部门敲响了警钟。实施洱海环湖截污项目关乎全州人民切身利益、关乎大理经济社会可持续发展。

"关键"包括：一是方案可行。及时调整完善《大理洱海环湖截污 PPP 项目实施方案》是项目推进的关键。比如,项目建设初期,大理州提出一个"大而全"的环湖截污项目概念,投资额曾一度上蹿到 176 亿元。经中信水务、东方园林、云南水务、西南市政设计研究院等社会资本多轮调查、研究、谈判,提出了项目按照"依山就势、有缝闭合,管渠结合、分片收处,一次规划、分步实施"的原则建设,规划总投资 34.68 亿元,仅为项目初期投资规模的三分之一。由于方案的可行性,使该项目具有较大吸引力。二是资本踊跃。该项目以州、市人民政府为联合采购人,采用竞争性磋商模式采购社会投资人,并面向 16 家潜在社会投资人开展了市场测试,13 家社会投资人作出响应。

"原则"包括：一是多方受益原则。项目的实施使大理州市人民政府、当地老百姓、社会资本多方受益。对政府而言,是贯彻落实习总书记对大理工作重要指示的具体行动,是促进经济社会协调可持续发展最大的政绩工程。对老百姓而言,是造福子孙后代和改善生态环境的务实之举,同时能为部分群众依托生态保护实现致富奔小康创造机会。对社会资本而言,通过项目实施,能获得合理的利益回报,全投资内部收益率上限为 8%。二是风险分担原则。在合同体系中设定了权利义务边界,明确了法律、政策、最低需求风险由州市政府承担,设计、建造、财务、运营维护风险由中信水务承担,不可抗力风险由双方共担。三是契约精神原则。在整个项目实施过程中,州市人民政府与社会资本始终坚持一种契约精神,按照公平、公正、公开和诚实信用的原则,依法、规范、高效实施合作项目。

"保障"包括：一是领导重视,组织保障。云南省财政厅多次针对该项目开展专题调研。大理州市成立协调组,抽调各委办局骨干为成员,高效推进项目实施,并设立工程指挥部。二是部门落实,执行保障。大理州为洱海环湖截污 PPP 项目开通"绿色通道"。如 2015 年 5 月 15 日上午,当州财政局接到大理市关于洱海环湖截污 PPP 项目申请,采用竞争性磋商方式开展政府采购的请示后,局主要领导立即召集相关人员进行了研究,当天下午就主动将批复件送至大理市财政局。2015 年 6 月 2 日,当得知洱海环湖截污 PPP 项目实施方案已修改完善后,州人民政府立即召开政府常务会进行研究。为使洱海环湖截污 PPP 项目顺利推进,大理州、市人民政府领导及相关部门先后 7 次到省财政厅进行汇报沟通。省财政厅也积极支持项目推进,省财政厅组织相关人员 8 次到大理进行实地调研指导,省财政厅和州市相关领导先后 5 次进京向财政部进行了专题汇报。三是中介参与,专业保障。项目建设初期,实施方案由项目建设单位和财政部门来准备,由于对项目产出说明、绩效要求、股权结构等关键内容阐述不清楚,直接导致项目在参加全国第一批 PPP 示范项目中落败。后来汲取经验教训,及时聘请了上海济邦咨询公司作为该项目的专业咨询服务机构,全程参与项目具体运作。在上海济邦的帮助指导下,该项目顺利成为第二批全国示范项目。四是监管到位,绩效保障。在项目推进中,建立了洱海环湖截污 PPP 项目工作台账,定期监测项目产出绩效指标,对政府可行性缺口进行补助,实行以绩效付费,制订了全流程技术方案。同时为强化财政部门 PPP 工作职能,下发了《关于加强大理州财政部门政府与社会资本合作管理职责有关事项的通知》,在州财政局增设了政府与社会资本合作管理科。

工程包括二期。一期工程:项目按照"一次规划、分期实施"的原则,采用 PPP 模式,新建 6 座污水处理厂,设计近期日处理总规模 5.4 万立方米,具体为:挖色 0.4 万立方米、双廊 0.5 万立方米、上关 0.5 万立方米、湾桥 1 万立方米、喜洲 1 万立方米、古城 2 万立方米。在环洱海东岸、北岸、西岸铺设截污干管 83.99 公里,截污干渠 2.61 公里,新建污水提升泵站 10 座,改造污水提升泵站 4 座。项目建成后,服务范围达 66.41 平方公里,服务人口 65.28 万人(2050 年),截污主干管居住区覆盖率达到 100%,河道截污干管覆盖率达到 100%,污水处理厂处理规模达到远期(至 2030 年)11.8 万立方米/日,近期(至 2020 年)5.4 万立方米/日,出水达到国家一级 A 类排放标准。项目将对污水就近分片处理,尾水进入湿地净化、城市景观用水、农业灌溉,实现再利用,促进洱海水质持续改善。2020 年前已完成投资 17.25 亿元,完成临时用地 1 393 亩,永久用地浇地 397 亩,管道施工 55 公里,干渠 1 公里,挖色、双廊、上关、喜洲污水处理厂均已完成基坑支护,银桥、古城正在做支护和桩基础。二期工程:工程投资估算 17.85 亿元,中标价格 16.01 亿元,涉及挖色镇、海东镇、凤仪镇、下关镇、银桥镇、湾桥镇、喜洲镇、上关镇和大理镇 9 个乡镇,184 个自然村。新建村落污水收集管网约 915 公里,生态库塘约 472 个,库容 600 万立方,迁建 30 套一体化污水处理设备,项目建成后,将实现洱海环湖截污主管与"毛细血管"的联络和对接,大理市村落污水管网不配套的问题将得到根本性的解决,雨水、农田面源径流、污水处理厂达标尾水经多级生态塘库系统截留并净化后,将有效控制环湖农村污水对洱海带来的污染负荷,切实降低洱海入湖污染负荷。洱海环湖截污(二期)工程原计划 2019 年底完工,工期 2.5 年,在省人民政府第 109 次常务会提出"要加快截污工程建设,在确保质量和安全的前提下实现 2018 年 6 月底前全面截污",大理市在保证工程质量前提下,通过精心组织,认真落实,全力推进,全面提速洱海环湖截污(二期)工程建设,实行 24 小时施工,建设工期缩短为 15 个月,计划于 2018 年 6 月 30 日前全面完成,争取早日实现环湖截污全覆盖。

2019 年 7 月,洱海保护专项债券在上交所成功发行。债券首期发行规模 30 亿元,票面利率 3.41%,发行期限 10 年。有效地破解长期困扰洱海治理的融资难题,在全国范围内开创了生态环境领域发行项目、收益与融资自求平衡的先例。

(十一) 生态修复

1. 修复概说

所谓生态修复是指对生态系统停止人为干扰,以减轻负荷压力,依靠生态系统的自我调节能力与组织能力使其向有序的方向进行演化,或者利用生态系统的这种自我恢复能力,辅以人工措施,使遭到破坏的生态系统逐步恢复或使生态系统向良性循环方向发展;主要致力于那些在自然突变和人类活动影响下受到破坏的自然生态系统的恢复与重建工作,使之恢复原本的面貌。比如砍伐的森林要种植上、退耕还林,让动物回到原来的生活环境中。这样,生态系统就能得到更好的恢复。简而言之,生态修复就是使原来受到干扰或者损害的系统恢复后使其可持续发展,并为人类持续利用。为此,一定要给湖泊和河流留出一定的生态缓冲带。

目前国际上已将湖泊水环境研究的重心转向湖泊流域生态系统管理,即从流域尺度对湖泊进行污染治理、生态恢复以及生态系统管理,实现湖泊流域内社会经济协调与湖泊生态系统健康的可持续发展。水体污染和湖泊富营养化已成为当前我国水环境领域的突出问题,流域生态系统管理(WESM)作为解决这两大问题的重要途径,自 20 世纪 90 年代以来,成为国内外相关研究热点。

洱海流域是中国西南生态屏障的重要组成部分,是全国重要的生物多样性宝库。过去,洱海西岸有洁白的沙滩带,沿湖是水生动植物的天堂。洱海表层沉积物的分布规律:北部、西部、东南部入湖河口表层沉积物多以砂质、粉砂质为主,东部河口多为红色泥质,中部湖心是黏土,其余大部分水域表层沉积物皆为腐殖淤泥。流域森林覆盖率为 39.32%,湿地总面积为 46.6 万亩,自然湿地保护率为 91.86%。1996 年的蓝藻危机使人们猛醒,从此,大理州林草部门按照州委、州人民政府关于洱海保护治理和流域转型发展的部署,围绕退耕还林、洱海面山绿化、湿地修复建设和森林资源管护等重点工作,全力推进环湖生态修复,洱海保护治理有了改善。

2."三线"划定

1)"三线"定义

"三线"是洱海生态修复的基础性工作。在流域截污治污体系基本形成的背景下,实施"三线"划定,加强流域空间管控,形成科学合理的生态空间、生活空间和生产空间布局,实施湖滨生态恢复、建设环湖生态屏障是洱海保护治理迫切的现实需要。

2017年12月,根据国家发改委批复的《云南省洱海流域水环境综合治理与可持续发展规划》以及《水污染防治法》《洱海保护管理条例》《湿地保护条例》等法律法规,为进一步加强洱海水生态保护区核心区空间管控,恢复被侵占的湖滨带,构建连续完整的湖滨生态屏障,形成健康的湖滨水生态系统,结合城乡规划,大理市制定了《大理市洱海生态环境保护"三线"划定方案》。"三线"是指水岸线、绿化线、禁建线。在洱海环湖周边,按照科学、系统、协调的原则,划定洱海湖区界线(蓝线)、洱海湖滨带保护界线(绿线)、洱海水生态保护区核心区界线(红线),并在"三线"范围内实施湖滨缓冲带生态修复和湿地建设。

大理将在"三线"范围内实施洱海流域湖滨缓冲带生态修复与湿地建设工程,项目建设用地依法有偿征收,项目范围内土地房屋有序腾退,涉及的建筑物、构筑物及附属设施、零星林果木等依据相关规定补偿。征收的土地全部用于湖滨缓冲带、生态湿地和生态廊道建设,恢复洱海自然生态岸线,形成完整的陆地与湖泊水体的过渡缓冲区域,对于提高洱海水生态系统的稳定性、防止生态退化、改善水质具有重要作用。

国家发改委的《批复》,要求加快推进新一轮环洱海"三退三还"与湖滨带生态修复工程,洱海1966米界桩以内及外延15米范围内加快实施退塘、退田、退房与生态修复,构建洱海生态屏障。

2018年5月30日,大理州人民政府新闻办公室召开新闻发布会,正式向社会公布《大理市洱海生态环境保护"三线"划定方案》。即在"三线"范围内实施洱海流域湖滨缓冲带生态修复与湿地建设工程,项目建设用地依法有偿征收。征收的土地全部用于湖滨缓冲带、生态湿地和生态廊道建设,恢复洱海自然生态岸线,形成完整的陆地与湖泊水体的过渡缓冲区域。

洱海保护不仅需要"减排"还需要"增容"。环湖截污工程只是起到减排的作用,划定"三线"却是一种增容。增容就是增加洱海的环境容量,增加沿线的湖滨带和缓冲带,提升湖滨带和缓冲带的净化能力,也就增加了洱海的自净能力和环境承载力,特别是洱海沿线的湖滨带和缓冲带环境容量和生态空间。划定"三线"主要是从洱海的生态出发,划定的蓝线、绿线和红线就是对洱海湖滨带、缓冲带的保护。长期以来,洱海的湖滨带被侵占,然而,湖滨带对洱海来说是十分重要的,是湖泊的一部分,被喻为洱海的"肾"。湖滨带对地表径流有削减、净化的作用,划定"三线"也就是为了保护洱海的湖滨带以及缓冲带。

进一步说,划定"三线"不仅是对洱海湖滨带的保护,也是严格环海的空间管控,疏解洱海周边人口和环境的压力。同时,湖滨带和缓冲带也构建了洱海的生态屏障,恢复了生物多样性,改善了生态系统的结构,构建了一个良性、健康的生态系统。划定"三线"也能提升大理市环境质量,给市民和游客营造一个好的环境。

目标任务确定后,大理市人民政府特别制定了"大理市洱海生态环境保护'三线'管理规定",大理市洱海保护管理局负责"三线"划定技术管理工作。

大理市依法向社会公布"三线"划定方案,制定下发生态搬迁补偿指导意见、工程农用地及地上附着物补偿标准等配套文件,成立了由市委、市人民政府主要领导任指挥长,市"四班子"分管负责同志、"两区一委"主要负责同志和 30 家市级部门、9 个乡镇党政主要负责同志为成员的"三线"划定项目工程指挥部,并在各镇成立镇指挥部,同时还派出 7 名处级领导干部为组长和 28 名科级干部组成的 7 个驻镇工作组,包镇督促、指导各项工作推进。与此同时,为确保维护群众利益,切实解决好拆迁户的过渡期安置问题,在大部分搬迁户已通过投亲靠友方式解决的基础上,大理市及时安排周转房 132 套,建成活动板房 30 套、仓库 68 间 2 040 平方米,解决了群众拆迁后临时没有住房等问题。此外,还多渠道筹集资金 30.57 亿元,加快以自愿腾退方式推进生态搬迁目标实现。通过一年多的艰苦细致工作,截至 2018 年 12 月 30 日,大理市 1 806 户、64.85 万平方米生态搬迁安置户全部如期完成拆迁工作。

2)"三线"功能

蓝线区域是大理市集中式饮用水源地,是国家级大理风景名胜区和国家级苍山洱海自然保护区的重要组成部分。该区域实施生态保育、生物多样性保护及生态修复,恢复湖泊健康生态系统。绿线区域(蓝线与绿线之间的范围)是洱海湖滨带,为洱海水生态保护区核心区的重点管控区,这个区域可实施生态保育、生态修复、生态环境治理,恢复湖滨带的生态环境功能。

红线区域(绿线与红线之间的范围)是洱海水生态保护区核心区。该区域内实施污染控制,构建生态净化系统。

蓝线以"2007 年环洱海 1∶500 数字化修测地形图"和 2014 年勘定的 1 966

米高程湖区范围界线划定。绿线以蓝线为基准线外延15米划定。红线以洱海海西、海北片区（上关镇境内）蓝线外延100米；海东片区（海东镇、挖色镇、双廊镇境内）环海路道路外侧路肩外延30米划定；海南片区，1966米水位水平外延伸15米。蓝线、绿线、红线的部分区域，按照大理市城乡规划，结合湖泊生态环境保护的需要进行划定。

3）划定方式

蓝线采用1994年大理城建坐标系和1985国家高程基准，按照"2007年环洱海1∶500数字化修测地形图"和2014年勘定的1966米湖区范围界线划定。双廊历史文化名镇保护规划范围线与蓝线不一致的按蓝线划定。部分区域划定：挖色镇鹿鹅山至下关镇兴盛桥南有陡岸、陡坡、边坡的共16段，蓝线划定至东环海路、机场路、滨海大道的临海路肩一侧。

海东镇文笔村老太庙抽水站段、海东镇南村段、机场路与环海路交叉口段、半岛酒店以南至石房子段、滨海大道石屏村口段共5段，蓝线划定至东环海路、机场路的临海路肩一侧。下关镇洱河北路延伸段（锁水阁至全民健身中心广场南），蓝线划定至洱河北路延伸段临海路肩一侧。下关镇小关邑村北段，蓝线划定至环湖截污干渠临海一侧。喜洲镇上关村大丽路2段、上关镇大沟尾村南段、挖色镇康廊村2段，蓝线划定至大丽路及环海路临海路肩一侧。洱海湖区内的岛屿按照湖区保护管理，不划定蓝线。下关镇兴盛桥至天生桥一级电站取水口的河道段，按大理市城市控制规划管控要求执行。海东镇引洱入宾老青山输水隧道入口至出口界碑处，按水利工程管控要求执行。蓝线按坐标点位布栽界桩，其中直线部分按不超过100米间距布桩，折线处折点布桩，弧线区域加密布桩，设置白底蓝字界桩。

绿线以蓝线为基准线外延15米划定。部分区域划定：双廊历史文化名镇保护规划范围内，绿线重合于蓝线划定。临湖的大丽路、东环海路段，绿线重合于蓝线划定。城市规划区域中半岛酒店段、菠萝江入湖口至滨海大道石屏村路口段、普陀路口至阳南河段共3段以蓝线为基准线外延15米划定，其余区域绿线重合于蓝线划定。绿线按坐标点位布栽界桩，其中直线部分按不超过100米间距布桩，折线处折点布桩，弧线区域加密布桩，设置白底绿字界桩。

红线以洱海海西、海北（上关镇段）蓝线为基准线外延100米，洱海东北片区（海东镇、挖色镇、双廊镇段）东环海路道路外侧路肩外延30米划定。部分区域划定：大丽高速公路双廊服务区段，红线划定至大丽高速公路临湖一侧路基外侧排水沟。城市规划区内下关镇、凤仪镇段，红线重合于绿线划定。机场路与东环海路交叉口至半岛酒店东北段,红线重合于绿线划定。红线按坐标点位布栽界桩,其中直线部分按不超过 200 米间距布桩,折线处折点布桩,弧线区域加密布桩,设置白底红字界桩。

4) 执法管理

根据《大理市洱海生态环境保护"三线"管理规定(试行)》和 2019 年新修订的《洱海管理保护条例》界定,蓝线即洱海湖区界线,绿线即洱海湖滨带保护界线,红线即洱海水生态保护区核心区界线。

蓝线区域是大理市集中式饮用水源地,是国家级大理风景名胜区和国家级苍山洱海自然保护区的重要组成部分。在这个区域内实施生态保育、生物多样性保护及生态修复,恢复湖泊健康生态系统。除文物古迹外,与洱海保护无关的建筑物、构筑物应当依法有偿征收予以退出或者迁出。未经批准不得进行水生动物放生。禁止擅自取水或者违反取水许可规定取水,禁止从事鱼鹰表演等经营性活动,禁止渔业船舶用于载客、货运等非渔业活动。

绿线区域应有计划开展退房、退塘、退耕,增加洱海环境容量。除环保设施、公共基础设施、文物古迹以外的建筑物、构筑物,鼓励产权人有偿自愿退出或依法有偿征收。禁止餐饮、住宿、洗浴等经营,以及摆摊、设点等活动和开发房地产等商业项目;禁止清洗车辆、宠物、畜禽、农产品、生产生活用具和其他可能污染水体的物品;禁止烧烤、露营、放牧等行为。蓝线、绿线区域内未经批准不得开展科考、考古、影视拍摄、场景搭建等活动。红线区域禁止新建除环保设施、公共基础设施以外的建筑物、构筑物。现有的餐饮、客栈服务业按照"总量控制、只减不增"的原则进行管理,并进一步整治和规范。禁止从事餐饮具消毒、被服洗涤等经营性活动;禁止生产、销售、使用含磷洗涤用品、塑料购物袋和国家禁止的剧毒、高毒、高残留农药;禁止畜禽规模化养殖;禁止堆放、弃置、倾倒、抛撒和焚烧垃圾等。

根据《大理市乡村民宿客栈管理办法(试行)》,苍山海拔 2 200 米以上范围、洱海生态环境保护蓝线和绿线区域、饮用水水源地一级保护区陆域范围、基本农田保护区、湿地保护范围区域内的乡村民宿客栈,鼓励经营者自愿退出和依照相关法律法规迁出。乡村民宿客栈应当防止噪声污染,未经批准不得设置 KTV、演艺吧等经营性娱乐场所。乡村民宿客栈经营者,未经许可不得开展旅行社经营业务。根据《大理市餐饮业管理办法(试行)》,下列区域为餐饮业禁止发展区:苍山海拔 2 200 米以上范围;洱海生态环境保护蓝线和绿线区域;饮用水水源地一级保护区陆域范围;湿地保护范围;法律法规规定的其他区域。以上区域内的餐饮业,鼓励经营者自愿退出或者依照相关法律法规迁出。从事餐饮经营活动应当取得环境保护行政主管部门的审查意见,并符合相关环境保护要求。

3. 修复工程

2019年7月4日,大理州建筑设计院根据《国家发展改革委关于印发重大固定资产项目社会稳定风险评估暂行办法的通知》和《国家发展改革委办公厅关于印发重大固定资产项目社会稳定风险分析篇章和评估报告编制大纲(试行)及说明》的规定:"社会稳定分析应开展广泛的调查,充分收集公众的意见和建议。"并公示了《环洱海湖滨生态廊道生态修复与建设工程(机场路环岛至阳南溪)社会稳定风险分析公众参与信息公告》(以下简称《公告》)。为了净化洱海入湖污染,提升洱海水质,确保饮用水源地安全,改善洱海自然生态环境,实现洱海流域乃至大理市的可持续健康发展,大理将于2019年7月启动环洱海湖滨生态廊道生态修复与建设工程(机场路环岛至阳南溪)。

《公告》称,洱海是我国重要的淡水湖泊,是苍山洱海国家级自然保护区和风景名胜区的核心,是国家湖泊生态环境保护试点湖泊之一。其保护具有重要的意义,不仅为滇西的发展提供丰富的淡水资源,为云南省建成中国面向西南开放重要桥头堡提供战略支撑,也是全国湖泊流域保护与发展协调探索的重要途径,是富营养化初期湖泊保护研究的示范,并为全国湖泊富营养化控制研究提供重要平台。

2017年,国家发改委批复的《洱海流域水环境综合治理与可持续发展规划》,对洱海保护提出了水环境治理和可持续发展两类重要目标。其中,水环境治理"十三五"目标是:洱海湖心断面水质稳定达到Ⅱ类,全湖水质确保30个月、力争35个月达到Ⅱ类水质标准,全湖不发生规模化藻类水华,生态环境得到改善。到2020年主要入湖河流总氮、总磷浓度比2015年下降20%,消除劣Ⅴ类。"十三五"规划的目标是:到2020年,流域产业结构与空间布局得以优化,资源利用效率明显提高,植被覆盖度提高至50.5%,初步探索形成洱海流域水环境综合治理与可持续发展的新模式。大理市拟实施环洱海湖滨生态廊道生态修复与建设工程(机场路环岛至阳南溪)。总体工程范围:东起机场路环岛,西至阳南溪,包括蓝线与红线之间的区域,蓝线以内陆域区域,红线外建设慢行绿道和生态修复所涉及区域。工程区总长约为15.7公里,宽度约2~15米的条带状区域;分为三个部分:机场路环岛至半岛酒店入口、半岛酒店入口至百二河山和经"百二河山"(团山公园西大门)、兴盛桥、洱河北路至阳南溪。工程初步计划工期为 15 个月,预计于 2019 年 7 月启动建设,到 2020 年基本竣工。洱海生态廊道主线总长约 129 公里,其中,海西段 46 公里,海东、海北段 69 公里,海南段 14 公里。通过实施洱海生态廊道建设工程,修复和完善已受损的湖滨缓冲带,形成环洱海连续污染拦截带以及建设生态监测廊道,发挥监测管理作用,从而形成一个集生态、环保、康养、智慧于一体的环湖慢行绿道系统。

大理市环洱海流域湖滨缓冲带生态修复包括前述的湿地建设工程,是洱海水生态保护与修复的重要组成部分,也是终端污染控制的关键。工程由生态修复、河口湿地建设、湖滨带基底修复、慢行绿道建设、管网完善 5 大板块组成。洱海湖滨岸带总长 139.17 公里,其中西部岸带乡镇主要有下关镇、大理镇、银桥镇、湾桥镇和喜洲镇,岸带长 45.3 公里;北部岸线乡镇主要是上关镇,岸带长 35.12 公里;东部岸线主要乡镇是双廊镇、挖色镇、海东镇,岸带长 52.33 公里。通过项目的实施,修复和完善已受损的湖滨缓冲带,恢复其良好的生态功能,使整个湖滨带生态系统恢复到自然良性循环状态,并形成环洱海的连片污染拦截生态带,构建洱海水的生态屏障。同时,在环洱海湖滨缓冲带建设生态监测廊道,发挥其长期监测管理作用,倡导绿色出行的生活方式,兼顾环洱海居民点连接及游人出行需求,最终将生态环境功能和人类需求有机结合,在环洱海流域湖滨缓冲带内形成自然景观节点,提升洱海旅游价值,促进大理经济的可持续发展。

大理市环洱海流域湖滨缓冲带生态修复与湿地建设 PPP 项目,建设内容包括生态修复及湿地建设、生态廊道建设、生态搬迁、管网完善、科研试验地建设等,总投资 91.9 亿元,合作期限 30 年,合作期满后,项目公司将全部项目设施无偿移交给政府指定机构。先期已修复的工程如下所述。

(1)洱海东岸湖滨带生态修复工程。

2009 年,建成满江路口至罗时江入湖河口约 80 公里的湖滨区。建成满江至机场路 10 公里的湖滨带,完成青山湾、向阳湾、红山湾等重点湖湾的人工湿地生态修复,恢复海东玉龙河口人工湿地 150 亩,完成了双廊镇景帝祠湖滨带范围的生态以及满江路口至罗时江河口湖滨带范围内的基底修复。洱海东区湖滨带内的植物生长情况良好,起到截留部分入湖污染负荷的作用,河口湿地有效净化了入湖水质。

因环湖公路的建设,生态系统退化,边坡稳定性破坏,空间结构不合理,因此在原有的基础上重点修复东区湖滨带结构稳定和生态系统稳定,使其转化为良性循环状态,并尽可能恢复自然生态景观,与西区相协调。

（2）大理机场路湖滨缓冲带生态建设工程。

2013—2015 年,进行了机场路湖滨缓冲带生态建设工程,恢复环湖滨带机场路段的陆生、湿生、水生生态系统。工程总面积约为 854 亩,恢复湖滨涨落带 526 亩,恢复湖滨缓冲带 328 亩。

（3）洱海西区湖滨带生态修复工程。

2008 年进行了洱海西岸南起西洱河口,北至沙坪湾罗时江东岸长约 48 公里湖滨西区带的生态建设。主要工程内容包括:湖滨带物理基底修复、湖滨带生态恢复、湖滨带景观建设。

（4）洱海生态廊道工程(全称为"环洱海流域湖滨缓冲带生态修复与湿地建设工程")。

该工程又称环湖生态缓冲体系,是洱海水生态系统抢救模式下的重要举措,一条人与湖的界线,通过物理相隔,将沿岸各村连接在一起,使各具特色的白族传统村落成为"围绕洱海的一串珍珠",是整个洱海保护体系的最后一道污染物拦截防线,同时也是洱海最重要的一道生态安全屏障。廊道主要包括五大工程:790 多公顷的生态修复和湿地建设;129 公里生态廊道(包括海西段 46 公里,海东 69 公里,海北段和海南段 14 公里)和若干环境监测站点;涉及 23 个村 1 806户居民的生态搬迁;30 公里污水管网完善;5 个带有湿地修复功能的科研实验基地。这个包括生态修复及湿地建设、生态廊道建设、生态搬迁、管网完善、科研试验地建设的工程,不仅是对洱海水生态系统的抢救,更是大理促进生物多样性保护与产业协调发展,提升生态城市建设和全民环境保护意识的一项重要工程。

生态廊道工程主要建设任务,一是通过将绿线以内的居民等人为干扰源永久迁出,修复和完善已受损的湖滨缓冲带,恢复自然生态功能;二是通过入湖口及沟渠湿地建设去除污染物,兼具生态及景观功能,形成环洱海连续污染拦截带,构建生态屏障;三是通过建设生态监测廊道,发挥监测管理作用,同时倡导绿色出行方式,将生态功能和人类需求有机结合,打造生态、低碳、环保、康养、智慧于一体的环湖慢行绿道系统。

在生态廊道村庄段,使湖进人退、拆房子给洱海腾地方。而在生态廊道郊野段,将清退近 240 公顷的农用地,用于修复生态。洱滨村 1.2 公里的示范段,草木葱茏、野趣横生,以前房子盖到水边,没有物理隔离,村庄对洱海污染不可避免,这条廊道是人湖界限,也是给洱海"透透气"。

此项目于 2018 年 3 月正式启动,129 公里洱海生态廊道及 6 700 亩湖滨缓冲带湿地建设共跨越 9 个乡镇,根据规划,廊道建设工程涉及的村庄段向后腾退

15 米、郊野段向后腾退 100 米以上,清退近 240 公顷农用地。

2020 年年底,洱海生态廊道环湖主体工程建设完成,修复生态湿地 790 公顷、生态岸线 32 公里。2021 年 1 月 16 日,从阳南溪至才村的 12 公里洱海生态廊道体验段向公众开放,沿途有三圣岛、龙龛码头、古生村、海舌湿地公园等景点。

129 公里的廊道建设工艺复杂,涉及道路、园林绿化、桥梁、码头、文物保护等。比如施工团队利用分段分次压实的方法,将路面沥青压实后的空隙率控制在 20% 左右,使沥青混合料内部形成排水通道,不仅提高了雨水透入路面的排水效果,还可降低噪声;根据苗木不同习性调配合适的种植土 pH 值,成功解决了高原湖滨缓冲带绿化种植苗木成活率低的难题。

目前,项目建设的效果已初现。面湖一侧草木葱郁,绿树红花相映成趣,白鹭翩翩飞舞,消失已久的海菜花逐渐露出水面。

(十二) 湿地建设

1. 湿地概说

所谓的湿地泛指暂时或长期覆盖水深不超过 2 米的低地湿地生态系统,是湿地植物、栖息于湿地的动物、微生物及其环境组成的统一整体。狭义的湿地是指地表过湿或经常积水,生长湿地生物的地区。按《国际湿地公约》定义,湿地系指不论其为天然或人工、长久或暂时之沼泽地、湿原、泥炭地或水域地带,带有静止或流动,或为淡水、半咸水或咸水水体者,包括低潮时水深不超过 6 米的水域。潮湿或浅积水地带发育成水生生物群和水成土壤的地理综合体,是陆地、流水、静水、河口和海洋系统中各种沼生、湿生区域的总称。

湿地是地球上具有多种独特功能的生态系统,它不仅为人类提供大量食物、原料和水资源,而且在维持生态平衡、保持生物多样性和珍稀物种资源以及涵养水源、蓄洪防旱、降解污染、调节气候、补充地下水、控制土壤侵蚀等方面均起到重要作用。湿地具有多种功能:保护生物多样性,调节径流,改善水质,调节小气候,以及提供食物及工业原料,提供旅游资源。森林被称为"地球之肺",海洋被称为"地球之心",湿地则被称为"地球之肾"。

湿地的类型多种多样,通常分为自然和人工两大类。自然湿地包括沼泽地、泥炭地、湖泊、河流、海滩和盐沼等,人工湿地主要有水稻田、水库、池塘等。湿地最富有生物的多样性,仅中国有记载的湿地植物就有 2 760 余种,其中湿地高等植物 156 科、437 属、1 380 多种。湿地植物从生长环境看,可分为水生、沼生、湿生三类;从植物生活类型看,有挺水型、浮叶型、沉水型和漂浮型等;从植物种类看,有的是细弱小草,有的是粗大草本,有的是矮小灌木,有的是高大乔木。湿地动物的种类也异常丰富,中国已记录到的湿地动物有1500种左右(不含昆虫、无脊椎动物、真菌和微生物),鱼类约1040种。鱼类中淡水鱼有500种左右,占世界上淡水鱼类总数的80%以上。因此,无论从经济学还是生态学的观点看,湿地都是最具有价值和生产力最高的生态系统。

在人口爆炸和经济发展的双重压力下,20世纪中后期大量湿地被改造成农田,加上过度的资源开发和污染,湿地面积大幅度缩小,湿地物种受到严重破坏。

2011年以来,洱海流域先后以工程修复、新建和改扩建的方式建成湿地50块,建设面积2.42万亩。同时,编制了《云南省大理州洱海流域湿地保护修复总体规划(2017—2025)》,对流域中长期湿地修复建设进行了总体规划设计。2019年初依照规划制定了《洱海流域环湖生态修复攻坚战方案》,计划3年内实施0.93万亩环洱海流域生态修复与湿地建设;修复137公里湖滨生态。

洱海流域湿地是指洱海、西湖、茈碧湖、海西海等重要湿地,以及由大理市、洱源县组织修复的自然和人工湿地。其具体范围由相关县市人民政府依据保护规划划定并向社会公布,管理范围由保护管理机构设立标识。大理苍山、洱源马耳山和罗坪山为洱海湿地水源涵养林区。湿地保护范围内,禁止放牧、烧烤、野炊等破坏湿地环境的活动。洱海"三退三还"政策实施的一个重要的作用,是恢复和增加了洱海周边的湿地。洱海湿地生态恢复建设是一项长期、复杂而艰巨的工程,包括2001年大理州人民政府投资1300万元,加大了实施"三退三还"政策的力度。湿地保护管理的法律根据是2012年3月31日公布的《大理白族自治州洱海流域湿地保护管理实施办法》。

湿地建设作为洱海流域水环境治理的重要一环,也迎来了新的发展期。如何更好地进行洱海流域湿地建设、发挥湿地的生态功能,是目前洱海流域水环境治理工作的重点之一。

2017年大理州国家储备林建设洱海流域林业生态质量提升一期工程获国家林业局批准,工程涉及大理市创新工业园区、海开委、海东镇、挖色镇、双廊镇、上关镇,规划在洱海面山进行造林绿化10万亩,其中人工造林6.8万亩,封山育林3.2万亩,并配套水利生态灌溉工程。工程建设期为4年,全部完成后可新增森林面积68000亩,提高规划区森林覆盖率18.68个百分点,使治理区森林覆盖率达到45.65%,新增森林年可增加蓄水量967350立方米。工程实施中,大理州因地制宜,坚持生物措施与工程措施并重和适地适树原则,探索出"林水结合,水利先行;宜林则林,宜灌则灌;优选树种,林经结合,实事求是,动态调整"的经验,造林中采用见缝插"绿"方式,灵活安放种植塘,确保工程建设实效。2018年,已完成造林1.7万亩、封山育林2万亩,建成水池26座,安装提水主管16.5公里、田间管网345.9公里。

2. 湿地类型

据林业局调查规划设计院编制的《云南省大理州洱海流域湿地保护修复总体规划(2017—2025)》称:2017年洱海流域有4类湿地,总面积33 539.75亩。一是河流湿地,面积1 643.20亩,占湿地总面积的3.82%,其中永久性河流16 315.5亩。二是湖泊湿地,面积398 771.25亩,占湿地总面积的91.89%,全部为永久性淡水湖。三是沼泽湿地,面积4 692.00亩,占湿地总面积的1.08%,其中草木沼泽4 102.80亩。四是人工湿地,面积13 533.00亩,其中蓄水区58 643.55亩,运河输水河6 706.80亩,淡水养殖池塘961.55亩。

到2018年湿地核查结果,大理州湿地面积为95.8万亩,其中自然湿地70.77万亩,人工湿地25.03万亩,自然湿地保护率63.52%。分布在大理市和洱源县的洱海湿地总面积为46.6万亩,占全州自然湿地总面积的48.64%。洱海流域自然湿地保护率为91.86%。大理市和洱源县的湿地面积从2012年第二次全国湿地资源调查的43.3万亩增加到46.6万亩,共新增湿地面积3.3万亩,增幅为全州之首。自2011年起,经工程修复和建设共建成湿地50块,建成面积2.42万亩,投资7.07亿元;在建湿地6块,面积5 800亩,投资2.3亿元;3万亩湿地,合计投资10亿元;拟建湿地3块,面积1 395亩,投资6 161万元。其中,湿地修复1.66万亩,新增7 600亩,中央资金投入1.66亿元,省级资金6 450万元,地方投入7.68亿元,合计9.9亿元。

3. 湿地生物

水生植物的恢复和重建是湿地生态系统恢复中的重要环节之一,加强对流域内水生植物特别是沉水植物和珍稀濒危植物种群的恢复和重建工作就显得尤为重要。同时,为防止流域内入侵植物的规模进一步扩大,未来对其生活特性以及入侵机制的研究也显得尤为必要,在此基础上,建立完善的监测网络,控制洱海流域入侵植物的数量,促进流域水生植物生物多样性的显著提高,确保生态系统结构的持续与完善。随着人口增加、工农业生产的发展、旅游业的兴起和人类不合理开发活动的加剧,洱海及其流域的生态环境受到影响,严重威胁着人类自身的生存和发展。因此,对其生态环境的治理也就越来越受到人们的重视。目前,洱海流域的富营养化已经引起了国内外社会各界的高度关注,世界银行也将在洱海流域开展一系列包括生活垃圾处理、生活污水处理和面源污染控制在内的综合环境整治项目。水生植物成为湖泊生态系统健康运转的关键生物类群，也是其多样性的基础。大型水生植物在决定水体生态系统功能上的作用非常重要，它不仅影响食物链结构，而且作为生物环境控制着其他生物类群的结构和大小，对于维持水环境的稳定性至关重要。

1）植物

调查范围内记录到的洱海流域湿地植物有 802 种，分属 123 科 385 属，其中被子植物 88 科 323 属 700 种，裸子植物 2 科 3 属 3 种，蕨类植物 23 科 40 属 57 种，苔藓植物 10 科 19 属 42 种。根据 1999 年国务院公布的《第一批国家重点保护野生植物名录》和 1989 年云南省颁布的《云南省第一批省级重点保护野生植物名录》，洱海流域湿地植物中共有保护植物 12 种，其中包括国家Ⅰ级重点保护野生植物喜马拉雅红豆杉和钟萼木两种，国家Ⅱ级重点保护植物榧木、澜沧黄杉、秃杉、金铁锁、水青树、松口蘑、西康玉兰、金荞麦和野菱等 9 种，省Ⅲ级重点保护野生植物川八角莲 1 种。

2）动物

洱海流域湿地野生脊椎动物有 5 纲、23 目、48 科、222 种，包括国家Ⅰ级重点保护野生动物 3 种，国家Ⅱ级重点保护野生动物 15 种。其中：鱼类 5 目、7 科、33 种，包括国家Ⅱ级重点保护动物大理裂腹鱼 1 种；两栖类 2 目、8 科、48 种，包括国家Ⅱ级重点保护野生动物红瘰疣螈、虎纹蛙 2 种；爬行类 1 目、6 科、34 种，包括国家Ⅰ级重点保护野生动物蟒蛇 1 种；鸟类 8 目、13 科、84 种，包括国家Ⅰ级保护野生动物黑鹳、黑颈鹤 2 种，国家Ⅱ级重点保护野生动物海南鳽、大天鹅、灰鹤、棕背田鸡和蓝耳翠鸟 5 种；兽类 7 目、14 科、23 种，包括国家Ⅱ级重点保护野生动物短尾猴、棕熊、水獭、大灵猫、小灵猫、水鹿和中华鬣羚等 7 种。除湿地脊椎动物外，另外还有软体动物 2 纲 3 目 9 科 62 种，节肢动物 1 纲 2 目 4 科 12 种。

4. 建设情况

1）在建设湿地

大理市洱海流域生态湿地建设工程二期工程，即大理市北三江入湖河口湿地恢复建设工程：西起西闸尾，东至海潮河村，湖滨带以上至洱海环湖路范围，工程区域面积约 1.69 平方公里（2 535 亩）。工程包括基底污染清除与修复工程、北三江环湖湿地生态系统修复工程、河口低污染水净化工程等三大工程，基底清理、房屋建筑拆除、分散配水系统建设、绿化隔离带建设、乔灌草生态净化带建设、自然湿地建设、人工湿地建设 0.53 平方公里等七项子工程。

大理市上关镇九条洱海入湖沟渠生态修复工程 425 亩，上关兆邑片区建设

1400亩湿地,云南苍山洱海自然保护区湿地保护与恢复工程建设湿地440亩,小街湿地151亩,大理市洱海南岸湖滨湿地建设工程建设恢复洱海南岸湖滨湿地854亩,洱海西岸生态湿地恢复建设工程,龙龛、才村示范段建设工程500亩,喜洲、龙湖湿地672亩。

项目总投资1096.58万元,其中中央预算内投资358万元。项目于2017年4月开工建设,已于2018年4月完工。

环洱海万亩湿地总投资40 028万元,规划面积为672.13公顷(10 081.9亩)。建成环洱海湿地101.13公顷(1 517亩),其中洱海月湿地66.67公顷(1 000亩),才村湿地10公顷(150亩),下河湾湿地13公顷(200亩),玉龙河河口湿地6.67公顷(100亩),龙龛、古生、西城尾、灵泉溪河口湿地4.47公顷(67亩);完成波罗江河口湿地5.33公顷(80亩)和400米生态堤岸建设及绿化;双廊湿地、海舌库塘湿地建设正在实施;洱海东岸机场路湖滨湿地建设计划投资3 291万元,完成项目实施方案编制并上报评审;洱海西岸生态湿地建设工程组织前期报审;环洱海生态旅游走廊已进入总体概念性规划阶段,工程(一期)计划完成投资4亿元;玉白菜节点生态湿地建设已开展招标。

2)已建成湿地

罗时江入湖河口湿地1 600亩,弥苴河科技示范工程建设湿地174亩,沙坪湾湖滨湿地722亩,江前、江尾湿地1 000亩,洱海月湿地1 000亩,才村湿地150亩,灵泉溪河口湿地83亩,下河湾湖滨湿地200亩,双廊镇污水处理站尾水深度净化湿地15亩,玉龙河湿地100亩,青山、红山湖滨湿地442亩。作为洱海水源保护的最后一道屏障,大理计划在3年内建成3万亩湿地,分别是洱源县1万亩、大理市上关镇入湖河口1万亩以及沿洱海重点湖面周边的1万亩。上关镇的罗时江河口湿地建设已建成1 000多亩,合计6 326亩。

湿地相当于低污染废水进入洱海前的"净化器"。按照大理州环保局的要求,原则上每个污水处理厂的出水口都要预留位置建设湿地,经污水处理厂处理过的废水,流经湿地后达到国家地表水三类水质方可进入洱海。

针对进入洱海的22条主要河流,大理将因地制宜,重点选择10条进行河道系统治理,包括截污、防洪固堤、生态堤岸修复等。原先Ⅴ类水质的,要达到Ⅳ类;Ⅳ类水质的,要达到Ⅲ类甚至Ⅱ类。政府还将禁止原来洱海西岸农村、学校等用水大户截流使用苍山上下来的优质山泉水、再将生活废水排入洱海的行为。改为让泉水直接入海,再在海边建设自来水厂,抽取海水供应饮用。这被官方称为"亿方清水入湖"工程。

感 悟 篇

在人口不断增长、生产生活对湖体及流域影响加剧的情况下,洱海保护治理走过了怎样的道路? 探索积累了哪些经验? 路在何方? 这是很不容易回答的问题。西晋学者葛洪在《抱朴子·论仙》中说:"天下之事,不可尽知;而以臆断之,不可任也。"意思是说,天下的事情,不可能全部了解,而凭主观断定它,是不可取的。这说明即使人们了解的事物很多,但是对于这些事物仍旧不可作过于主观地判断。但我们一定要记住:"明者防祸于未萌,智者图患于将来。"(《三国志·吴书》)意思是说,明智的人会在灾祸还未出现苗头时就加以防备,聪明的人能够估计到将来可能发生的危害。古人的这些至理名言,对于我们认识洱海治理的历程有着很强的借鉴作用。

一、乱极则治

远的不说,回顾从 1996 年发生危机以来洱海治理的举措,可以说是痛定思痛的反思。如前所述,这之前洱海的命运已经引起有识之士的担忧,但还没有成为全民的共识,治理自然显得混乱。但有人已经警觉,并且开始行动。这正如太平天国洪秀全《原道醒世训》里的名言:"乱极则治,暗极则光,天之道也。"即混乱到了极点,就会转化为大治。

事实上,自 1996 年起,大理就开始投入人力物力对洱海进行保护。严重的污染给大理人民上了一堂深刻的环保课。正如当时中共大理州州委书记顾伯平所说:"决心、毅力和科学的态度,决定一个湖泊的命运。"为了让"母亲湖"变清,大理州跳出了"为治理而保护"的狭窄思路,开始全力以赴地投入人力物力和财力,全面实施了洱海生态修复、环湖治污和截污、流域农业农村面源污染治理、主要入湖河道环境综合整治和城镇垃圾收集污水处理系统建设、流域水土保持、洱海环境教育管理的洱海保护治理"六大工程"。湖泊治理和保护是一项庞大的系统工程,如何消除面源污染是关键。为了避免大量污水排进洱海,大理咬紧牙关建成了洱海截污工程。人们看到,这一被当地老百姓称为"地底下的丰碑""看不见的政绩"的截污工程,尽管掩盖在繁华的车水马龙之下,但地下宽敞的排污管道却足以并跑两辆东风大卡车。

但仅仅如此并不能一劳永逸。洱海保护的速度跟不上经济社会发展速度。洱海水质稳定向好的趋势尚未形成,而且蓝藻水华的风险依然存在。

《档案中的大理洱海保护》把洱海的问题概括为"20世纪80年代以来,由于洱海流域居住人口急骤增加,农业生产污染负担加重,群众环境保护意识不强,洱海蓄水过度利用,洱海水环境与生态功能遭受严重破坏",这是有道理的。但最根本原因是,人们已经普遍形成某种惯性思维。

自然界是一个生态平衡系统。在生态平衡系统中,各子系统处于自发的协调、有序及和谐的状态。人类作为自然母体中的一个特殊成员,具有自身特殊的作用:不仅能改造自然,还能利用自然的元素创造出自然界原来不存在的人工物,给自己造成一定的影响。实践证明,人为地破坏自然生态平衡,就会引发气候异常、洪水泛滥、水源危机等一系列问题,甚至从根本上危及人类的生存。强调"以人为本"是对的,但千万不能以人为中心。不能随心所欲地改造自然,不要奢望战胜自然、征服自然。对于天地的胜利,最终往往会遭到自然界的报复。

在开发利用前是否真正做到科学的、正确的决策,也是十分重要的方面。我国重大行政决策专家论证制度的目的在于弥补政府独立决策的理性不足,促进重大行政决策的科学化。作为重大行政决策程序链条中的一个独立子系统,专家论证制度应当由专业的、中立的第三方对已起草完毕的初步决策方案展开论证。在实践中,该项程序制度经常会走向错位,容易同专家座谈、专家参与等相混淆,导致其价值功能无法得到有效发挥。这就需要从如何选择"专家"、专家怎样"论证"以及论证有何"效果"这三个层面来完善重大行政决策专家论证制度。决策的程序性尤为重要,不能简单拍板,随意决策,更不是头脑发热,信口开河,个人拍板,应该在正确理论的指导下,按照一定的程序,充分依靠领导班子、广大群众的集体智慧,正确运用决策技术和方法来选择行为方案。

经过1996年的危机,大理州历届党委和人民政府不断总结洱海保护治理的经验。通过"循法自然、科学规划、全面控源、行政问责、全民参与"的洱海综合治理,实施了洱海流域水污染综合防治"十二五"规划和"2333"行动计划。2004年开始,洱海水质有了明显改善,连续5年持续得到改善并总体保持III类,2009年3、4月还达到了II类,流域自然生态环境得到逐步改善。

"十二五"期间洱海水质有30个月达到II类,比"十一五"期间增加了9个月。2008年12月初,国家环保部在大理召开了洱海保护经验交流会,洱海被誉为城市近郊保护最好的湖泊之一。在第十三届世界湖泊大会上,洱海保护治理模式得到了与会专家学者们的高度评价,他们认为洱海保护治理的成功,为中国湖泊保护治理提供了经验。

然而，国内外的治理经验表明，湖泊治理是个世界性的难题，尤其是周边人口密度大、发展强度大的湖泊治理难度更大。湖泊治理是一项充满艰巨性、复杂性的长期性工作。洱海的保护治理也不例外。从洱海自身的特点来看，存在不少短板。如地域位置的制约，水源不多，加上随着城镇化和工业化的发展，进一步挤占了流域内的部分水资源，入湖清水不断减少，水体对污染物的稀释自净能力下降；从入湖水源来看，入湖河道大都流经城镇、村庄和农田，面源污染的治理、入湖水质的提升任务依然艰巨；从内源污染的情况来看，长期堆积于湖底的垃圾，如果得不到彻底的清除，必将进一步削弱水体的自净能力，破坏洱海水环境生态平衡。总之，洱海保护治理依然困难重重，特别是随着周边城镇化进程的加快、旅游业的发展、农业生产方式的变化，流域污染日益加重，影响水质的主要指标不容乐观，夏秋季蓝藻水华成为常态，保护治理的压力再次增大。

区域引水、外源截污治污、内源清污这是洱海保护治理亟待解决的三大难题。洱海保护治理是一个长期的过程，不可能一蹴而就。"就湖治湖""就水治水"难以从源头上系统性地解决水质恶化及流域周边生态环境综合修复等系列问题。必须坚持"山水林田湖草是生命共同体"的系统治理思维，做到统筹兼顾、整体施策、多措并举，全方位构建生态安全屏障，从根源上破解治水难题。

根据2003年9月云南省人民政府大理城市建设现场办公会议精神，为有针对性地和可操作性地解决洱海治理和保护的紧迫问题，大理州人民政府在云南省人民政府批复的《洱海流域环境规划（1995—2010）》《洱海水污染综合防治"十五"计划（2000—2005）》的基础上，组织专门力量，委托中国环科院编制了《洱海流域保护治理规划（2003—2020）》（以下简称《规划》）。

事关洱海流域治理前景的《规划》，以体现科学发展观为主要指导思想，范围涉及整个洱海流域大理、洱源两县市共16个乡镇，总面积2565平方公里。规划期为2003—2020年，分近、中、远三期。以近期洱海水质恢复到Ⅲ类，力争Ⅱ类；中期保持Ⅱ类，远期稳定保持Ⅱ类为主要目标。针对洱海目前正在进入富营养化的转型时期，尚未失去作出正确选择的时机这一现状，《规划》体现的是一条新的湖泊治理战略路线——实现富营养化转型时期地卸载维护，避免生态破坏以后的事后治理。其策略主要表现为"五个转移"：一是将保护治理的目标由水质改善转移为水质和生态质量的综合提高；二是将总量控制指标由COD转移为总磷、总氮；三是将污染控制重点对象由工业污染源转移为生活和农村农田污染源；四是将污染控制范围由湖泊周围转移为全流域；五是将污染控制措施由单一的污染治理工程转移为工程的、技术的、生态的、法制的、管理的综合措施。

《规划》于 2004 年 8 月 21 日通过了由国家环保总局在北京主持召开的专家评审会,之后由大理州人民政府上报省人民政府。经研究,省人民政府于 2005 年 3 月 4 日以云政复[2005]10 号《云南省人民政府关于洱海流域保护治理规划(2003—2020)的批复》文对《规划》进行了批复。批复指出:"《规划》是洱海流域水污染综合防治工作的重要依据,要将《规划》纳入当地国民经济和社会发展计划,认真组织实施。"同时要求"突出重点,认真实施好'六大保护治理工程';以《规划》为指导,切实做好洱海流域水污染综合防治'十一五'规划;明确责任,狠抓落实"。

必须坚持统筹资源、精准治理。以持续改善洱海水质为目标,认真实施《洱海保护治理与流域生态建设"十三五"规划》和 8 个子专项规划,完善《洱海生态圈建设方案》,统筹各类资源,精准施策、多管齐下,整体推进水污染防治、水生态保护、水资源管理"三水共治",有效改善水环境质量。

必须坚持用生态保护倒推发展转型。要牢固树立"绿水青山就是金山银山"的理念,走出一条生态环境倒逼下的绿色发展之路。坚持生态惠民、生态利民、生态为民,依托当地优美自然风光与丰厚的历史文化资源,做大做强文化旅游、高原特色农业等产业,贯彻"招商引资、环保先行、绿色发展、生态优先"的原则,严格环保"一票否决制"。重点在调整洱海流域经济结构、流域产业布局、培育壮大节能环保产业、清洁生产产业、清洁能源产业上下功夫,在推进资源全面节约和循环利用上下功夫,让广大群众共享保护成果,进一步激发保护积极性。

二、路在何方

如何将以上理念理解深透不是很容易的事,有时还可能会流于形式。这就是中央、部省各级督察巡视时一直会反馈出诸多问题的原因。

2016 年中央环境保护督察反馈指出,云南省对高原湖泊治理保护的长期性和复杂性认识不足,工作系统性和科学性不够,部分政策措施没有严格落实,因此规划目标未能如期实现。部分湖泊"边治理、边破坏""居民退、房产进",群众反映强烈。其中,大理州等地部分自然保护区及重点流域还存在违法开发建设的问题。同时,指出的"苍山洱海国家级自然保护区没有依法报批旅游发展规划,在保护区范围内开展旅游活动"问题,至"回头看"进驻时仍尚未整改。大理市、洱源县组织编制的多项旅游发展规划未充分考虑环境承载力,部分项目与洱海保护要求不符,洱海流域旅游发展处于无序状态。洱海流域非煤矿山破坏生态。经排查,洱海流域内 57 家非煤矿山中,有 9 家违法生产、27 家取缔关停不彻底、19 家未开展生态恢复或恢复效果差。大理市人民政府出台的《大理市关于来料加工企业的处置意见》,将整治企业恢复生产的审核把关权限下放至乡镇,致使本该彻底关停取缔的非法企业得以死灰复燃。大理市瑞泽建材厂凤翥页岩矿等企业,在已责令关停的情况下,长期以来料加工之名行违法生产之实,以清理山体塌方为由擅自私挖盗采。大理市创世新型页岩砖厂等企业,在未办理水土保持、环保等手续的情况下长期违法生产,对环境保护部门责令改正违法行为的要求置若罔闻。洱海水质近年来呈下降趋势。

2015 年、2016 年大理市审批环洱海拆旧建新高达 4713 户,为餐饮客栈无序发展推波助澜,导致大量生活污水直接排入洱海,致使洱海部分污染物年均浓度较 2015 年上升,其中总磷上升 27%,化学需氧量上升 11%,总氮上升 10%,综合营养状态指数上升 8%,藻类细胞数上升 68%,高锰酸盐指数上升 9%。2016 年和 2017 年,洱海水质类别均评价为Ⅲ类,连续两年未达到水环境功能区Ⅱ类水质要求。

云南省督察整改方案明确:严格贯彻执行《洱海保护管理条例》,强力整治洱海流域农村建房和餐饮客栈经营活动,积极规范和引导洱海流域旅游产业发展,遏制洱海水质高锰酸盐指数上升的趋势。2018 年 4 月,云南省督察整改落实进展情况进行反映,更具有典型性,如洱海周边旅游发展管控不到位。大理州"十二五""十三五"涉及洱海流域旅游产业发展规划,未依法开展环境影响评价,州政府存在违规审批旅游规划的情况。

2018 年 6 月 5 日—7 月 5 日,生态环境部调研洱海保护,并于 10 月 22 日,发布《洱海流域无序开发　严重破坏生态环境》的公告,通报了云南省大理州对洱海周边旅游无序开发管控不到位,2013 年至 2016 年,洱海流域餐饮客栈出现"井喷";大理州、市(县)两级政府及市场监管等部门重视不够,对违法建设问题执法不严,监管不力。截至 2017 年 4 月,洱海流域核心区内共排查在建违章建筑 1084 户、餐饮客栈 2498 户,其中 1947 户证照不齐。违章建筑和违规餐饮客栈,侵占大量洱海湖滨带,损害洱海生态环境。

除此之外,有一份"洱海治理问题"的报告更为具体,其中有以下几个问题。

(1) 村庄内污染混乱。乡镇污水处理厂,大理有 34 座、洱海有 103 座,进水仅为设计的 20%~30%。

(2) 农业面污染控制不力。2017—2018 年大蒜种植达 12.36 万亩,洱源为

209

9.45 万亩,较上季增长 43.6%,"三禁四推"后仍有 2.18 万亩。

（3）生态农业技术服务支撑不足。禁种大蒜后,替代作物研究不足。没有明确导向,如禁止使用 NP 化肥后,技术准备不足,没有及时向农民提供生态种植技术的有关指导。

（4）农业面污染防控项目发展缓慢。2005 年以来,中央下达大理州 10 个示范项目,仅有 2 个完成市级验收。农田退水循环利用率不高,2018 年实施的 10 万亩高效节水减排项目,至 2018 年 11 月底仅完成 661 万亩;已建成的以库塘为主的农田退水循环利用工程,仅能覆盖洱源流域约 1/4 的耕地。

（5）洱海水环境形势严峻。藻细胞在 1 000 万个/L 以上,水华风险较大。2018 年,27 条入湖河流的 N、P 污染严重,总 N 超过 V 类水的达 1.18%～4.4% 的有 12 条;总 P 超过 V 类或劣 V 类水的有 15 条。

（6）部分新建藻水分离站铝离子超标。

（7）矿山整治不彻底。

（8）污水处理厂未建立收费机制。

（9）与库塘联合调度制未健全。

（10）基础研究薄弱,对水质变化特征和规律研究不深入。数据未整合和深度运用。

（11）治理总投资 330.78 亿元,资金缺口 189.36 亿元。

对这些问题,大理州已予以重视,并逐步采取有力措施,比如 2017 年 4 月大理州开启洱海保护治理抢救模式,对洱海流域排查出的违章建筑进行了整治,对核心区内的餐饮客栈进行关停整顿,并加快洱海环湖截污一、二期工程建设,成效显著,但经常居安思危仍然十分必要。

三、新的反思

洱海保护治理是一项长期艰巨而复杂的系统工程,应该"常在路上"。调研中发现,目前还存在一些亟待解决的困难。

环境承载力有限,水环境压力巨大。随着经济社会的快速发展,洱海流域城镇化、农业产业化进程加快,旅游业持续升温,给洱海造成了越来越大的压力。如 30 年前,大理市城市建成区面积仅为 7.46 平方公里,而现在达 57 平方公里。按照有关专家科学计算,洱海流域最大的承载人口不能超过 50 万人,但目前已经接近 86 万人,加上在册的 6 万多流动人口,实际上已经达到 92 万人的承载。

流域生态退化,生态修复能力减弱。洱海保护治理取得的初步成效具有阶段性、局限性和不稳定性,洱海水环境的稳定向好确非一日之功。洱海湖滨带宽度较窄,外围缺乏缓冲带,对流域入湖污染、特别是环湖农田面源污染截留净化能力不足,发生蓝藻的风险较高。

项目资金缺口大,资金筹措困难。由于地方财力有限,加上尚未形成持续稳定的投入保障机制,资金不足仍然是洱海保护治理的最大短板。但财力有限,资金缺口较大,大部分需要通过贷款融资方式筹集,保续建、保新开工、保已建成设施运转等资金投入压力大,亟须国家和省里有关部门的扶持。

洱海保护治理不可能一蹴而就,必须坚持"山水林田湖草是生命共同体"的系统治理思维,做到统筹兼顾、整体施策、多措并举,全方位构建生态安全屏障,从根源上破解治水难题。

必须坚持统筹资源、精准治理。以持续改善洱海水质为目标,认真实施《洱海保护治理与流域生态建设"十三五"规划》和 8 个子专项规划,完善《洱海生态圈建设方案》,统筹各类资源,精准施策、多管齐下,整体推进水污染防治、水生态保护、水资源管理"三水共治",有效改善水环境质量。

必须坚持用生态保护倒逼发展转型。要牢固树立"绿水青山就是金山银山"理念,走出一条生态环境倒逼下的绿色发展之路。坚持生态惠民、生态利民、生态为民,依托当地优美自然风光与丰厚的历史文化资源,做大做强文化旅游、高原特色农业等产业,贯彻"招商引资、环保先行,绿色发展、生态优先"原则,严格环保"一票否决制"。重点在调整洱海流域经济结构、流域产业布局、培育壮大节能环保产业、清洁生产产业、清洁能源产业上下功夫,在推进资源全面节约和循环利用上下功夫,让广大群众共享保护成果,进一步激发保护积极性。

必须坚定不移地坚持铁腕治理。针对保护治理中决策、执行、监管的责任,要真追责、敢追责、严追责,做到终身追责,建设一支政治强、本领高、作风硬、敢担当,特别能吃苦、特别能战斗、特别能奉献的生态环境保护铁军,强队伍、抓作风、严纪律、明责任、促落实,确保各项任务落实落细。

洱海保护治理是一个艰巨的过程,"知己知彼,百战不殆",只有对洱海的深刻认识才能达到最佳的治理效果。前面已经指出,从洱海自身的特点看,洱海属于半封闭湖泊,没有大江大河的导入,汇水面积不大、产水量少、蒸发量大、降雨集中,水资源较为短缺。而且,随着城镇化和工业化的发展,进一步挤占了流域内的部分水资源,入湖清水不断减少,水体对污染物的稀释自净能力下降。从入湖水源来看,入湖河道大都流经城镇、村庄和农田,面源污染的治理、入湖水质的提升任务依然艰巨；从内源污染的情况来看，长期堆积于湖底的垃圾得不到彻底清除，必将进一步削弱水体的自净能力，破坏洱海水环境生态平衡。区域引水、外源截污治污、内源清污这是洱海保护治理亟待解决的三大难题。

洱海保护治理是一个复杂的过程。湖泊治理是个世界性的难题，尤其是周边人口密度大、发展强度大的湖泊治理难度更大。洱海也不例外，多年形成的水体富营养化、点多面广的污染源，无法采用单一的生物、化学和物理措施治理。洱海保护治理是一项难度极大的综合治理工程。防治水体富营养化涉及社会、经济、人文、地理、气象、环境、生物、物理、化学等多学科，是水污染治理中最为棘手而又代价昂贵的难题；水环境治理和修复涉及领域多，是一项庞大的综合工程，涵盖了工业、农业、林业、水利、城建等诸多行业。任何一部分、任何一个方面的工作都影响着整个治理工程的进展。推进洱海保护治理工作，亟待进一步统筹各方面的力量，整合一切资源，既要重点突破，又要全面、协调地开展各项工作。

洱海保护治理是一个长期的过程。"病来如山倒，病去如抽丝"。洱海水环境的下行是一个从量变到质变的过程，治理同样需要一个长期、渐进的过程，短时间内难以产生立竿见影的效果。相关数据显示，由于缺乏大量的外来水源，洱海水体更换较为缓慢，湖水滞留期约为1 105天。除了洱海自身的特点外，地方经济实力的支撑、生态文明建设的进程、治理效果的滞后性等因素都必然使洱海保护治理成为一个长期的、循序渐进的进程。洱海保护治理的统筹规划、项目设计、治理措施都需要时间来部署和实施。

洱海保护治理是一项庞大的系统工程，需要几十年的坚持不懈努力。对此，需要科学、辩证地加以认识，坚定信心，以"咬住青山不放松"的韧性，久久为功，长期坚持，不懈治理，才能出效果。

后　记

　　俄罗斯诗人普里什文称湖泊为"大地的眼睛",当遇见一个农妇让孩子往湖里撒尿时他斥责道:"作孽啊!"洱海是隐藏在云贵高原上万山丛中的一个湖泊。在历史上,因为洱海是"西南丝绸之路"上的重要枢纽,成为云南的文化中心,颇具传奇色彩。在汉文典籍中,最早记载洱海的是二十四史之首司马迁的《史记·西南夷列传》,尤其"汉习楼船"和"天宝之战",以及南诏大理国的建立使它扬名天下。

　　洱海被周围的族群誉为"母亲湖"。因此,在这里流行"一定要像爱护眼睛一样把洱海保护好""洱海清,大理兴"的口号表达了大理人的心声。自古及今,洱海成了民生中的重要课题,只是疏导与清污各有侧重。进入近代,洱海在不知不觉中出现污染。尤其是 1996 年和 2003 年,洱海两次暴发蓝藻,局部区域水质下降到了地表水Ⅳ类。这在当时是洱治理面临严峻的新课题,引起各界人士的广泛的关注和各级政府的重视,下决心以"挽狂澜于既倒"的气势,投入抢救洱海的攻坚战,终于使洱海水质大为改善,被国家有关部门誉为"湖泊治理的榜样"。痛定思痛,居安思危,为了防止重蹈覆辙,大理州人民政府领导决定瞻前顾后,深刻反省,继往开来,组织出版一批专著,《洱海治理纪略》就是其中之一,委托段诚忠和我完成,由上海交通大学(云南)洱海研究院指导,上海交通大学出版社出版。

　　《洱海治理纪略》一书的操作纯粹是一系列因缘结的果。这应了佛教的起缘说:世间上的事事物物(一切有为法),既非凭空而有,也不能单独存在,必须依靠种种因缘条件与和合才能成立,这就是"缘起"。

　　我与诚忠先生心仪已久,但相交却是 20 世纪 80 年代以后的事。其实,在这之前我们已有好多方面的机缘:首先,我们是同乡。他家在弥苴河入口江尾、我则从小生长在洱海源头凤羽,实在是"我住江之头,君住江之尾,共饮一江水";其次,我俩本是喜洲五台中学(大理二中)的校友。诚忠在校高我三个级,我入学时他已经毕业并考入云南大学。大学毕业后,他分配回大理从事科研,我则在《大理文化》从事编辑;其三,俗语说"隔行如隔山",但因对一位名人的共识,最终把我们连接在一块。那是 1985 年的一天,诚忠先生到编辑部送来一篇写在信笺纸上的稿子,说这是受邀回乡选飞机场的一位大理籍专家在大理师专报告会上的讲话录音稿。正好此时我们在刊物上开辟了一个《州外同乡谈大理》的栏目,就将这篇以《大理州如何实现现代化》为题的文稿编在其中。文章中有一段至理名言:"要对我们的资源做一番全面的调查研究。洱海一定不能污染,在世界上这样大、这样干净的湖泊已经少有了,至少现在我在其他地方没有看见过。有的专家认为,农业社会的人只考虑过去,工业化的人则考虑现在,而信息社会的人超前考虑未来。我们要考虑未来,决不能忽视洱海的污染。"这位科学家就是大理籍"两弹一星元勋"王希季。2002 年,我奉命撰写《航天元勋王希季》,赴京采访王希季,他还是一直关心着洱海,当得知年前洱海突发蓝藻洱海保护已经引起人们高度的注视时,他说:"世界上的许多事情,能未雨绸缪防患于未然要好得多,可以争取时间,少走弯路。"总之,学者的睿智、智者的敏感,成了诚忠先生与我结缘洱海的重要因素。从此,我们惺惺相惜,在耄耋之年还表达对洱海母亲的敬意,自觉地想贡献出微薄之力。

退休之后,我们各处一方,很少往来。但诚忠送给我他主编的《苍山植物科学考察》一书对我编写《苍山读本》(此书在 2004 年联合国教科文组织评选苍山为世界地质公园时送去 100 册)很有帮助。在一次偶遇中,我们再次谈起洱海保护。在这之前,我写了《洱海读本》和《西洱河传》,苦于无力出版面世,诚忠先生还说他也正在关注洱海的治理,他建议倒不如写一本通俗易懂全面展现洱海状况的书,尽量"一网打尽",以此配合政府"让全民了解洱海治理"的普及目的,并取名为《洱海治理纪略》。开始时,我们童心未泯信心满满。但万事起头难,行动起来后就不顺利了。首先是无从下手,之后是资料难征。虽然,诚忠先生在科技界人脉广,但洱海治理正处在攻坚阶段,有关人士都很繁忙,对于我们"以逸待劳"的请求无暇助力。好在诚忠先生平时有心,积累了不少资料,使我们能够差强人意地大体完成初稿。

"上海交通大学云南(大理)研究院"主持出版此书。说起上海交通大学又引出一段因缘,这就是前面提到的洱海保护与"两弹一星元勋"王希季的一段逸闻。

王希季是一位深知资源重要的科学家,他曾经说过:"资源是人类生产资料和生活资料的天然来源,来自人类所处的天然环境。从人类文明发展过程与所在环境的关系看,一般表现为适应所处的环境,也就是承认和接受所处环境的支持和制约。与此同时,人类依靠自身的需求,探寻、开发和利用环境中的资源,以满足和改善人类社会生活和活动的需求及条件,并改变天然环境和创造人工环境、发展人类文明。"这就是前面提到的他对"洱海一定不能污染"的看法和全力投入卫星技术取得非凡业绩的理念基础。1955 年,王希季随大连工学院造船系南迁至上海交通大学;1958 年,在毛泽东主席"苏联人造卫星上天,我们也要搞人造卫星"的鼓舞下,他进入了卫星运载火箭的研究领域,虽然最初只能发射到8 公里,居然获得毛泽东主席的鼓励:"8 公里,那也了不起,搞它个天翻地覆。"经过团队的努力,最终使中国的卫星上了天,成就了中国航天事业的伟业。而他航天事业的起点是上海交通大学。半个多世纪之后,上海交通大学重视洱海保护组建了洱海研究院,助力洱海治理,又有了另一层的意义。可以说,上海交通大学云南(大理)研究院不遗余力地关心《洱海治理纪略》的出版,也是一种因缘。

　　本书的编写出版过程得到诸多领导、部门、个人的支持。已故原大理白族自治州副州长邹子卿、州人大副主任许映苏、大理有关洱海治理的各个部门,尤其是上海交通大学云南(大理)研究院院长王欣泽、办公室主任李耀兰、办公室万峥以及上海交通大学出版社杨迎春等为此书的问世出了不少力。在此对他们的付出深表感谢。另外,感谢大理州博物馆馆长杨伟林先生提供封面图片。

施立卓

2021 年盛夏于洱海之滨